Felix Amiet, Albert Krebs

Bienen Mitteleuropas

Haupt
NATUR

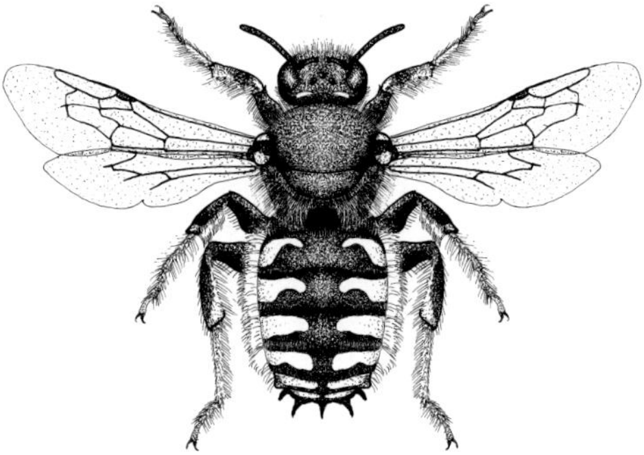

Anthidium manicatum

Felix Amiet, Albert Krebs

Bienen Mitteleuropas

Gattungen, Lebensweise, Beobachtung

4. Auflage

Haupt Verlag

Felix Amiet war Lehrer für mathematisch-naturwissenschaftliche Fächer in Solothurn. Er beschäftigt sich schon seit vielen Jahrzehnten intensiv mit Bienen und Wespen und publizierte Bücher über die Bienen der Schweiz und vier kleine Wespengruppen.

Albert Krebs erteilte an der Sekundarschule Winterthur-Töss Unterricht in mathematisch-naturwissenschaftlichen Fächern. Er ist begeisterter Naturfotograf und hat eine umfangreiche fotografische Dokumentation der mitteleuropäischen Tier- und Pflanzenwelt aufgebaut, die sich heute in der ETH Zürich befindet und im Internet unter www.e-pics.ethz.ch aufgerufen werden kann.

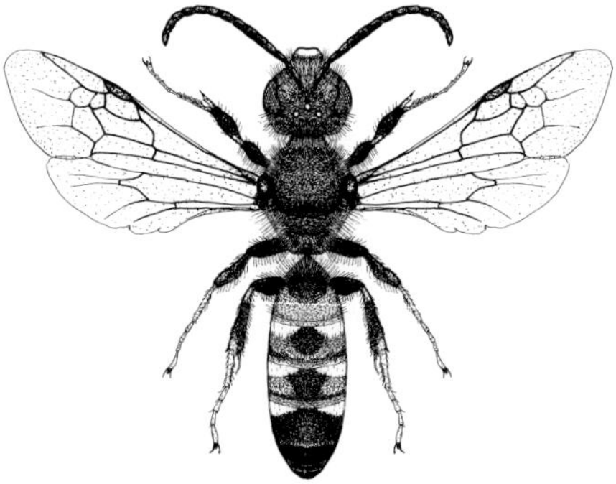

Halictus calceatus

Inhalt

Vorwort zur 4. Auflage

Das Interesse an diesem Buch ist nicht abgeflaut. Nach wie vor faszinieren diese Insekten durch ihre vielfältige Lebensweise und als Bestäuber der unterschiedlichsten Pflanzen. Leider ist ihr Überleben wie bei anderen Insekten auch durch Einschränkung ihres Lebensraumes und durch Gifte immer mehr bedroht. Daher ist eine Neuauflage sehr zu begrüßen, damit nicht nur Spezialistinnen und Spezialisten wissen, was sich vor der Haustür abspielt und immer seltener wird oder gar verloren geht und dass nicht nur die Honigbienen für die Bestäubung wichtig sind.

Solothurn, Juli 2024
Felix Amiet

Vorwort zur 1. Auflage

Wenn von Bienen die Rede ist, denken die meisten Leute an unsere Honigbiene. Die wenigsten wissen, dass es bei uns noch mehrere Hundert weitere Bienenarten mit völlig anderer Lebensweise gibt.

Mit dem vorliegenden Buch möchten wir interessierten Laien, Naturfreunden, Studierenden der Biologie sowie Biologen und Biologinnen verschiedener Fachrichtungen die faszinierenden Lebensweisen der Bienen Mitteleuropas näherbringen und sie zu eigenen Beobachtungen anregen. Indem wir einen Überblick über alle mitteleuropäischen Gattungen geben, die wichtigsten Beobachtungs- und Untersuchungsmethoden aufzeigen und die maßgebende Literatur zu Lebensweise, Schutz, Systematik und Bestimmung angeben, hoffen wir, den Einstieg in die Bienenkunde zu erleichtern. Aufgrund der großen Artenfülle und der vielen ähnlichen Arten ist die Bestimmung der Bienen im Feld bis auf Artniveau nur in wenigen Fällen möglich. Selbst ein erfahrener Bienenkenner kann auch nach langjähriger Beschäftigung mit dieser Insektengruppe nur grob einen Viertel der 740 in Deutschland, Österreich und der Schweiz vorkommenden Arten bereits im Gelände zuverlässig ansprechen. Indem für jede der 40 mitteleuropäischen Gattungen eine repräsentative Auswahl von Arten in Text und Bild vorgestellt wird, sollte dieses Buch jedoch die Identifizierung aller mitteleuropäischen Gattungen im Feld ermöglichen. Ein Gattungsschlüssel hilft in jenen Fällen weiter, in denen Tiere aufgrund von Text und Bildern nicht zugeordnet werden können. Zusätzlich erlaubt das Buch die Feldbestimmung einiger besonders auffälliger, durch charakteristisches Aussehen oder Verhalten ausgezeichneter Arten.

Mit der vorliegenden Arbeit geben wir eine geraffte Zusammenfassung unseres heutigen Wissens über die Bienen Mitteleuropas. Wer sich eingehender mit dieser Insektengruppe befassen will, sei auf die im Literaturverzeichnis angegebenen Veröffentlichungen verwiesen. Insbesondere möchten wir auf das konkurrenzlose, aber leider vergriffene Werk von Paul Westrich, «Die Wildbienen Baden-Württembergs», hinweisen, das heute ein unentbehrliches Standardwerk für Bienenkundler ist und es mit Sicherheit noch lange Jahre bleiben wird.

Dieses Buch ist keine wissenschaftliche Publikation. Es ist deshalb nicht statthaft, Angaben zur Biologie oder zur Verbreitung einzelner Arten aus ihm zu zitieren, ohne die Grundlagenarbeiten in den wissenschaftlichen Zeitschriften und Büchern konsultiert zu haben. Dieses Buch stützt sich weitgehend auf den Text und die Fotos von «Bienen. Mitteleuropäische Gattungen, Lebensweise, Beobachtung» des Naturbuchverlages von 1997. Der Erstautor von damals, Andreas Müller, hat sich leider aus der Zusammenarbeit zurückgezogen, weil er nicht hinter einer fachlich praktisch unveränderten Neuauflage stehen konnte. Er hat aber den Text der Erstauflage, der aus seiner Feder stammte, und seine Fotos auch für diesen Band zur Verfügung gestellt, wofür wir ihm herzlich danken. Neue Erkenntnisse und andere Fotos machten einige Änderungen an Text und Bildern nötig.

Wir danken Renate Gygax, Burgdorf. Sie ergriff die Initiative für einen Neudruck beim Haupt Verlag, den Herren Maximilian Schwarz, Linz, und Fritz Gusenleitner, Linz, für Hilfe bei systematischen Problemen und Angaben zur Verbreitung in Österreich, den Herren Heiko Bellmann, Lonsee (D), und Paul Westrich, Kusterdingen (D), für die Zurverfügungstellung von Fotos. Ein großer Dank geht an die Mitarbeiter des Haupt Verlags, die eine Neuauflage des Buches ermöglicht und unsere Wünsche erfüllt haben.

Solothurn und Winterthur, April 2012
Felix Amiet
Albert Krebs

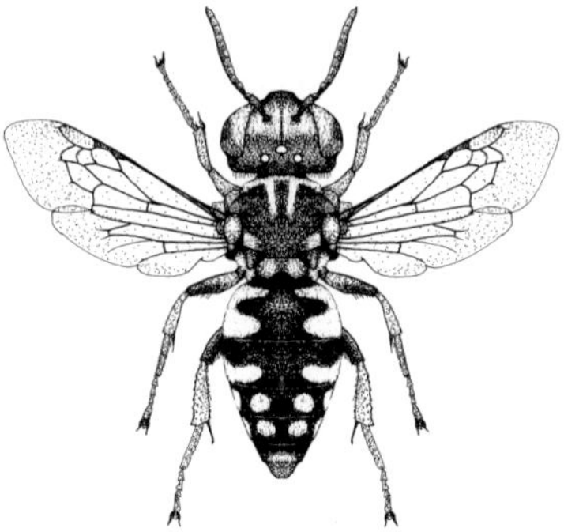

Epeolus variegatus

Was sind Bienen?

Die Bienen (Apidae) werden zur Ordnung der Hautflügler (Hymenoptera) gezählt, die – wie die Libellen, Heuschrecken, Schmetterlinge, Zweiflügler, Käfer und andere – eine eigenständige Verwandtschaftsgruppe innerhalb der Insekten bilden. Mit ungefähr 12 000 Arten allein in Mitteleuropa sind die Hautflügler die artenreichste Insektenordnung bei uns. Sie sind vor allem durch zwei häutige Flügelpaare und Mundwerkzeuge mit Kieferzangen und Zunge charakterisiert. Etliche Schwebfliegen (Syrphidae) sehen Bienen sehr ähnlich. Abgesehen von nur einem Flügelpaar kann man sie jedoch an den großen Augen und den kürzeren Fühlern gut von den Bienen unterscheiden.

Die Hautflügler werden in zwei Gruppen geteilt, in die Pflanzenwespen (Symphyta) und die Taillenwespen (Apocrita). Während bei den Pflanzenwespen der Hinterleib in voller Breite am Bruststück ansetzt, zeichnen sich die Taillenwespen durch eine starke Einschnürung zwischen Brust und Hinterleib, die Wespentaille, aus. Die Taillenwespen, die in Mitteleuropa mit über 11 000 Arten vertreten sind, werden ihrerseits in zwei Gruppen gegliedert. Die Legimmen (Terebrantes) sind in der Regel Brutparasiten anderer Insekten. Sie besitzen häufig eine lange Legeröhre, mit der sie ihre Eier in die Eier, Larven oder Puppen anderer Insekten ablegen. Die Stechimmen (Aculeata) haben ihren Eilegeapparat zu einem Giftstachel umgewandelt. Sie legen ihre Eier durch eine Öffnung am Grund des Giftstachels ab. Da der Giftstachel entwicklungsgeschichtlich aus einem Eilegeapparat hervorgegangen ist, können nur die Weibchen der Wespen und Bienen stechen. Die meisten Stechimmen weisen eine nichtparasitische Lebensweise auf. Sie kommen in Mitteleuropa mit über 1300 Arten vor. Zu den Stechimmen gehören neben den Ameisen (Formicidae), Faltenwespen (Vespidae), Wegwespen (Pompilidae), Grabwespen (Sphecidae) und einigen weiteren Gruppen auch die Bienen (Apidae). Die Bienen unterscheiden sich von den übrigen Gruppen der Stechimmen durch die Art ihrer Larvennahrung, die aus einem Gemisch aus Pollen und Nektar besteht, dem zusätzlich körpereigene Drüsensekrete beigemischt sein können. Die Blütenprodukte werden von den Weibchen auf Blüten gesammelt und in die Brutzellen ihrer Nester transportiert. Mit Ausnahme der in unserem Gebiet seltenen Pollenwespen (Masarinae), deren Larven ebenfalls auf eingetragenen Pollen-Nektar-Vorräten fressen, ernähren sich die Larven aller anderen Stechimmen vom Fleisch eingetragener Insekten oder Spinnen. Die aus den Brutzellen geschlüpften, voll entwickelten Bienen und Wespen ernähren sich vorwiegend von Blütenprodukten: Mithilfe ihrer Mundteile nehmen Weibchen und Männchen Nektar für die Energie- und Pollen für die Eiweißversorgung auf.

▶ Schwebfliege (Mistbiene) *Eristalis* sp.

▶ Blattwespe *Megalodontes* sp. (ohne Wespentaille)

▶ Schlupfwespe *Rhyssa persuasoria* (mit Wespentaille)

▶ Grabwespe *Ammophila sabulosa* mit Schmetterlingsraupe

Die Bienen haben sich vermutlich in der Kreidezeit vor rund hundert Millionen Jahren aus grabwespenähnlichen Vorfahren entwickelt. Mit dem Aufgeben der räuberischen Lebensweise und dem Übergang zu einer reinen Blütennahrung lösten sie eine schlagartige Beschleunigung der Artbildung bei den Blütenpflanzen aus. Mit der Zunahme der Artenvielfalt der Blütenpflanzen ging wiederum eine Artenaufsplitterung bei den Bienen einher. Das Resultat ist beeindruckend: Gegen 250 000 verschiedene Blütenpflanzen, von denen ein großer Teil von Bienen bestäubt wird, und zwischen 20 000 und

▶ Mauerbiene *Osmia bicornis* trägt Pollen ein

▶ Brutzellen der Mauerbiene *Osmia bicornis* mit Pollen und Larven

▶ Lehmwespe *Gymnomerus laevipes* mit Rüsselkäferlarve

▶ Brutzelle der Lehmwespe *Gymnomerus laevipes* mit Rüsselkäferlarven und Wespenlarve rechts

30 000 Bienenarten leben heute auf unserer Erde. Allein in Europa sind weit über 1000 Bienenarten nachgewiesen, und im deutschsprachigen Raum ist das Vorkommen von rund 740 Arten belegt (Deutschland: 561 Arten; Österreich: 690 Arten; Schweiz: 615 Arten). Diesen hohen Artenzahlen entspricht eine enorme Vielfalt in Gestalt und Aussehen. Zur mitteleuropäischen Fauna gehören Bienen in allen Größenbereichen von drei bis vier Millimeter bis Hummelgröße. Es gibt neben schwarz und braun gefärbten auch rote, gelb-schwarz gebänderte, weiß gefleckte, blau und grün schimmernde Bienen und neben stark pelzigen auch vollständig unbehaarte Arten.

Große Unterschiede bestehen auch in der Lebensweise: in Bezug auf Lebensraum, Nestbau, Pollenquellen, Paarungsstrategien usw. weist jede einzelne Bienenart ganz charakteristische Eigenheiten auf. Die Honigbiene *(Apis mellifera)* ist nur eine der rund 740 in Deutschland, Österreich und der Schweiz vorkommenden Bienenarten. Sie wird in weiten Teilen ihres Verbreitungsgebietes als Haustier gezüchtet und kommt in Mitteleuropa höchstens noch verwildert vor. Alle anderen Vertreter der Bienen, einschließlich der Hummeln *(Bombus)*, werden häufig unter dem Begriff «Wildbienen» zusammengefasst. Eine soziale Lebensweise haben in der mitteleuropäischen Bienenfauna neben der Honigbiene nur die Hummeln sowie einige Arten innerhalb der Furchenbienen. Die meisten Wildbienen leben solitär. Die Weibchen der solitären Arten bauen ihre Nester allein und versorgen die Brutzellen ohne Mithilfe von Artgenossinnen. Deshalb bezeichnet man die Wildbienen häufig auch als Einsiedlerbienen oder Solitärbienen.

Körperbau und Sinnesorgane

Der Körper der Bienen gliedert sich in die drei Teile: Kopf, Brust und Hinterleib (s. Abbildungen).

Kopf

Der Kopf wird von den beiden großen Komplexaugen dominiert, die aus vielen Einzelaugen *(Ommatidien)* zusammengesetzt sind. Sie ermöglichen Bild- und Farbensehen. Das Farbensehen der Bienen ist im Vergleich zu dem des Menschen in Richtung des kurzwelligeren Lichtwellenbereiches verschoben: Bienen können rote Farben nicht erkennen, sehen dagegen das für uns unsichtbare Ultraviolett. Dank ihrer Fähigkeit, die Schwingungsrichtung des polarisierten Lichtes wahrzunehmen, können Bienen auch bei nahezu bedecktem Himmel den Stand der unsichtbaren Sonne bestimmen und sich entsprechend orientieren. Als weitere Lichtsinnesorgane sind am Scheitel drei meist in einem Dreieck angeordnete Punktaugen ausgebildet. Diese stehen über besonders rasch leitende Nerven mit dem Steuerungszentrum der Flugmuskulatur in Verbindung und tragen vermutlich zur Stabilisierung der Fluglage bei. Zwischen den Komplexaugen lenken die Fühler ein, welche aus Schaft und Geißel bestehen. Sie setzen sich bei den Weibchen aus zwölf, bei den Männchen aus dreizehn Gliedern zusammen. Einzig bei einigen Kraft- und Kurzhornbienen (*Biastes* und *Pasites*) verfügen beide Geschlechter über zwölfgliedrige Fühler. Die Fühler sind Sitz des Geruchssinns; vereinzelt treten auf ihnen auch Geschmackssinneszellen auf. Zusätzlich sind sie wichtige Tastorgane. Unterhalb der Fühlereinlenkungsstellen liegt das Stirnschildchen, das an eine große Platte, den Kopfschild, grenzt. Der Raum zwischen Kopfschild und Scheitel wird als Stirn, die meist nur schmale Fläche zwischen Oberkieferbasis und Unterrand der Augen als Wange, der Raum zwischen Kopfschild und innerem Augenrand als Nebengesicht und die Fläche zwischen äußerem Augenrand und Kopfhinterkante als Schläfe bezeichnet. Die Mundteile, Hauptsitz des

Männlicher Kopulationsapparat

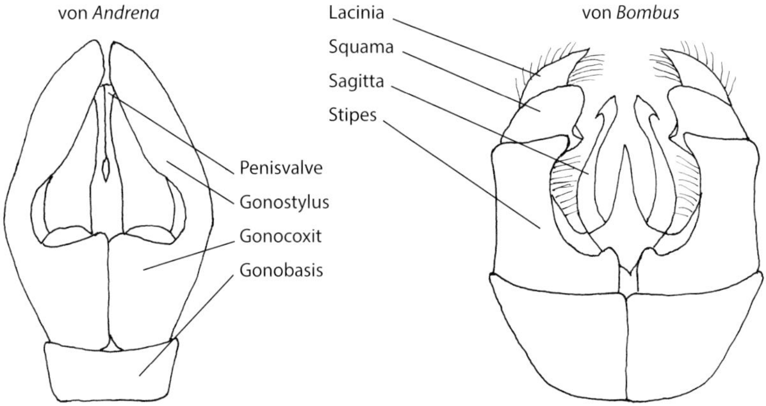

Im Hinterleib liegen der Verdauungstrakt, das Herz, die Geschlechtsorgane und mehrere wichtige Drüsen. Teil des Verdauungstraktes ist der Kropf (Honigblase), in welchem die Bienen während ihrer Sammeltätigkeit den Nektar speichern. Feine Schläuche (Malpighische Gefäße), die vom Darm in den Hinterleib hineinragen, sammeln die Abfallstoffe und führen sie über den Darm ab. Das Herz der Bienen ist eine gegliederte Röhre, die im Rückenteil des Hinterleibes verläuft und mit einem Fortsatz bis zum Kopf reicht.

Wie alle Insekten haben die Bienen keinen geschlossenen Blutkreislauf: Das Blut wird vom Herzen gesammelt und nach vorne gepumpt. Es zirkuliert frei im Innern des Körpers und versorgt dabei Organe und Gewebe mit Nährstoffen. Die Versorgung mit Sauerstoff wird bei den Bienen nicht vom Blut geleistet. Ein System von verästelten Luftröhren (Tracheen) führt den Luftsauerstoff von den seitlich gelegenen Luftlöchern (Stigmen) an Brust und Hinterleib direkt zu allen Organen und Geweben. Pumpende Atembewegungen des Hinterleibes bewirken den Lufttransport in den Tracheen. Die Eierstöcke (Ovarien) der Weibchen beziehungsweise der Geschlechtsapparat der Männchen nehmen den hinteren Teil des Hinterleibes ein. Die Dufourdrüse, die am Hinterleibsende ausmündet, ist bei den Weibchen vieler Arten stark entwickelt. Die Giftdrüse steht mit ihrem Ausführgang mit dem Giftstachel in Verbindung. Wachsdrüsen sind typisch für die sozialen Vertreter der Apinae; bei den Hummeln *(Bombus)* münden sie sowohl zwischen den Sterniten als auch zwischen den Tergiten, bei der Honigbiene *(Apis mellifera)* nur zwischen den Sterniten.

Lebensräume und Nistplätze

Die Bienen sind wärme- und trockenheitsliebende Insekten und deshalb nur bei Sonnenschein und entsprechend hohen Temperaturen aktiv. Bei Regen oder bedecktem Himmel erscheinen sie nicht im Freien, bei wechselhaftem Wetter ist ihre Aktivität reduziert und von längeren Ruhepausen unterbrochen. Einzig die Hummeln *(Bombus)* sowie einige stark behaarte Frühlingsarten unter den Sand- und Mauerbienen *(Andrena* und *Osmia)* fliegen auch bei ungünstigerem Wetter. Die geringe Empfindlichkeit der Hummeln gegenüber widrigen Witterungsverhältnissen zeigt sich auch darin, dass zahlreiche Arten in den Bergen bis weit über die Waldgrenze steigen. Unter den übrigen Bienen dringen dagegen nur wenige Spezialisten bis in die alpine Stufe vor. Dies steht in auffälligem Gegensatz zu vielen anderen blütenbesuchenden Insektengruppen, zum Beispiel Zweiflüglern oder Schmetterlingen. Bienen kommen nur an Stellen vor, an denen sie gleichzeitig ihnen zusagende klimatische Verhältnisse und ein ausreichendes Angebot an Nahrungspflanzen und Nistplätzen vorfinden. Vertreter der Megachilinae benötigen zusätzlich spezielle Nestbaumaterialien. Die Kombination der aufgeführten Elemente in einem Lebensraum ist somit die Voraussetzung für das Vorkommen einer bestimmten Bienenart.

▶ Buntbrache in intensiv genutzter Agrarlandschaft, Klettgau (SH)

▶ Toter Baum, Nistplatz verschiedener Bienen und Wespen, Embrach (ZH)

▶ Hecke mit blühenden Sträuchern , Nist- und Futterplatz vieler Insekten, Grenchen (SO)

▶ Weganriss, bevorzugter Nistplatz etlicher Bienenarten, Scheid (GR)

▶ Ungeteerter Feldweg, Nistplatz bodennistender Bienen, Osterfingen (SH)

▶ Brombeergestrüpp, Nist- und Futterplatz verschiedener Bienen, Marthalen (ZH)

▶ Trockenwiese mit Gebüsch an Bahndamm, Oberdorf (SO)

▶ Trockenmauer, Nistplatz verschiedener Bienen, Visperterminen (VS)

▶ Flachmoor mit lockerem Schilfbewuchs, Portalban (FR)

▶ Nackte Bodenstelle in lückiger Vegetation, St. Pierre (AO)

▶ Kiesgrube mit Sandboden, locker bewachsener Böschung, Steinstrukturen und dazu windgeschützt, Leuzigen (BE)

Häufig überlagern sich Nahrungs- und Nisträume. So bieten beispielsweise blühende Brombeerhecken für verschiedene Maskenbienen *(Hylaeus)* neben ausreichender Nahrung auch Nistgelegenheiten in Form von dürren, abgebrochenen Stängeln. Auf lückig bewachsenen, blütenreichen Wiesen finden sich genügend Nahrungsquellen und zugleich günstige Bodenstellen für die Nestanlage von Sandbienen *(Andrena)*, Furchenbienen *(Halictus)* und anderen Bodennistern. Hier sind die Aktionsräume der einzelnen Bienenindividuen oft nur klein. Nicht selten liegen aber die Nahrungs- und Nisträume örtlich weit getrennt. In solchen Fällen setzt sich der Lebensraum einer Bienenart aus verschiedenen Teillebensräumen zusammen, die unter Umständen mehrere Hundert Meter auseinanderliegen. Da die Nahrungsräume oft nur einen Teil des Gesamtlebensraumes einer einzelnen Bienenart abdecken, kann es keine Übereinstimmung zwischen Bienenvorkommen und bestimmten Pflanzengesellschaften geben. Aus demselben Grund ist auch die Zuordnung der einzelnen Bienenarten zu vorwiegend durch die Vegetation charakterisierten Lebensraumtypen (zum Beispiel Trockenrasen, Hochmoor) nicht möglich. Trotz unterschiedlicher Ansprüche der einzelnen Bienenarten an ihre Lebensräume lassen sich drei Faktoren herausschälen, die einen hohen Artenreichtum bedingen:

▶ Blütenreiche Bergwiese, Schynige Platte (BE)

gute Besonnung, ein reiches Angebot an verschiedenen Blüten während der gesamten Vegetationsperiode sowie eine Vielfalt von (besonnten) Kleinstrukturen wie Totholz, Felsstrukturen, Trockenmauern, nackte Bodenstellen in lückiger Vegetation, Abbruchstellen, ungeteerte Feldwege, Schneckengehäuse, Gallen, dürre, markhaltige oder hohle Pflanzenstängel, Brombeerhecken und Brachflächen. Meist ermöglicht erst das Vorhandensein derartiger Kleinstrukturen, die für die Nestanlage benötigt werden, das Vorkommen bestimmter Bienenarten.

Bienenreiche Lebensräume, die sich durch die oben genannten Faktoren auszeichnen, sind Felsensteppen, extensiv genutzte Halbtrockenrasen und Glatthaferwiesen, breite Wald- und Heckensäume, Kahlschläge mit Naturverjüngung, Flussauen, Sand-, Kies- und Lehmgruben, Ruderalfluren, Acker- und Wiesenbrachen, kleinräumig strukturierte Rebberge, Obstgärten mit extensiver Wiesennutzung, Fels- und Abwitterungshalden, blütenreiche Wegränder und Naturgärten.

Geschlossene, lichtarme Hochwälder sowie Feuchtgebiete sind dagegen bienenarme Lebensräume. Als charakteristische Bewohner des Offenlandes und der sonnigen, warmen und trockenen Übergangsbereiche zwischen Wald und Offenland dringen Bienen selten in das Innere von Wäldern vor. Dort trifft man sie an sonnigen, blumenreichen Stellen bei Bestandslücken und entlang von breiten Waldwegen. Einige Arten nutzen auch den Waldrand für die Nestanlage. Auf Feuchtgebiete angewiesen sind nur wenige Spezialisten, wegen ihrer Vorliebe für bestimmte Nistplätze (zum Beispiel Schilfhalme oder Schilfgallen) oder wegen ihrer Spezialisierung auf bestimmte Pollenquellen wie Weiderich *(Lythrum)* oder Gilbweiderich *(Lysimachia)*.

Lebenszyklen

Die Entwicklung einer Biene vom Ei über Larve und Puppe bis zum geflügelten Insekt (Imago) verläuft im Innern von sogenannten Brutzellen (siehe Kapitel «Nestbau», S. 24 ff.). Nach der Verproviantierung der Brutzelle mit Pollen und Nektar legt das Weibchen ein Ei auf den Nahrungsvorrat und verschließt die Zelle. Nach wenigen Tagen schlüpft die Larve, welche je nach Bienenart und Temperaturverhältnissen den Pollen-Nektar-Vorrat im Lauf von zwei bis vier Wochen aufzehrt. Während dieser Zeit häutet sich die Larve vier Mal. Gegen Ende ihrer Fraßtätigkeit, bei den Xylocopini und vielen Megachilinae schon früher, entleert sie ihren Darm. Die Larven zahlreicher Bienengattungen spinnen sich darauf in einen schützenden Seidenkokon ein, der aus Sekreten der larvalen Speicheldrüse besteht. Für die meisten Arten beginnt nun eine lange Ruhephase, während der die Larven in den Brutzellen die kalte Jahreszeit überdauern. Erst nach der Überwinterung, im nächsten Frühling, geht die Entwicklung weiter. Die Larven verpuppen sich, und nach einem zwei- bis dreiwöchigen Puppenstadium erfolgt die Verwandlung zum geflügelten Insekt. Meist ein Jahr nach der Eiablage verlassen die frisch geschlüpften Bienen ihre Brutzellen, und ein neuer

▶ Nest von *Halictus pauxillus* im Boden. Zellwände mit Drüsensekreten geglättet und imprägniert. In den Zellen verschiedene Entwicklungsstadien, links Ei, Mitte Larven, rechts Puppe, Winterthur (ZH)

Zyklus beginnt. Die Bienen überwintern meist im Stadium der Ruhelarve in den Brutzellen der Nester. Als Ruhelarven oder Vorpuppen werden Larven bezeichnet, die den gesamten Nahrungsvorrat in den Brutzellen verzehrt und sich ihrer Exkremente vollständig entledigt haben. Erst nach der Überwinterung wird die durch einen stark herabgesetzten Stoffwechsel gekennzeichnete Entwicklungsruhe (Diapause) gebrochen; die Ruhelarven verpuppen sich und durchlaufen im Innern der Brutzellen die Metamorphose zu geflügelten Insekten.

Verhältnismäßig wenige Bienenarten überdauern den Winter als geflügelte Insekten in den Brutzellen. Eine solche Imaginal-Diapause ist charakteristisch für jene Arten, die bereits früh im Jahr fliegen und schon an den ersten warmen Frühlingstagen bereit sein müssen, die Nester zu verlassen.

Etwas abweichend sind die Verhältnisse bei den meisten Furchenbienen *(Halictus)* und Blutbienen *(Sphecodes)*, bei den Keulhornbienen *(Ceratina)* und Holzbienen *(Xylocopa)* sowie bei den Hummeln *(Bombus)*. Bei diesen schlüpfen die Bienen noch im Sommer oder Herbst aus den Brutzellen der Nester. Bei den Furchenbienen, Blutbienen, Hummeln und Schmarotzerhummeln kommt es anschließend zur Paarung. Die begatteten Weibchen überwintern meist einzeln an geschützten Stellen und beginnen erst nach der Überwinterung mit dem Brutgeschäft, während die Männchen noch im Herbst sterben. Die Keulhorn- und die Holzbienen überwintern in beiden Geschlechtern oft in kleineren oder größeren Gemeinschaften in verschiedenen Hohlräumen wie hohlen Pflanzenstängeln und Gängen in Holz oder Steilwänden und verpaaren sich erst im folgenden Frühjahr. In den Staaten der Honigbiene *(Apis mellifera)* überwintert das gesamte Volk. Es ernährt sich während der kalten Jahreszeit von Vorräten, welche die Arbeiterinnen während des Sommerhalbjahres eingetragen haben.

Bienen leben als geflügelte Insekten nur wenige Wochen. Die Männchen weisen mit etwa drei bis sieben Wochen eine meist kürzere Flugzeit auf als die Weibchen, die ein Alter von fünf bis elf Wochen erreichen. Aufgrund ihrer kurzen Flugzeit sterben die nestbauenden Weibchen normalerweise lange vor dem Schlüpfen ihres Nachwuchses und kommen nicht in Kontakt mit ihren Söhnen und Töchtern. Länger, nämlich 12 bis 15 Monate, leben die Königinnen in den Staaten der Hummeln *(Bombus)* und gewisser Furchenbienen *(Halictus)*. Auch hier wird, wie bei der überwiegenden Mehrheit der solitären Arten, der gesamte Lebenszyklus der Art innerhalb eines Jahres vollendet. In der mitteleuropäischen Bienenfauna besitzen einzig die Furchenbiene *Halictus marginatus* und die Honigbiene *Apis mellifera* einen mehrjährigen Zyklus. Mit einer fünf bis sechs Jahre dauernden Imaginalperiode erreicht die Königin von *H. marginatus* ein Alter, das mit dem einer Honigbienenkönigin vergleichbar ist. Eine längere Flugzeit weisen auch die Weibchen der solitären Furchenbienen *(Halictus)* sowie die Keulhornbienen *(Ceratina)* und Holzbienen *(Xylocopa)* auf, welche noch im Sommer oder Herbst aus ihren Brutzellen schlüpfen und den Winter als Imagines an geschützten Stellen verbringen. Ungewöhnlich sind die Verhältnisse bei der boreomontan verbreiteten Furchenbiene *Halictus fratellus* sowie einigen weiteren Furchenbienenarten, deren langlebige Weibchen während zweier aufeinanderfolgender Jahre je eine Brut aufziehen können.

Aufgrund ihrer arttypischen Erscheinungs- und Flugzeiten kann man bei den solitären Bienen Frühlings-, Sommer- und Spätsommerarten unterscheiden. Die sozialen Arten treten meist während eines Großteils des Sommerhalbjahres auf.

Die Männchen der meisten Bienenarten schlüpfen einige Tage vor den Weibchen (Proterandrie). Bei vielen Harz- und Wollbienen *(Anthidium)* sind dagegen die Weibchen das zuerst erscheinende Geschlecht (Proterogynie). Das zeitlich leicht verschobene Erscheinen der beiden Geschlechter steht vermutlich in Zusammenhang mit dem unterschiedlichen Paarungsverhalten der Bienen (siehe Kapitel «Paarungsstrategien», S. 42 ff.). Ebenfalls in Zusammenhang mit der Proterandrie beziehungsweise Proterogynie dürfte auch die meist festgelegte Reihenfolge der Geschlechter im Innern linearer, mehrzelliger Nester stehen. Bei den proterandrischen Arten entwickeln sich in linearen Nestern in den hinteren, eingangsferneren Zellen in der Regel Weibchen, in den vorderen Zellen dagegen Männchen. Bei den proterogynen Harz- und Wollbienen sind die Verhältnisse erwartungsgemäß genau umgekehrt.

Die gezielte Anordnung von Männchen und Weibchen in den Zellen ist möglich dank der Fähigkeit der Weibchen, das Geschlecht der Nachkommen bei der Eiablage zu bestimmen. Die in der Samenblase (Spermatheca) der Weibchen über Wochen hinweg gespeicherten Spermien werden bei der Eiablage entweder gezielt abgegeben oder bewusst zurückgehalten: Aus befruchteten Eiern entwickeln sich Weibchen, aus unbefruchteten dagegen Männchen.

Die meisten mitteleuropäischen Bienen bilden nur eine Generation im Jahr aus und durchlaufen innerhalb eines Jahres einen vollständigen Entwicklungszyklus. Sie sind univoltin. In mehreren Gattungen gibt es vereinzelte Arten, bei denen zwei Generationen im Jahr vorkommen (bivoltin), wobei die zweite Generation häufig nur partiell in langen und heißen Sommern auftritt. Innerhalb der Unterfamilie Megachilinae zeichnen sich einige Arten der Gattungen *Anthidium, Dioxys, Megachile* und *Osmia* durch eine teilweise zweijährige Entwicklung aus (partivoltin). Bei diesen partivoltinen Arten durchlaufen nicht alle Individuen einer Population bereits nach der ersten Überwinterung die Metamorphose zum geflügelten Insekt. Ein gewisser Prozentsatz der Ruhestadien überwintert ein zweites Mal, und die Imagines schlüpfen erst nach zwei Jahren aus den Brutzellen. Der Prozentsatz an solchen Überliegern variiert bei den untersuchten partivoltinen Arten zwischen einem und sechzig Prozent. Das Überliegen ist möglicherweise eine Strategie zur Sicherstellung der Fortpflanzung bei den Nachkommen. Indem auf eine bislang noch unbekannte Weise das Schlüpfen der Brut auf zwei Jahre verteilt wird, kann das Risiko vermindert werden, dass eine lang andauernde Schlechtwetterperiode im kommenden Jahr oder ein kurzfristig hoher Parasitendruck zu einem Totalverlust der gesamten Nachkommenschaft führt.

Nestbau

Grundelemente der Bienennester sind durch Trennwände voneinander abgegrenzte Kammern, die sogenannten Brutzellen. Je nach Bienenart bestehen die Trennwände aus Erde, zerkautem Blattmaterial, Laub- oder Blütenblattstücken, Pflanzenwolle, Harz, Mark- und Holzpartikeln oder Drüsensekreten. Einzelne Arten verwenden für den Nestbau eine Kombination verschiedener Baumaterialien. Eine Mehrheit der Bienen kleidet die Brutzellen mit wasserabstoßenden Drüsensekreten aus, die hauptsächlich

▶ Nestkolonie von *Andrena vaga* und *Colletes cunicularius*, Neuhausen (SH)

▶ Nestaushub von *Halictus calceatus*, Intragna (TI)

aus der Dufourdrüse im Hinterleib, bei gewissen Gattungen zusätzlich auch aus der Labialdrüse, stammen. Die Sekrete werden mit der Analplatte am letzten Hinterleibstergit, mit dem Penicillus an der Hinterferse oder bei den Colletinae mit der speziell zu diesem Zweck umgestalteten Zunge auf die Zellwände aufgetragen. Die imprägnierende Auskleidung schützt die Brutzellen vor eindringender Feuchtigkeit und beugt damit der Zerstörung des Zellinhaltes durch Schimmelpilze und Bakterien vor. Bei den Megachilinae übernehmen Fremdmaterialien wie Laub- und Blütenblätter, Harz oder Erde, die zum Teil ebenfalls mit körpereigenen Drüsensekreten behandelt werden, die Schutzfunktion für die Brutzellen. Die Wollbienen *Anthidium manicatum* und *A. punctatum* imprägnieren die Pflanzenhaare, aus welchen ihre Brutzellen gebaut sind, mit pflanzlichen Drüsensekreten. Diese Sekrete werden mithilfe spezieller Saugpolster an den Beinen auf stark drüsig behaarten Pflanzenteilen aufgenommen. Die Eigenheit der meisten im Boden nistenden Bienen, den Larvenproviant zu einer Kugel zu formen, ist wahrscheinlich ebenfalls ein Mittel, die Pollen-Nektar-Vorräte vor Pilz- und Bakterienbefall zu schützen. Da durch die Kugelform die Kontaktfläche des Larvenproviantes mit der Zellwand auf ein Minimum reduziert wird, ist eine Infektion durch Mikroorganismen über die Zellwand erschwert.

In die vorbereitete Brutzelle trägt das Weibchen vorerst Pollen und Nektar ein. Da das Pollensammeln bei der Mehrheit der Bienen stets mit gleichzeitiger Nektaraufnahme gekoppelt ist, bringt das Weibchen nach jedem Sammelflug Pollen und Nektar mit. Es würgt jeweils zuerst den Nektar aus dem Kropf in die Brutzelle aus, dreht sich darauf um und streift den Pollen aus der Bauch- beziehungsweise Beinbürste ab. Mehrere Arten aus verschiedenen Gattungen geben zusätzlich zu den Blütenprodukten Sekrete der Dufourdrüse in den Larvenproviant ab. Die Funktion dieser Drüsensekrete ist unklar.

▶ Brutzelle der Blattschneiderbiene *Megachile analis* aus Blattstücken, Alp Dötra (TI)

▶ Zwei Brutzellen der Mauerbiene *Osmia villosa* aus Blütenblättern, Brail (GR)

Nestwabe von *Halictus quadricinctus*, Scheid (GR)

Da die Männchen in der Regel kleiner sind als die Weibchen, ist der Nahrungsvorrat in Zellen, in denen sich Männchen entwickeln, deutlich geringer. Nach Abschluss der Verproviantierungsarbeiten legt das Weibchen ein einzelnes Ei auf den Nahrungsvorrat, der für die gesamte Entwicklung einer Biene ausreicht, und verschließt die Zelle. Mit dem Bau einer neuen Brutzelle beginnt das Weibchen erst dann, wenn die alte fertig verproviantiert, mit einem Ei belegt und verschlossen ist. Innerhalb einer Brutzelle entwickelt sich in der Regel nur eine Biene. Ausnahmen sind alle Hummeln *(Bombus),* bei denen jeweils mehrere Larven in einer gemeinsamen Brutzelle fressen, die laufend vergrößert wird, die Mauerbiene *Osmia brevicornis,* bei welcher das Weibchen mehrere Eier in einen durchgehend mit Pollen gefüllten Hohlraum (zum Beispiel in einen Käferfraßgang) legt, sowie die brutparasitische Düsterbiene *Stelis nasuta,* bei der sich jeweils mehrere Larven in einer Wirtszelle entwickeln.

Die Anzahl Brutzellen, die von einem Weibchen im Laufe seines Lebens verproviantiert und mit einem Ei belegt werden, beträgt bei den solitären Bienenarten auch bei günstigen Bedingungen maximal zehn bis dreißig. Die Königinnen sozialer Arten produzieren dagegen wesentlich mehr Nachkommen. Die Spanne reicht von wenigen Dutzend bei gewissen Furchenbienen *(Halictus),* über einige Hundert bei der Furchenbiene *Halictus marginatus* und den Hummeln *(Bombus),* bis zu vielen Tausend bei der Honigbiene *(Apis mellifera).*

Nest aus Pflanzenhaaren der Wollbiene *Anthidium manicatum* in Fensternut, Agasul (ZH)

Brutzellen der Mauerbiene *Osmia xanthomelana* aus Erde, Erschmatt (VS)

Die Nester der Bienen, die aus einzelnen Brutzellen oder aus Gruppen von Brutzellen bestehen, werden auf eine für jede Art charakteristische Weise an bestimmten Stellen angelegt. Folgende Nistweisen können bei den mitteleuropäischen Arten unterschieden werden: am häufigsten selbstgegrabene Nester im Erdboden, seltener im Mark von Pflanzenstängeln oder in morschem Holz, in vorhandenen Hohlräumen im Boden, hohlen Pflanzenstängeln, Erd-, Fels- und Mauerspalten, Pflanzengallen oder Schneckengehäusen und selbstgemauerte, frei zugängliche Nester aus mineralischem Mörtel oder Harz. Etwa ein Viertel der Bienen baut selbst keine Nester aufgrund schmarotzender Lebensweise.

Weibchen, die von einem Sammelflug zurückkehren, lokalisieren den ungefähren Standort ihres Nestes optisch mithilfe von Geländemarken (Steine, Grasbüschel und andere), deren Lage sie sich zu Beginn des Nestbaus durch einen Orientierungsflug eingeprägt haben. Der Nesteingang selbst wird geruchlich erkannt. Er wird mit Drüsensekreten individuell markiert und daher auch dann gefunden, wenn sich das Nest in einer großen Nestkolonie befindet, sich durch äußere Einflüsse die Lage des Nestes verändert hat oder der Nesteingang bei Bodennistern, zum Beispiel nach starken Regenfällen, verschüttet ist.

Selbstgegrabene Nester im Erdboden

Gut die Hälfte aller mitteleuropäischen Bienenarten nistet in selbstgegrabenen Gängen im Erdboden. Der Aushub häuft sich rund um die Nesteingänge zu kleinen Erdhügeln an, was oft auch bei Ameisen der Fall ist. Meist werden die Erdhügel allerdings im Lauf der Zeit durch Wind und Regen wieder abgetragen. Oft bleibt ein Schornstein bestehen, da bei einigen Arten der Gang zu den Zellen mit Sekreten verfestigt wird. Das Erdmaterial wird mithilfe von Oberkiefern,

▶ *Osmia bicolor* baut ihr Nest in leeren Schneckenhäusern, Solothurn

▶ Nest aus Pflanzenmörtel der Mauerbiene *Osmia mustelina*, Erschmatt (VS)

▶ Altes Nest aus Mörtel mit Schlupflöchern der Mörtelbiene *Megachile parietina*, Unterstammheim (ZH)

▶ Brutzellen der Harzbiene *Anthidium strigatum*, Illnau (ZH)

▶ Die Larven der Ameisenwespe *Mutilla europaea* schmarotzen in Hummelnestern, Alp Dötra (TI)

▶ Die Larven der Schmalbauchwespe *Gasteruption assectator* schmarotzen bei Maskenbienen, Zürich

(siehe Kapitel «Nestbau», S. 24 ff.). Unter den zahlreichen Brutparasiten lassen sich zwei Gruppen unterscheiden: Die Futterparasiten leben von den eingetragenen Nahrungsvorräten, während die Raubparasiten die Bienenlarven selbst befallen.

Wichtige Futterparasiten stammen aus den eigenen Reihen. Bei vielen regulär nestbauenden Bienenarten brechen einzelne Weibchen von Zeit zu Zeit Brutzellen von Artgenossinnen auf und tauschen das fremde Ei gegen ihr eigenes aus. Aus diesem fakultativen, innerartlichen Parasitismus dürfte sich das brutparasitische Verhalten der oft auffällig gefärbten Kuckucksbienen entwickelt haben, die ihre ursprüngliche Lebensweise als Nestbauer und als Pollen- und Nektarsammler vollständig aufgegeben haben (siehe Kapitel «Nestbau», S. 24 ff.). Kuckucksbienen sind im Lauf der Entwicklungsgeschichte mindestens 26-mal unabhängig innerhalb verschiedener Verwandtschaftsgruppen der Bienen entstanden. Sie nutzen die Brutpflegeleistungen nestbauender Bienen aus, indem sie ihre Eier in der Art des Kuckucks in deren Brutzellen schmuggeln. Auf Kosten der Wirtslarve entwickelt sich auf dem eingetragenen Nahrungsvorrat die Larve der Kuckucksbiene. Die Kuckucksbienen, die über keine speziellen Ausstattungen für das Pollensammeln mehr verfügen, können auf die zeitaufwendigen Nestbau- und Verproviantierungsarbeiten verzichten, sind aber auf Gedeih und Verderben auf ihre Wirte angewiesen. In den meisten Fällen liegt eine strenge Spezialisierung

▶ Krabbenspinne *Thomisus onustus* mit ihrem Opfer *Bombus terrestris*, Brentjong (VS)

▶ Die Fliege *Cacoxenus indagator* legt ihre Eier in *Osmia*-Nester, Solothurn

▶ Larven mit fadenförmigen Exkrementen von *Cacoxenus indagator* im Nest der Mauerbiene *Osmia bicornis*, Solothurn

auf ganz bestimmte Wirtsbienenarten vor, sodass eine bestimmte Kuckucksbienenart nur die Nester einer einzigen oder einer Gruppe von nah verwandten Bienenarten parasitieren kann. Im Vergleich zu den nestbauenden Bienen verfügen die Weibchen der Kuckucksbienen über eine größere Zahl ablagebereiter Eier in den Ovarien, was ihnen eine Eiablage in rascherer Folge erlaubt. Für die parasitische Lebensweise ist diese Eigenschaft von Vorteil, da die Kuckucksbienen nicht wie die Weibchen nestbauender Arten vor jeder Eiablage erst eine Brutzelle bauen und verproviantieren müssen. Wahrscheinlich aufgrund dieser höheren Eiproduktion sind die Eier der Kuckucksbienen in der Regel deutlich kleiner als die ihrer Wirte.

Drei unterschiedliche Formen der Parasitierung lassen sich unterscheiden:

- Die Kuckucksbiene dringt in das Wirtsbienennest ein, öffnet eine fertig verproviantierte und mit einem Ei belegte Brutzelle, zerstört das vorhandene Ei oder die bereits geschlüpfte Larve, legt ein eigenes Ei auf den Nahrungsvorrat und verschließt die Brutzelle wieder. Die Blutbienen *(Sphecodes)*, die vorwiegend bei den bodennistenden Furchenbienen *(Halictus)* schmarotzen, gehen bei der Parasitierung auf die geschilderte Weise vor. Die Larven der Blutbienen *(Sphecodes)* verfügen über keine morphologischen Einrichtungen für das Töten des Eies beziehungsweise der frisch geschlüpften Larve des Wirtes.

- Die Kuckucksbiene dringt in das Wirtsbienennest ein und legt ein Ei in eine meist noch unvollständig verproviantierte und unverschlossene Brutzelle, die von der Wirtsbiene später fertig versorgt und mit ihrem eigenen Ei belegt wird. Nach dem Ausschlüpfen verzehrt die Kuckucksbienenlarve das Wirtsei beziehungsweise die Wirtslarve mit ihren zu Mordwerkzeugen umgestalteten Oberkiefern und macht sich nach der Beseitigung des Nahrungskonkurrenten über den fremden Nahrungsvorrat her. Mit Ausnahme der Blutbienen *(Sphecodes)* und der Schmarotzerhummeln ist diese Art der Parasitierung typisch für alle übrigen mitteleuropäischen Kuckucksbienen.

▶ Die Larven des Ölkäfers *Meloe violaceus* ernähren sich vom Inhalt der Brutzellen von Solitärbienen, Zürich

▶ Larven (Triungulinen) des Ölkäfers *Meloe violaceus* warten in einer Blüte auf eine Biene. Sie beißen sich an einem Haar fest und lassen sich in ihr Nest tragen, Zürich

▶ Die Larven des Buntkäfers *Trichodes alvearius* ernähren sich von Bienenlarven, Solothurn

▶ Larve von *Trichodes alvearius* auf dem Weg von einem Bienennest zum nächsten, Agasul (ZH)

▶ Die Larven einiger Goldwespen schmarotzen bei Mauerbienen, Solothurn

▶ Die Larven der Keulhornwespe *Monosapyga clavicornis* sind Schmarotzer bei der Mauerbiene *Osmia florisomnis,* Solothurn

Die Erzwespen *Leucospis intermedia* haben im Stängel den Duft eines Bienennestes festgestellt. Sie bohren mit ihrem Legestachel durch die Stängelwand und legen ein Ei an die Bienenlarve, Dornach (SO)

Die Dickkopffliege *Sicus ferrugineus* lauert auf Bienen, speziell auf Hummeln, und legt im Flug ein Ei an ihren Hinterleib. Das Innere des Opfers wird von der Fliegenlarve aufgefressen, Solothurn

Der Trauerschweber (*Anthrax* sp.) wirft seine Eier im Flug in die Nesteingänge solitärer Bienen

Die Grabwespe *Cerceris rybyensis* lähmt durch ihren Stich eine Furchenbiene und trägt sie als Larvenproviant ins Nest, Agasul (ZH)

Die Raupen der Wachsmotte *Aphomia sociella* leben in Hummelnestern, wo sie sich von den Zellen und der Brut ernähren, Agasul (ZH)

Ein Weibchen der Mauerbiene *Osmia brevicornis* ist derart von Milben befallen, dass es ohne Nachkommen sterben wird, Agasul (ZH)

- Die Kuckucksbiene dringt in das Nest einer primitiv eusozialen Art ein, übernimmt die Funktion der Königin und lässt ihre Nachkommen von den fremden Arbeiterinnen aufziehen. Dieses Verhalten wird als Sozialparasitismus bezeichnet. Sozialparasiten in der mitteleuropäischen Bienenfauna sind die Schmarotzerhummeln, welche sich ausschließlich in den Nestern von anderen Hummeln *(Bombus)* entwickeln.

Die Wirtsbienen reagieren in Nestnähe meist aggressiv auf ihre spezifischen Kuckucke und versuchen, sie aus der Umgebung ihrer Nester zu vertreiben. Als Schutz vor den Angriffen ihrer Wirte besitzen die Kuckucksbienen ein im Vergleich zu nestbauenden Arten ausgesprochen hartes Außenskelett und einen kräftig ausgebildeten Stachel. Sie vermeiden das Zusammentreffen mit ihren Wirten, indem sie sich meist nur während der Abwesenheit der Nestbesitzerin dem Nest nähern und so unbemerkt eindringen können. Die Schmarotzerhummeln, die bereits entwickelte Hummelstaaten befallen, oder gewisse Blutbienen, die bei primitiv eusozialen Furchenbienen schmarotzen, sind durch die soziale Lebensweise ihrer Wirte gezwungen, in Nester einzudringen, die dauernd von einigen Bienen bevölkert sind. Dabei kommt es oft zum Kampf zwischen Wirt und Parasit, der häufig mit dem Tod oder der Vertreibung von Arbeiterinnen oder Königin endet.

Im Gegensatz zu der durch Aggressivität gekennzeichneten Beziehung zwischen Wirt und Parasit, die für die meisten Bienen üblich ist, verhalten sich viele Sandbienen *(Andrena)* gegenüber ihren Kuckucken, den Wespenbienen *(Nomada),* meist auffallend friedfertig. *Andrena*-Weibchen reagieren auf die Anwesenheit der Wespenbienen in Nestnähe kaum. Der Grund für diese friedliche Wirt-Parasit-Beziehung steht wahrscheinlich in Zusammenhang mit einem Phänomen, das als Dufttarnung bezeichnet wird. Chemische Analysen haben gezeigt, dass Kopfdrüsensekrete der *Nomada*-

▶ Im Hinterleib der Sandbiene *Andrena helvola* schmarotzen zwei Fächerflügler (*Stylops* sp.), Pfynwald (VS)

▶ Bienenfresser mit Biene, Manosque (Basses-Alpes)

Männchen eine ganz ähnliche stoffliche Zusammensetzung aufweisen wie die Sekrete aus der Dufourdrüse der Wirtsweibchen, obwohl die Sand- und Wespenbienen nicht näher miteinander verwandt sind, sondern zu zwei ganz verschiedenen Bienengruppen gehören. Möglicherweise werden die wenig flüchtigen Kopfdrüsensekrete der *Nomada*-Männchen bei der Paarung auf die Weibchen übertragen, welche danach unbehelligt in ein *Andrena*-Nest eindringen können. Interessanterweise wurde die gleiche Übereinstimmung in der stofflichen Zusammensetzung der Drüsensekrete auch bei zwei Sägehornbienen *(Melitta)* und ihren spezifischen *Nomada*-Parasiten festgestellt.

Weitere wichtige Futterparasiten, deren Larven zunächst das Wirtsei aussaugen und danach die eingetragenen Futtervorräte verzehren, sind – neben den Kuckucksbienen – die Schmalbauchwespen (Gasteruptionidae), die vorwiegend bei Maskenbienen *(Hylaeus)* schmarotzen, die Keulenwespen (Sapygidae) und Taufliegen der Gattung *Cacoxenus* (Drosophilidae), welche die Nester verschiedener Megachilinae parasitieren, sowie die Ölkäfer (Meloidae), deren frisch geschlüpfte Larven (Triungulinen) sich auf Blüten an pollen- und nektarsammelnde Bienen klammern und sich von den Weibchen in die Nester transportieren lassen, wo sie ihre weitere Entwicklung zum ausgewachsenen Käfer durchmachen.

Die Larven der Ölkäfer und einiger Schmalbauchwespen verhalten sich anfänglich als reine Futterparasiten, dringen aber im Lauf ihrer Entwicklung durch die Zellzwischenwände in benachbarte Brutzellen ein und fressen deren Inhalt einschließlich der Bienenlarven. Damit leiten diese beiden Gruppen zu den echten Raubparasiten über, deren Larven nicht die Pollen-Nektar-Vorräte, sondern die Bienenlarven selbst befallen. Wichtige Raubparasiten der einheimischen Bienen sind gewisse Buntkäfer

▶ Die Raubwanze *Rhinocoris iracundus* saugt eine Wollbiene aus, Pfynwald (VS)

▶ Die Kuckucksbiene *Stelis nasuta* ist Brutparasit bei Mörtelbienen, Jeizinen (VS)

(Cleridae), verschiedene Wollschweber (Bombyliidae), zahlreiche Schlupf- und Erzwespen (Ichneumonoidea und Chalcidoidea) sowie einige Goldwespen (Chrysididae) und Ameisenwespen (Mutillidae).

Die Raupen der Wachsmotten (Pyralidae) leben im Innern von Hummel- und Honigbienennestern und ernähren sich vom Wachs der Brutzellen, von den Futtervorräten sowie teilweise auch von den Bienenlarven.

Milben (Acari) sind in den Brutzellen von Bienennestern häufige Gäste. Da die meisten Arten Pilze, Bakterien, Futterreste oder geringe Mengen von Pollen und Nektar fressen oder sich räuberisch von anderen Milben und Fadenwürmern ernähren, treten sie in den Brutzellen der Bienen selten als Schädlinge auf. Einige Arten dürften durch ihre räuberische Lebensweise oder durch Pilz- und Bakterienfraß für die Bienen sogar nützlich sein. Milben, welche bedeutende Brutverluste verursachen, indem sie sich von den Körpersäften der Bienenlarven ernähren, wurden bisher nur aus den Nestern sozialer Apinae bekannt oder aus aufgebrochenen Nestern von Einsiedlerbienen. Um neue Bienennester zu besiedeln, klammern sich viele Milben an frisch geschlüpfte Bienen. Dicht mit Milben besetzte Bienen sind im Frühjahr kein seltener Anblick. Solche Weibchen sind zum Brutgeschäft unfähig. Auch erwachsene Bienen haben verschiedene Feinde. Bei den Spinnen sind es vor allem die Krabbenspinnen (Thomisidae), die auf Blüten auf ihre Opfer lauern. Auch die Dickkopffliegen (Conopidae) lauern auf Blüten oder Zweigspitzen, von wo aus sie verbeifliegende Hummeln und andere Bienen anfallen und im Flug ein Ei zwischen die Hinterleibsplatten legen. Die Fliegenlarve frisst das Opfer bei lebendigem Leib auf. Fächerflügler (Stylopidae) verbringen ihre Entwicklungszeit im Hinterleib von Bienen und Wespen. Befallene Tiere haben oft ein verändertes Aussehen und anderes Verhalten. Einige Grabwespen (Sphecidae) brauchen als Larvennahrung durch einen Stich gelähmte Bienen. Raubfliegen und Raubwanzen überfallen Bienen, um sie auszusaugen. Es gibt auch Vögel, die hin und wieder Bienen fangen. Eine Gruppe hat deswegen sogar den Namen Bienenfresser erhalten.

Blütenbesuch

Die Bienen ernähren sich sowohl während ihrer Entwicklung als auch als Imagines von Blütenprodukten. Während die Männchen und Weibchen für die eigene Ernährung Nektar saugen und in geringerem Maß auch Pollen fressen, tragen die Weibchen als Nahrungsvorrat für ihre Nachkommen Pollen und Nektar in die Brutzellen der Nester ein. Der Nektar wird mit leckend-saugenden Bewegungen des Rüssels aufgenommen, welcher durch Zusammenlagerung mehrerer stark spezialisierter Mundteile (Unterlippe und Unterkiefer) gebildet wird (siehe Kapitel «Körperbau», S. 11 ff.). Die Rüssellänge variiert je nach Bienenart zwischen wenigen Millimetern und über zwei Zentimetern. Entsprechend unterschiedlich sind die von den kurz- beziehungsweise langrüsseligen Bienen genutzten Nektarpflanzen. Die Vertreter der Gattungen *Colletes, Hylaeus, Andrena, Panurginus, Sphecodes* und *Macropis* besitzen einen im Verhältnis zur Körpergröße meist kurzen, die Vertreter der Megachilinae, der Apinae (außer *Apis mellifera*) sowie der Gattungen *Camptopoeum* und *Rophites* dagegen alle einen langen Rüssel. Die übrigen mitteleuropäischen Gattungen nehmen bezüglich der Rüssellänge eine Mittelstellung ein.

Die Weibchen sammeln den Pollen in der Regel gezielt mithilfe der (Vorder-) Beine, wozu sie die kammartige Behaarung auf der Innenseite der Fersen einsetzen. Bei einigen Vertretern der Megachilinae wird der Pollen mit wippenden Bewegungen des Hinterleibes von den pollentragenden Blütenteilen direkt in die Bauchbürste aufgenommen. Einzelne Bienenarten haben für die Pollenaufnahme spezialisierte morphologische Strukturen entwickelt. So besitzen mehrere mitteleuropäische *Rophites-, Anthidium-, Osmia-* und *Anthophora*-Arten eine Gesichtsbehaarung aus stacheligen beziehungsweise wellen- oder hakenförmig verbogenen Haaren, mit deren Hilfe der Pollen direkt aus den oberständigen Staubbeuteln von Lippenblütlern (Lamiaceae) und gewissen Rachenblütlern (Scrophulariaceae) geerntet wird. Hakig gebogene Borsten an den Vorderbeinen oder an den Mundteilen dienen mehreren mitteleuropäischen Arten aus den Gattungen *Colletes, Andrena, Osmia, Eucera* und *Anthophora* dazu, Pollen aus den engröhrigen Blüten verschiedener Borretschgewächse (Boraginaceae) oder Primelgewächse (Primulaceae) herauszukratzen.

Die Vertreter der Gattungen *Rophites, Melitta, Xylocopa, Anthophora* und *Bombus* sind in der Lage, durch Vibration der indirekten Flügelmuskulatur Pollen zu ernten *(buzzing)*. Indem sie ihren Körper und damit die Blüten durch hörbare Vibrationsstöße der indirekten Flügelmuskulatur in Schwingung versetzen, schütteln sie die Pollenkörner aus den Staubbeuteln auf ihren Körper. Interessanterweise ist die ausgesprochen lernfähige Honigbiene *(Apis mellifera)* nicht befähigt, auf diese besondere Weise Pollen zu sammeln. Das gleiche gilt für alle mitteleuropäischen Andreninae und die meisten Megachilinae.

Für den Transport des gesammelten Pollens in die Brutzellen haben die Bienen unterschiedliche Einrichtungen entwickelt. Die meisten mitteleuropäischen Bienen überführen den mit den Beinen oder mithilfe spezialisierter Strukturen gesammelten Pollen in eine Haarbürste an den Hinterbeinen (Beinsammler). Arten, die auf Pflanzen sammeln, deren Pollenkörner ausgesprochen groß sind, zum Beispiel auf Malvengewächsen (Malvaccae) oder Kardengewächsen (Dipsacaceae), weisen in Anpassung an die Pollenkorngröße Beinbürsten aus locker stehenden, langen Haaren auf, die unverzweigt oder höchstens mit kurzen Seitenästchen versehen sind. Beinbürsten aus dicht stehenden, stark verzweigten Haaren sind oft charakteristisch für Arten, die Pollen auf Pflanzen mit kleinen Pollenkörnern ernten, zum Beispiel auf Weiden *(Salix)*. Verschiedene Vertreter der Melittinae und der Apini feuchten den Pollen für den Heimtransport mit Nektar an (Feuchtsammler). Dieses Verhalten erleichtert möglicher-

▶ *Andrena wilkella* setzt sich für das Pollensammeln verkehrt auf die Blüte

weise in Kombination mit den locker stehenden, geraden und kräftigen Borsten der Beinbürste das gleichzeitige Transportieren von Pollenkörnern ganz unterschiedlicher Größe. Die Seidenbienen *(Colletes)* und die Sandbienen *(Andrena)* besitzen neben der Beinbürste ein mit gebogenen Haaren umstandenes Körbchen an den Seiten des Mittelsegmentes, in das zusätzlich Pollen eingelagert wird. Die Honigbiene *(Apis mellifera)* und die Hummeln *(Bombus)* tragen den mit Nektar angefeuchteten Pollen auf der Außenseite der Hinterschienen ebenfalls in einem von Haaren umstandenen Körbchen in ihre Nester. Die Vertreter der Megachilinae benutzen für den Pollentransport eine Haarbürste auf der Unterseite des Hinterleibes (Bauchsammler). Die Maskenbienen *(Hylaeus)* sowie – in unterschiedlichem Ausmaß – die Keulhornbienen *(Ceratina)* und die Holzbienen *(Xylocopa)* verschlucken den Pollen ganz oder zum Teil auf den Blüten und transportieren ihn im Kropf in die Brutzellen, wo er zusammen mit dem Nektar ausgewürgt wird (Schlucksammler). Die Vertreter dieser drei Gattungen haben auf bestimmten Teilen der Unterkiefer spezielle Borstenkämme ausgebildet, die den Pollen von den Vorderbeinen abnehmen, bevor er verschluckt wird. Das Spektrum der beim Nektarerwerb besuchten Blüten ist meist weit, Spezialisierungen auf bestimmte Pflanzengruppen sind nicht bekannt. Dagegen besuchen viele Bienen beim Pollensammeln nur bestimmte Pflanzen. Solche Pollenspezialisten werden als oligolektisch bezeichnet. Die Weibchen dieser spezialisierten Arten sammeln den Pollen in ihrem gesamten Verbreitungsgebiet, auch beim Vorhandensein anderer Pollenquellen, ausschließlich auf Pflanzen einer Pflanzenfamilie. Die Oligolektie kann verschieden streng ausgebildet sein: Gewisse Arten sammeln Pollen nur auf einer bestimmten Pflanzengattung, andere auf mehreren Pflanzengattungen innerhalb einer Pflanzenfamilie und wieder andere auf fast allen Gattungen einer Pflanzenfamilie. Die Spezialisierung auf eine einzige Pflanzenart scheint bei Bienen nicht vorzukommen, kann jedoch dann vorgetäuscht werden, wenn eine oligolektische Biene auf einer Art Pollen sammelt, die als einzige Vertreterin ihrer Gattung lokal in einem bestimmten Gebiet vorkommt. So besucht beispielsweise die Maskenbiene *Hylaeus signatus* vielerorts in Mitteleuropa nur Blüten der Gelben Resede *(Reseda lutea);* in klimatisch begünstigten Gebieten und in Südeuropa trifft man sie zusätzlich auch auf der Färber-Resede *(Reseda luteola)* und der Rapunzel-Resede *(Reseda phyteuma).* Bei etlichen Arten, die als oligolektisch angesehen wurden, hat man entdeckt, dass es auch Außenseiter gibt, die polylektisch sind (zum Beispiel *Colletes cunicularius* und *Eucera salicariae)* oder die, wenn die Blütezeit nicht mit der Flugzeit übereinstimmt, auf andere Pflanzen ausweichen (zum Beispiel *Colletes hederae).* Neuere Untersuchen haben gezeigt, dass bei oligolektischen Arten meist nur der artgemäße Pollen von den Larven als Nahrung genutzt werden kann. Die Mehrheit der mitteleuropäischen Bienen verhält sich beim Pollensammeln opportunistisch. Diese Pollengeneralisten nutzen das jeweilige Blütenangebot vielfältig und sammeln auf allen möglichen Pflanzen Pollen. Man bezeichnet sie als polylektisch. Beinahe alle sozial lebenden Bienen sind polylektisch. Sie können es sich nicht erlauben, oligolektisch zu sein, da ihre individuenreichen Staaten einerseits größere Nahrungsmengen benötigen, andererseits die Lebensdauer ihrer Staaten die Blühdauer einzelner Pflanzenarten oder -gruppen in der Regel übertrifft.

In der mitteleuropäischen Bienenfauna sind knapp dreißig Prozent der nestbauenden Arten oligolektisch und ungefähr sechzig Prozent polylektisch. Die Blütenpräferenzen des restlichen Zehntels sind noch unbekannt. Zwischen Oligolektie und Polylektie gibt es breite Übergänge. Die Trennung zwischen den beiden Sammelstrategien ist nicht so scharf, wie dies die beiden Begriffe zum Ausdruck bringen. Auch sogenannt polylektische Arten können in Bezug auf das Pollensammeln mehr oder weniger eingeschränkt sein, gewisse Pflanzengruppen völlig meiden oder eine auffällige Vorliebe für bestimmte Gattungen oder Familien zeigen.

Neuere Untersuchungen deuten darauf, dass die Oligolektie das stammesgeschichtlich ursprüngliche Pollensammelverhalten darstellt. Die Tatsache, dass die primitivsten Glieder der meisten Bienenfamilien oligolektisch sind, ist ein weiterer Hinweis darauf, dass die Polylektie bei Bienen möglicherweise allgemein als die abgeleitete Form angesehen werden kann. Nicht zu verwechseln mit der Oligolektie, die vermutlich genetisch fixiert ist und sich auf eine Bienenart bezieht, ist die sogenannte Blütenstetigkeit (Blütentreue), die bei den einzelnen Arten in Abhängigkeit vom Blütenangebot unterschiedlich stark ausgebildet ist. Blütenstetigkeit bezeichnet ein nur kurzfristig erlerntes Verhalten eines Bienenindividuums, das während eines Pollensammelfluges nur eine Pflanzenart besucht, die zurzeit gerade reichlich blüht und deren Besuch sich aufgrund der gemachten Erfahrungen besonders lohnt. Zu einem späteren Zeitpunkt kann das gleiche Individuum auf ganz anderen Pflanzenarten Pollen sammeln. Da sich die Oligolektie nicht auf eine einzelne Pflanzenart, sondern

deshalb ein frühes Erscheinen der Männchen begünstigen. Tatsächlich beobachtet man bei der überwiegenden Mehrzahl der mitteleuropäischen Bienen, dass die ersten Männchen jeweils wenige Tage vor den ersten Weibchen auftauchen beziehungsweise der Schlüpfhöhepunkt der Männchen dem der Weibchen deutlich vorausgeht (Proterandrie). Eine Ausnahme von den eben geschilderten Verhältnissen bilden die Wollbienen *(Anthidium)*, deren Weibchen als erste im Freien erscheinen (Proterogynie). Wollbienenweibchen verpaaren sich zeit ihres Lebens mehrfach mit verschiedenen Männchen. Mehrfachpaarungen über die gesamte Lebensspanne eines Weibchens sind in der mitteleuropäischen Bienenfauna auch von den Zottelbienen *(Panurgus)* bekannt.

Die Männchen suchen in ihren Fluggebieten nicht auf gut Glück nach artgleichen Weibchen, sondern sie haben je nach Art unterschiedliche Strategien entwickelt. Sie konzentrieren ihre Aktivitäten auf Stellen, an denen eine hohe Wahrscheinlichkeit besteht, auf unverpaarte Weibchen zu treffen. Erfolg versprechende Rendezvousplätze sind vor allem Nistplätze oder Blüten, seltener Landmarken.

Die Männchen kontrollieren auf der Suche nach Weibchen Nistplätze in der Regel nur dann, wenn zahlreiche Nester auf engem Raum nebeneinander angelegt sind. Die Überwachung einzelner und nur schwierig zu lokalisierender Nester lohnt sich kaum. Für viele Bienen sind Blüten die wichtigsten Paarungsorte. Besonders die Männchen oligolektischer Arten suchen bevorzugt auf den Pollen- und Nektarquellen ihrer Weibchen nach paarungswilligen Geschlechtspartnerinnen. Häufig beobachtet man auch Männchen, die auf ihren Suchflügen sowohl Blüten als auch Nistplätze kontrollieren. Sind die Nester weit verstreut und sammeln die Weibchen auf allen möglichen Pflanzen Pollen und Nektar, können die Rendezvousplätze Landmarken sein, zum Beispiel Gebüsche, Bäume, Steine oder Hügelkuppen. Hier warten die Männchen auf zufällig vorbeikommende Weibchen oder locken sie mit artspezifischen Duftstoffen an.

In der Art und Weise, wie die Rendezvousplätze kontrolliert werden, gibt es große artspezifische Unterschiede. Die Männchen einzelner Arten verteidigen bestimmte Rendezvousplätze aggressiv gegen artgleiche Männchen, sodass es zur Ausbildung von Territorien kommt. Bei anderen Arten suchen mehrere Männchen gleichzeitig in einem begrenzten Raum friedlich nach Weibchen. Außerdem können die Männchen entweder an den Rendezvousplätzen auf vorbeifliegende oder ankommende Weibchen warten, oder sie können die potenziellen Paarungsorte in raschem Flug in beliebiger Reihenfolge oder auf festgelegten Bahnen abpatrouillieren.

Das Anbringen von Duftmarken an bestimmten Stellen in ihren Fluggebieten, zum Beispiel an Pflanzenhalmen, an Blattwerk von Büschen und Bäumen oder an Steinen, ist für die Männchen vieler Arten charakteristisch und dürfte der Geschlechterfindung dienen.

Schlafplätze

▶ *Epeolus variegatus*, Männchen schlafend, Pfynwald (VS)

Die Weibchen nestbauender Bienenarten schlafen während der Nacht oder bei schlechtem Wetter meist in ihren Nestern. Die Kuckucksbienen, die keine eigenen Nester bauen, und die Männchen der nestbauenden Arten müssen vor dem Einnachten und während ungünstiger Witterungsbedingungen auch tagsüber andere Schlafplätze aufsuchen. Während die einen Arten teils einzeln, teils in kleineren Gesellschaften in vorgefundenen Hohlräumen wie Insektenfraßgängen, Stein- und Erdspalten, Schneckengehäusen, in nickenden Blüten oder in selbstgegrabenen Erdlöchern ruhen, schlafen andere Arten exponiert an Pflanzenhalmen, an Blättern, auf Blüten oder auf Fruchtständen, wobei sich auch hier oft mehrere Tiere zu einer Schlafgesellschaft zusammenfinden. Derartige Schlafgesellschaften können aus einer lockeren Ansammlung weniger Tiere bestehen, die ohne Körperkontakt an denselben Pflanzenteilen ruhen, bis hin zu einem kompakten Verband. Einige der exponiert ruhenden Bienen beißen sich mit den Oberkiefern an Halmen oder Blättern fest und verharren ohne Zuhilfenahme der Beine, einzig fixiert durch die klammernden Oberkiefer, regungslos in schräg aufrechter, horizontaler oder hängender Position. Für viele Kuckucksbienen

▶ Männchen von *Melitta leporina* am Schlafplatz, St. Pierre (AO)

▶ Zwei Männchen der Harzbiene *Anthidium strigatum* haben sich mit den Kiefern zum Schlafen an einem Stängelende festgebissen

▶ Männchen von *Macropis europaea* am Schlafplatz, Agasul (ZH)

aus den Gattungen *Coelioxys, Pasites, Ammobatoides, Biastes, Epeolus, Nomada, Epeoloides, Melecta* und *Thyreus* sowie für die Männchen einiger *Anthidium*- und *Anthophora*-Arten ist diese eigenartige Schlafhaltung typisch. Sie kommt gelegentlich auch bei *Systropha* und *Osmia* vor. Andere frei an Pflanzenteilen ruhende oder nächtigende Arten aus den Gattungen *Hylaeus, Panurginus, Nomia, Halictus, Macropis, Melitta, Eucera* und anderen klammern sich mit den Beinen an Pflanzenhalmen, Blättern, Blüten- oder Fruchtständen fest.

Gefährdung und Schutz

Bienen sind für ihre eigene Ernährung und die Ernährung ihrer Larven auf ein großes und vielfältiges Angebot an Blüten während ihrer Flugzeit angewiesen. Die Spezialisten unter ihnen können nur dort leben, wo ihre spezifischen Pollenpflanzen in größeren Beständen wachsen. Zusätzlich benötigen die Bienen für die Anlage ihrer Nester geeignete Kleinstrukturen wie gut besonnte Felsblöcke, morsche Baumstrünke, markhaltige Pflanzenstängel, nackte Bodenstellen und anderes (siehe Kapitel «Lebensräume», S. 17 ff.). Nahrungs- und Nistplätze müssen räumlich eng verzahnt sein, sollen sie für einzelne Bienenindividuen als Gesamtlebensraum nutzbar sein.

In den vergangenen vier Jahrzehnten hat in weiten Teilen Mitteleuropas eine beispiellose Ausräumung, Nährstoffbelastung und Überbauung der Landschaft stattgefunden, welche sowohl zu einer starken Verarmung des Blütenangebotes als auch zu einem drastischen Verlust an Kleinstrukturen führte. Die Auswirkungen auf die Bienenfauna sind gravierend. So stehen beispielsweise in der Schweiz 45 Prozent, in Deutschland 53 Prozent aller Arten auf den aktuellen Roten Listen.

Neben der Beeinträchtigung der Nahrungsräume und der Zerstörung der Nistplätze, welche zweifellos als Hauptgründe für den starken Rückgang der Bienen angesehen werden müssen, dürften einige weitere Faktoren die bereits kritische Lage vieler Arten noch verschärfen. Die im Land- und Gartenbau noch immer eingesetzten Pestizide können zu einer direkten Vergiftung der Imagines führen oder indirekt über die gesammelten Blütenprodukte die Larven in den Brutzellen schädigen. Die Mähmaschinen können von einem Tag auf den anderen sämtliche Blumen auf großen Flächen vernichten. Der Konkurrenzdruck durch die Honigbiene *(Apis mellifera)*, die vielerorts auf kleinstem Raum in unnatürlich hoher Dichte auftritt, ist nachweislich für die Verarmung lokaler Bienengemeinschaften verantwortlich, weil es durch die von der Honigbiene entnommenen großen Mengen an Pollen und Nektar zeitweise zu Nahrungsengpässen bei ihren Verwandten kommen kann. Besonders stark betroffen durch die Konkurrenz der Honigbiene sind die oligolektischen Bienen, weil sie bei ihrer Sammeltätigkeit nur einen beschränkten Teil des Blütenangebotes nutzen können. Soll die heute in weiten Teilen Mitteleuropas stark verarmte Bienenfauna einen Teil ihrer ursprünglichen Artenvielfalt und Populationsdichte wiedererlangen,

Getreidefeld von einst, Brentjong (VS)

Getreidefeld heute, Hemmental (SH)

Extensiv genutzte, blumenreiche Mähweise

Intensiv genutzte, gedüngte Wiese

sind neben der Erhaltung der bestehenden artenreichen Bienenlebensräume alle Maßnahmen von großer Bedeutung, welche zu einer Erhöhung des Blütenreichtums und des Angebotes an Kleinstrukturen führen.

Dank der Tatsache, dass Bienen im Allgemeinen nur geringe Raumansprüche haben und sich bereits auf verhältnismäßig kleinen Flächen größere Populationen entwickeln können, sofern die benötigten Nist- und Nahrungsräume genügend nahe beieinander liegen, können naturnahe Gärten auf privaten und öffentlichen Grundstücken wertvolle Bienenlebensräume sein. Durch die Ansiedlung geeigneter Wildpflanzen und durch die gezielte Schaffung von Nistplätzen kann sich in solchen Gärten eine erstaunliche Vielfalt mit teilweise seltenen Arten einstellen. Dies darf jedoch nicht darüber hinwegtäuschen, dass die Schaffung von Naturgärten allein zur Wiederherstellung des ursprünglichen Artenreichtums in unserer Kulturlandschaft nicht genügt. Auf diese Art lassen sich vor allem Bienenarten, die bereits vorkommen, fördern. Das gilt auch für die in letzter Zeit aufkommenden Buntbrachen. In meinem Garten von neun Aren Größe habe ich im Laufe der Zeit 121 Bienenarten festgestellt. Einige konnten nur einmal gefunden werden, andere sind in den meisten Jahren oder gar jedes Jahr vorhanden.

Mit einfachen Mitteln kann das Nistplatzangebot für Bienen im Siedlungsraum erhöht werden. Arten, die für die Anlage der Brutzellen natürlicherweise Käferfraßgänge in besonntem Totholz nutzen, lassen sich ansiedeln, indem man ihnen entrin-

▶ Die Bevölkerungszunahme hat vermehrte Überbauung und damit die Abnahme der freien Landschaft zur Folge, Solothurn

▶ Die moderne Landwirtschaft hat nur noch Platz für Kulturpflanzen, Aareebene bei Grenchen (SO)

dete und gut gelagerte Blöcke aus Laubholz (Eiche, Buche, Kirsche, Weide) mit Bohrlöchern von fünf bis zehn Zentimeter Tiefe und drei bis zehn Millimeter Durchmesser anbietet. Die Löcher sollten quer zum Holzverlauf angebracht werden. Die Kombination von verschieden weiten Gängen ermöglicht eine Besiedlung durch Arten unterschiedlicher Größe. Die Mehrheit nistet in Bohrgängen von drei bis acht Millimeter Durchmesser. Viele Arten beziehen ebenso gerne die linearen Hohlräume von Strangfalzziegeln oder hohle Pflanzenstängel (zum Beispiel Karden, Disteln, Bambus). Letztere werden, mit Draht zusammengebunden oder in Röhren gesteckt, in waagrechter Position befestigt oder auf einer Unterlage platziert. Auf die gleiche Weise lassen sich markhaltige Stängel von Königskerzen, Rosen, Disteln, Brombeeren oder Holunder bündeln, die auf eine Länge von 15 bis 30 Zentimeter zugeschnitten werden. Die Schnittstellen ermöglichen denjenigen Arten den Zugang, welche sich ihre Nestgänge im Stängelmark selbst ausnagen. Marknagende Bienen nehmen auch gerne aufrecht stehende Stängel an, welche in einer Höhe von 0,5 bis 1 Meter gekappt oder einzeln in den Boden gesteckt werden. Morsche, halb verrottete Strünke oder Äste werden mit etwas Glück von holznagenden Arten besiedelt. Bodennistende Bienen lassen sich durch Schüttungen von Sand oder sandigem Lehm ansiedeln. Ebenso werden breite, mit Sand gefüllte Fugen zwischen Pflastersteinen oder Steinplatten auf sandiger Unterlage von vielen Arten für den Nestbau genutzt. Steilwandbewohner legen ihre Nestgänge gerne in Mauerwerk an, dessen Zwischenräume mit magerem Lehm verfugt sind. Steilwände können in bescheidenem Umfang nachgeahmt werden, indem beispielsweise Blumenkisten mit angefeuchtetem, tonhaltigem Sand oder Löss gefüllt und entlang von Mauern aufgestellt werden (Öffnung nach vorn). Die Füllung darf nach dem Abtrocknen nicht zu hart sein. Alle genannten Nisthilfen sollten

▶ Naturgarten mit vielfältigem Blütenangebot, Agasul (ZH)

an gut besonnten und einigermaßen regengeschützten Örtlichkeiten, am besten in südöstlicher bis südwestlicher Exposition, platziert werden. Dabei sollte der hintere Teil der Nisthilfen im oberen Bereich beschattet werden. Bei Wohnungsnot werden auch Nisthilfen an schattigen Stellen oder auf der Nordseite von Häusern angenommen.

Von den angebotenen Nisthilfen profitieren neben den Bienen auch zahlreiche einsiedlerisch lebende Falten-, Grab- und Wegwespen. Über den Bau von Nisthilfen und die Möglichkeit, Hummeln *(Bombus)* mittels spezieller Nistkästen anzusiedeln, informiert das Buch «Wildbienen» von Westrich, 2024 (siehe Literaturverzeichnis).

Beobachtungs- und Untersuchungsmethoden

Ein beträchtlicher Prozentsatz der mitteleuropäischen Bienenarten ist im Feld auch von erfahrenen Bienenspezialisten nicht zu bestimmen. Wer sich ernsthaft mit dieser Insektengruppe befassen will, kommt deshalb leider nicht um das Sammeln und Töten einzelner Individuen herum. In Deutschland und in gewissen Teilen Österreichs und der Schweiz bedarf es dafür einer Genehmigung der zuständigen Naturschutzbehörde.

▶ Je vielfältiger die Angebote an Nisthilfen sind, desto mehr Bienenarten können sich einfinden, Agasul (ZH)

Am weitesten verbreitet ist der Sichtfang von Bienen mit einem Insektennetz an Blüten, an potenziellen und tatsächlichen Nistplätzen oder an Schwarmplätzen der Männchen. Der Einsatz von Malaisefallen (reusenartiges Gazezelt) ist aus Sicht des Naturschutzes problematisch, da einerseits oft Hunderte von Individuen einer einzigen Art getötet werden, andererseits die Bienen in der Regel nur einen geringen Anteil an der Gesamtheit der getöteten Insekten ausmachen. Aus demselben Grund ist das Aufstellen von Farbschalen, gefüllt mit Wasser und wenig Abwaschmittel, für faunistische Erhebungen abzulehnen. Untersuchungen zeigten, dass das durch erfahrene Bienenspezialisten mit dem Insektennetz erfasste Artenspektrum durch den Einsatz von Malaisefallen und Farbschalen nicht wesentlich erhöht wird.

▶ Beobachtungsnester nach Töpfl. Abdeckung der Hinterseite zum Beobachten abnehmbar, Dornach (SO)

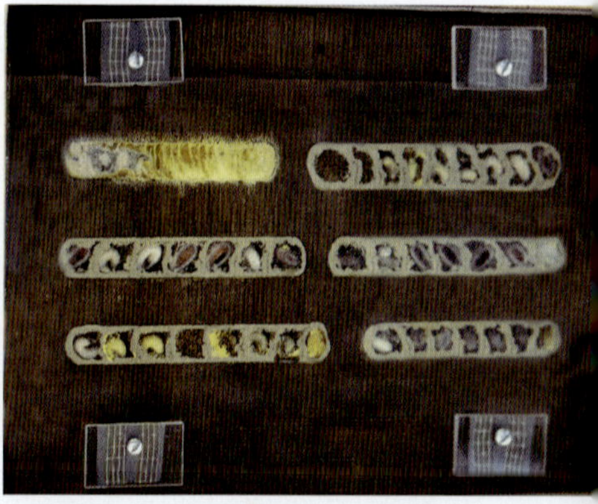

▶ Nach Entfernen der Abdeckung werden sechs Bienennester erkennbar: oben links von *Osmia brevicornis*, die anderen von *Osmia bicornis*, Dornach (SO)

Für die Betäubung der gesammelten Bienen haben sich Tötungsgläser bewährt, die zur Hälfte mit Korkschrot gefüllt und mit einigen Tropfen Essigsäureethylester («Essigäther») versetzt sind. Die gesammelten Tiere werden in noch weichem Zustand genadelt (Nadelkopf etwa 12 mm oberhalb des Tieres) und mit einer Etikette versehen, worauf der Fundort, das Funddatum und der Name des Fängers stehen sollte. Kennt man den wissenschaftlichen Namen, gibt man diesen meist auf einer zweiten Etikette dazu. Der Kopulationsapparat der Männchen soll aus dem Körper herausgezogen werden. Hilfreich ist dabei eine an der Spitze zu einem Haken umgebogene Nadel. Kleine, unauffällige und damit schwer nachzuweisende Bienen von totholz- oder stängelnistenden Arten können durch das Ausbringen von Nisthilfen an geeigneten Orten (siehe Kapitel «Gefährdung und Schutz», S. 46 ff.) erfasst werden. Zu diesem Zweck sammelt man die «Kunstnester» gegen Ende der Vegetationsperiode ein und züchtet die eingetragenen Arten unter kontrollierten Bedingungen. Dabei ist auf eine genügend hohe Luftfeuchtigkeit zu achten, da in geheizten Räumen die Gefahr des Austrocknens besteht. Umgekehrt führt eine zu hohe Feuchtigkeit zu Schimmelbildung. Für das Unterbrechen der winterlichen Diapause ist bei den meisten Bienenarten ein «Kälteerlebnis» entscheidend. Die im Herbst eingetragenen Kunstnester müssen also vor dem Schlüpfen der Tiere einige Wochen bei tiefen Temperaturen im Freien oder im Kühlschrank gelagert werden. Das Züchten von Arten aus eingetragenen Nisthilfen ermöglicht neben der Erfassung unauffälliger Arten auch Aussagen über Parasit-Wirt-Beziehungen. Die Bestimmung aller Bienen bis auf Artniveau ist sehr oft schwierig. Ein Stereomikroskop mit zehn- bis vierzigfacher Vergrößerung ist Voraussetzung für eine erfolgreiche Determination. Die wichtigste Bestimmungsliteratur ist im Literaturverzeichnis aufgeführt. Die Pollenanalyse stellt eine elegante Methode dar, die Pollenquellen eines Individuums, einer Population oder einer Art zu bestimmen. Pollen aus einer Brutzelle oder einer Bein- beziehungsweise Bauchbürste wird in einer Uhrglasschale mit Äther entfettet, damit die Oberflächenstrukturen der Körner deutlich zutage treten. Dann wird die Pollenprobe auf einem Objektträger in Glyceringelatine eingebettet und unter dem Lichtmikroskop bei 400- bis 1000-facher Vergrößerung oder unter dem Rasterelektronenmikroskop untersucht. Die Bestimmung der Pollenkörner erfolgt mithilfe einer Referenzsammlung oder der einschlägigen Literatur. Die Pollenkornreste in Kotbällchen, welche nach dem Schlüpfen der Imagines in den Brutzellen zurückbleiben, lassen sich für die Bestimmung der Larvennahrung ebenfalls verwenden. Die Kotbällchen müssen dazu vorab in einem Tropfen Wasser aufgelöst werden. Zur individuellen Markierung von Bienen können ungiftige und rasch trocknende Modellbaufarben verwendet werden, die mit einem Holzzahnstocher oder einer umgebogenen Briefklammer auf die Brustoberseite oder auf die Tergite aufgetragen werden. Bei größeren oder wehrhaften Arten empfiehlt es sich, die Tiere in einem Königinnen-Markiergefäß, wie es die Imker verwenden, zu fixieren oder sie vor der Markierung in einem gut isolierten Behälter mit Kühlelementen ruhigzustellen (nicht tiefgefrieren!).

▶ Großes Blütenangebot von Wildpflanzen ist für die Aufzucht der Bienenlarven sehr wichtig. Garten, Solothurn

Die Neststruktur und das Nestbauverhalten lassen sich bei Arten, die ihre Brutzellen normalerweise in Käferfraßgängen oder in hohlen Pflanzenstängeln anlegen, durch den Einsatz spezieller Nistkästen studieren. Durchsichtige Plexi- oder Acrylglasröhrchen, die hinten mit einem Wattepfropfen verschlossen sind, werden nicht empfohlen, da sehr oft die Brut durch Schimmel zerstört wird. Wir empfehlen die von Herrn Töpfl,

Dornach (CH), erprobten Beobachtungsnester. Dazu benötigt man mit Sperrholz abgedeckte Holzplatten. Auf einer Seite werden Gänge ausgefräst. An einem Ende von jedem Gang bohrt man durch das Holz ein Loch, das als Nesteingang dient. Die Seite mit den Gängen wird nun gut mit einer anliegenden Glasscheibe verschlossen und zusätzlich mit einem abnehmbaren Holzdeckel abgeschlossen. Diese Kunstnester sollten so aufgestellt sein, dass die Rückwand gegen einen beschatteten oder dunklen Hintergrund gerichtet ist. Sobald in einen Nestgang Zellen gebaut werden, kann man für Beobachtungen den Deckel abnehmen und die Tiere bei der Arbeit beobachten. Dabei darf das Nest nicht erschüttert oder gedreht werden. Meist sind die Tiere trotz Licht in ihrer Tätigkeit nicht gestört.

Die Architektur von Bodennestern lässt sich ermitteln, indem flüssiger Gips in die Nestöffnung eingefüllt wird. Nach der Aushärtung (24 bis 48 Stunden) können die Nester freigelegt werden. Für das Fotografieren der Bienen eignet sich eine einäugige Spiegelreflexkamera mit Makroobjektiv (50 bis 100 Millimeter) und Zwischenringen oder Vorsatzlinse in Verbindung mit einem Blitzgerät, das bei Beobachtungsnestern nicht senkrecht auf die Glasscheibe gerichtet sein darf. Weiter braucht es Geduld und meist viele Bilder, um eine befriedigende Aufnahme zu erhalten.

Wie im Kapitel «Gefährdung und Schutz» bereits vermerkt, brauchen Bienen nicht nur ein «Hotel» für den Nestbau und zum Schlafen. Für die Verpflegung braucht es ein großes Blütenangebot verschiedenster Pflanzen! Hier kann man die Bienen bei ihrem zum Teil recht unterschiedlichen Sammelverhalten beobachten.

Die Mauerbiene *Osmia spinulosa* – Lebensweise einer ausgewählten Bienenart

Osmia spinulosa zählt mit einer Länge von sieben bis acht Millimetern eher zu den kleinen Bienen Mitteleuropas. Sie ist eine Vertreterin der Megachilinae, deren Weibchen auf der Unterseite des Hinterleibes eine Haarbürste für den Pollentransport tragen. *O. spinulosa* legt ihre Nester ausschließlich in leeren Schneckengehäusen an und sammelt Pollen einzig auf Pflanzen, die zur Familie der Korbblütler (Asteraceae) gehören. Sie stellt hohe Wärmeansprüche an ihren Lebensraum und ist, wie ein Großteil der einheimischen Bienen, nur bei guten Witterungsbedingungen, also bei Sonnenschein und hohen Temperaturen, aktiv. Bei Regen oder bedecktem Himmel erscheint sie nicht im Freien, bei wechselhaftem Wetter ist ihre Aktivität von längeren Ruhepausen unterbrochen.

▶ *Osmia spinulosa* sammelt Pollen auf *Buphthalmum salicifolium*, Merishausen (SH)

▶ Lebensraum, Merishausen (SH)

Lebensraum

Die drei für das Vorkommen von *O. spinulosa* unerlässlichen Elemente – Schneckengehäuse als Nistplatz, Korbblütler als Pollenquelle und warmes Mikroklima – schränken die Verbreitung dieser Bienenart stark ein. Die wichtigsten Lebensräume von *O. spinulosa* sind gut besonnte, steinige und lückig bewachsene Abhänge und brachliegende Wiesenflächen. Auf regelmäßig geschnittenen Wiesen oder auf anderweitig intensiv genutztem Land findet *O. spinulosa* keine Nistmöglichkeiten, da hier das Angebot an leeren Schneckengehäusen und Korbblütlern zu gering ist.

Lebenszyklus

O. spinulosa ist eine Sommerbiene. Sie erscheint Anfang Juni, wobei die ersten Männchen einige Tage vor den ersten Weibchen auftauchen. Die Männchen verschwinden bereits Ende Juli/Anfang August wieder, während die letzten Weibchen noch bis Mitte September beobachtet werden können. Die individuelle Flugzeit der Männchen beträgt im Maximum fünf bis sechs Wochen; die Weibchen werden deutlich älter. Sie erreichen ein Maximalalter von zehn bis elf Wochen.

Gleich nach der Paarung beginnen die Weibchen mit den Nistaktivitäten. Sie bauen und verproviantieren einzeln und ohne Mithilfe von Artgenossinnen Brutzellen in leeren Schneckengehäusen, legen Eier und verschließen die Zellen. Aus den Eiern schlüpfen nach wenigen Tagen Larven, die den Pollen-Nektar-Vorrat in den Brutzellen zu verzehren beginnen. Ist der Nahrungsvorrat nach etwa drei Wochen vollständig gefressen, spinnen sich die Larven in ihren Zellen einen schützenden Kokon. Es beginnt nun eine lange Ruhephase, während der die Bienen als Ruhelarven im Innern der Schneckengehäuse die kalte Jahreszeit überdauern. Erst im folgenden Frühling geht die Entwicklung weiter. Die Larven verpuppen sich, und nach einem etwa dreiwöchigen Puppenstadium erfolgt die Verwandlung zum geflügelten Insekt. Ein Jahr nach der Eiablage schlüpfen die Bienen aus den Nestern, und ein neuer Zyklus beginnt.

Wie die große Mehrzahl der Bienen Mitteleuropas hat auch *O. spinulosa* nur eine Generation pro Jahr. Allerdings entwickeln sich nicht alle Ruhelarven bereits im ersten Jahr nach der Überwinterung. Ein gewisser Prozentsatz der Ruhelarven überliegt und durchläuft erst nach der zweiten Überwinterung die Metamorphose zum geflügelten Insekt.

Nestbau

Für die Anlage der Brutzellen werden leere Gehäuse der Strauchschnecke *(Fruticicola fruticum)*, der Vielfraßschnecke *(Zebrina detrita)* und der beiden Heideschnecken *(Helicella itala* und *H. obvia)* benutzt. In den Schneckengehäusen legt das Weibchen jeweils eine bis drei, meist aber zwei Brutzellen an. In jeder Brutzelle durchläuft jeweils eine Biene ihre gesamte Entwicklung vom Ei über Larve und Puppe bis zum geflügelten Insekt. Öffnet man ein zweizelliges Nest kurz nach seiner Fertigstellung, erkennt man die beiden Brutzellen, die zur Gehäusemündung hin durch Wände begrenzt sind. Jede ist zu etwa vier Fünfteln mit einem Pollen-Nektar-Gemisch gefüllt, auf dem je ein Ei liegt. Auf die zweite Brutzelle folgt ein großer leerer Zwischenraum, der eine halbe bis eineinhalb Windungen einnimmt. Die Gehäusemündung ist durch eine weitere Wand, die Nestabschlusswand, verschlossen. Alle drei Trennwände bestehen aus Pflanzenmörtel, der mithilfe der Oberkiefer von den Blatträndern des Kleinen Wiesenknopfes *(Sanguisorba minor)* und des Kriechenden Fingerkrautes *(Potentilla reptans)* abgebissen, zerkaut und in Form kleiner rundlicher Klümpchen zum Nest transportiert wird.

Der Nestbauzyklus beginnt mit der Suche nach einem geeigneten Gehäuse. Hat sich ein Weibchen für ein leeres Schneckenhaus entschieden, trägt es vorerst Pflanzenmörtel ein, mit dem es auf Höhe der späteren Abschlusswand der ersten Brutzelle im spindelnahen Randbereich der Windung eine «Türschwelle» baut, wodurch die Länge der Brutzelle bereits im Voraus festgelegt ist. Danach beginnt das Weibchen mit der Versorgung der ersten Brutzelle mit Pollen und Nektar. Da das Pollensammeln stets an gleichzeitige Nektaraufnahme gekoppelt ist, bringt die Biene nach jedem Sammelflug sowohl Pollen als auch Nektar mit. Wie bei den Megachilinae üblich, deponiert das Weibchen nach der Rückkehr zuerst kopfvoran den Nektar in der Brutzelle, dreht sich darauf um und streift den Pollen aus der gefüllten Bauchbürste auf den Vorratsballen ab. Im Nestbauzyklus nimmt die Versorgung einer Brutzelle mit Pollen und Nektar den weitaus größten Zeitanteil ein (siehe Abbildung S. 57). Nach dem letzten Versorgungs-

▶ Zweizelliges Nest im Haus von *Fruticicola fruticum*

▶ Überwinternde Ruhelarven

▶ Türschwelle in Schneckenhaus

▶ Weibchen sammelt Pflanzenmörtel auf *Sanguisorba minor*

▶ Weibchen trägt Pollen in Gehäuse von *Helicella itala* ein

▶ Weibchen verschließt Nesteingang an der Gehäuseöffnung von *Zebrina detrita*

▶ Weibchen dreht das Schneckenhaus in eine geschützte Lage

flug legt das Weibchen ein Ei auf den Nahrungsvorrat und trägt unmittelbar danach Pflanzenmörtel ein, mit dem die vorbereitete Türschwelle zur Zellabschlusswand ergänzt wird. Nach deren Vollendung mauert die Biene auf Höhe der späteren Abschlusswand der zweiten Brutzelle erneut eine Türschwelle, bevor sie wiederum Pollen und Nektar einträgt. Hat das Weibchen die zweite Zelle des Nestes fertig verproviantiert und mit einem Ei belegt, wird sie auf Höhe der zweiten Türschwelle verschlossen. Für den Bau dieser jeweils stark verdickten und am Rand gut schließenden zweiten Zellabschlusswand ist eine vergleichsweise große Anzahl Mörtelsammelflüge und ein hoher zeitlicher Aufwand erforderlich. Sobald das Weibchen die zweite Brutzelle verschlossen hat, beginnt es ohne zeitliche Unterbrechung mit dem Bau einer Nestabschlusswand an der Gehäusemündung. Bedingt durch den verwendeten Baustoff ist diese anfangs auffällig grün, verfärbt sich aber innerhalb weniger Tage zu einem schmutzigen Dunkelbraun. Nach Fertigstellung der Nestabschlusswand kriecht das Weibchen, mit der Körperunterseite nach oben, kopfvoran unter das fertige Nest, benutzt die Oberseite von Brust und Hinterleib als Widerlager und dreht das Schneckengehäuse mithilfe der Beine derart, dass die Gehäusemündung mit der Nestabschlusswand direkt zum Erdboden gerichtet und so vor Witterungseinflüssen geschützt ist. Das Drehen des fertigen Nestes bedeutet den Abschluss des Nestbauzyklus. Das Weibchen macht sich danach für die Anlage weiterer Brutzellen auf die Suche nach einem neuen Schneckenhaus. Im günstigsten Fall versorgt ein Weibchen während seines Lebens 15 bis 20 Brutzellen, für welche rund zehn Schneckengehäuse erforderlich sind.

Für den Bau eines zweizelligen Nestes benötigt *O. spinulosa* bei gutem Wetter insgesamt rund 31 Stunden. Da ein «Bienentag» bei optimalen äußeren Bedingungen zwischen 7 und 7,5 Stunden (von etwa 11.00 bis 18.15 Uhr MESZ) dauert, entspricht dies bei andauernd schönem Wetter etwa 4,3 Bienentagen.

		durchschnittliche Anzahl Flüge	durchschnittlicher Zeitaufwand
leere Gehäuse inspizieren			
Gehäuse auswählen			
Pflanzenmörtel eintragen: Bau der 1. Türschwelle	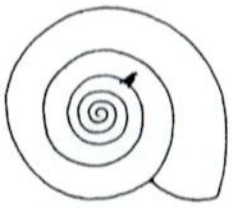	5 Flüge	20 min
Versorgung der 1. Brutzelle mit Pollen und Nektar	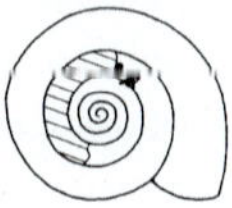	29 Flüge	12 ½ h
Eiablage			4 min
Pflanzenmörtel eintragen: Ergänzung der 1. Türschwelle zu einer inneren Zellabschlusswand und Bau der 2. Türschwelle	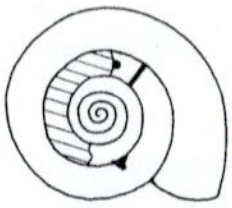	12 Flüge	42 min
Versorgung der 2. Brutzelle mit Pollen und Nektar	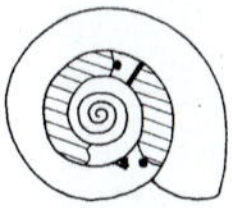	29 Flüge	12 ½ h
Eiablage			4 min
Pflanzenmörtel eintragen: Ergänzung der 2. Türschwelle zu einer äußeren Zellabschlusswand	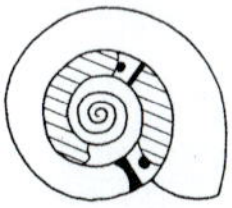	32 Flüge	140 min
Pflanzenmörtel eintragen: Bau der Nestabschlusswand	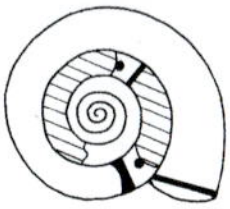	28 Flüge	80 min
Gehäuse drehen, bis Mündung zum Erdboden gerichtet			1–2 min
Nestabschlusswand kontrollieren und evtl. Schäden mit Pflanzenmörtel ausbessern			

▶ **Abfolge der Nestbauphasen beim Bau eines zweizelligen Nestes von *Osmia spinulosa***
Die angegebenen Zahlen sind Durchschnittswerte und wurden unter optimalen äußeren Bedingungen erhoben. Bedingt durch die hohe Empfindlichkeit von *O. spinulosa* gegenüber ungünstigen Witterungsverhältnissen dauern die einzelnen Nestbauphasen bei schlechten äußeren Bedingungen entsprechend länger.

Interessanterweise inspizieren die Weibchen die Nestabschlusswände der fertigen Nester noch lange nach dem Baubeginn neuer Nester und bessern gegebenenfalls Löcher und Spalten mit zusätzlich herbeigebrachtem Pflanzenmörtel aus. Die maximale Zeitspanne zwischen der Fertigstellung eines Nestes und der letzten Ausbesserung einer experimentell beschädigten Abschlusswand betrug 29 Tage. Dieses Verhalten dürfte dem Schutz der Nachkommen vor Brutparasiten dienen.

Brutparasiten

O. spinulosa hat einen artspezifischen Bienenparasiten. Die Kuckucksbiene *Stelis odontopyga* (Megachilinae) entwickelt sich als Brutschmarotzer ausschließlich in ihren Nestern. Das *Stelis*-Weibchen schmuggelt sein Ei bei einer kurzfristigen Abwesenheit der Nestbesitzerin in eine noch nicht verschlossene Brutzelle des Wirtsnestes. Die Larve der Kuckucksbiene schlüpft früher aus dem Ei als die Larve von *O. spinulosa,* saugt zunächst das Wirtsei oder die frisch geschlüpfte Wirtslarve aus und beginnt danach, den Futtervorrat zu verzehren. In der Brutzelle entwickelt sich anstelle der *O. spinulosa*-Larve die Larve von *S. odontopyga.*

▶ Trauerschweber *Anthrax aethiops* inspiziert das Nest von *Osmia spinulosa*

Im Gegensatz zu *S. odontopyga* frisst die Larve des Trauerschwebers *Anthrax aethiops* (Bombyliidae) nicht den Futtervorrat, sondern die Bienenlarve. Das Trauerschweberweibchen schleudert im Schwebeflug sein Ei in die Gehäusemündung eines im Bau befindlichen Nestes von *O. spinulosa*. Nach dem Schlüpfen kriecht die winzige Fliegenlarve in die noch nicht verschlossene Brutzelle, wartet, bis die Wirtslarve den Futtervorrat aufgezehrt hat, und lässt sich danach in ihren Kokon mit einspinnen. Nachdem ihr Opfer seinen Kokon fertig gesponnen hat, beginnt die Trauerschweberlarve, die ausgewachsene Bienenlarve auszusaugen. Im Schutz des fremden Kokons verpuppt sich die Fliegenlarve und schlüpft im folgenden Frühsommer als geflügeltes Insekt aus der Brutzelle.

Blütenbesuch

Die Weibchen von *O. spinulosa* sammeln den Pollen für die Larven ausschließlich auf Vertretern der Korbblütler (Asteraceae). Wichtige Pollenquellen sind zu Beginn der Flugzeit Bitterkraut *(Picris hieracioides)* und Wiesen-Flockenblume *(Centaurea jacea)*, später im Jahr Ochsenauge *(Buphthalmum salicifolium)* und im Spätsommer Raukenblättriges Greiskraut *(Senecio erucifolius)* und Herbst-Aster *(Aster amellus)*.

Das besuchte Blütenspektrum beim Nektarerwerb ist größer und umfasst neben verschiedenen Korbblütlerarten, die gleichzeitig Pollenlieferanten sind, auch Vertreter aus anderen Pflanzenfamilien wie zum Beispiel Knolligen Hahnenfuß *(Ranunculus bulbosus)* oder Acker-Witwenblume *(Knautia arvensis)*. Es bestätigt sich hier die bei vielen spezialisierten Bienen gemachte Feststellung, dass die Spezialisierung im Allgemeinen auf die Pollenquellen beschränkt bleibt, während das Spektrum der für die Nektaraufnahme besuchten Pflanzen größer ist.

Paarungsstrategie

Die Männchen von *O. spinulosa* beteiligen sich nicht an der Brutfürsorge, sondern suchen während ihres wenige Wochen dauernden Lebens als geflügelte Insekten unaufhörlich nach paarungswilligen Weibchen. Sie besetzen dazu zwanzig bis hundert Quadratmeter große Areale, an denen sie über Wochen festhalten. Innerhalb dieser Areale patrouillieren sie entlang von Flugbahnen die Blüten der Pollen- und Nektarpflanzen der Weibchen ab. Sie kontrollieren die Blüten im Flug, wobei sie vor jedem Blütenkopf kurz ihre Fluggeschwindigkeit drosseln, um gleich darauf wieder in gewohnter Schnelligkeit den nächsten Anflugspunkt anzusteuern. Auf einem Durchflug, der in der Regel zwischen einer und zwei Minuten dauert, wird meist einmal für wenige Sekunden an einer bestimmten Bodenstelle eine Flugpause oder ein Blütenbesuch zur Nektaraufnahme eingelegt. Der Verlauf einer Flugbahn bleibt nicht über längere Zeit konstant, sondern unterliegt in kurzfristigen Abständen leichten Veränderungen.

Die Areale der Männchen überlappen sich teilweise beträchtlich. Ihre Flugbahnen können sich kreuzen und bestimmte Blütenköpfe werden bei hoher Männchendichte regelmäßig von mehreren Männchen auf ihren sonst unterschiedlich verlaufenden Flugbahnen kontrolliert. Areale und Flugbahnen werden weder duftmarkiert noch gegen artgleiche Männchen verteidigt.

Entlang der Flugbahnen stürzen sich die Männchen auf blütenbesuchende Weibchen. Ihre Kopulationsversuche sind allerdings nur selten erfolgreich, weil sich die Weibchen nur ein einziges Mal, und zwar gleich nach dem Ausschlüpfen aus den Brutzellen, verpaaren. Späteren Paarungsversuchen widersetzen sich die Weibchen erfolgreich. So kommen nur Männchen, die auf ein frisch geschlüpftes Weibchen treffen, zur Paarung.

Schlafplätze

Die Männchen sowie jene Weibchen, die noch kein eigenes Nest begonnen oder ein Nest eben fertiggestellt haben, schlafen nachts und bei schlechtem Wetter tagsüber einzeln oder in kleinen Gruppen in leeren Schneckenhäusern.

Systematische Übersicht

In Deutschland, Österreich und der Schweiz sind nach heutigem Kenntnisstand etwa 740 Bienenarten bekannt (Deutschland: 561; Österreich: 690; Schweiz: 615). Eine genaue Zahl kann nicht genannt werden, da man bei einigen Arten nicht weiß, ob sie in zwei Formen auftreten, oder ob es zwei eigene Arten sind und je nach Autor nur als eine Art oder als zwei Arten aufgeführt werden.

Bezüglich System und Gattungsabgrenzung gehen die Meinungen auseinander. Die einen (denen wir uns hier anschließen) bevorzugen «Großgattungen». Dies erleichtert dem Nichtspezialisten den Einstieg in die Welt der Bienen, da man mit weniger Namen auskommt und die Gattungen in den meisten Fällen auch im Feld gut erkennbar sind. Zudem kann man auch auf anderen Kontinenten viele Tiere einer Gattung zuordnen. Andere Bienenspezialisten bevorzugen eine Aufsplitterung in viele Kleingattungen, um die verwandtschaftlichen Beziehungen besser zeigen zu können. Dies hat aber nebst den vielen Namen auch den Nachteil, dass die Unterschiede der Gattungen sehr klein werden und in einigen Fällen nur ein Geschlecht oder beide nicht oder nur unsicher zugeordnet werden können. Was hier eine Gattung ist, ist bei anderen Autoren (Bienenforschern) oft ein übergeordneter Tribus und an der Endung «-ini» (*Osmia* = Osmini) erkennbar. So wird auch die Familie der Apidae oft zur Überfamilie Apoidea heraufgestuft. Da die Systematik eine menschliche Erfindung ist, kann man weder die eine noch die andere Auffassung als richtig oder falsch bezeichnen. Auch sind unsere Auffassungen nicht endgültig, da immer wieder neue Erkenntnisse zu kleineren oder größeren Änderungen führen. Wir übernehmen die Gattungsnamen aus dem «Verzeichnis der Hautflügler Deutschlands» von Holger Dathe et al. (2001) mit der Ausnahme, dass *Halictus* auch *Lasioglossum* und *Nomia Pseudapis* umfassen.

Die meisten Bienen haben keinen deutschen Namen. Nur für die Gattungen bürgern sich solche immer mehr ein, wobei etliche dieser Namen sehr fragwürdig sind. Alle Arten haben aber, um international verständlich zu sein, einen lateinischen Doppelnamen, wobei der erste, großgeschriebene Namensteil die Gattung und der zweite, kleingeschriebene die Art bezeichnet. Etliche Bienen wurden mehrfach beschrieben. Nach internationaler Übereinkunft gilt der Name des Erstbeschreibers. Da in Bibliotheken immer wieder ältere Namen gefunden werden, müssen die entsprechenden Tiere umbenannt werden.

Familie:	**APIDAE**
Unterfamilie:	**Colletinae**
Gattung:	***Colletes*** – Seidenbienen
	Hylaeus – Maskenbienen
Unterfamilie:	**Andreninae**
Gattung:	***Andrena*** – Sandbienen
Gattung:	***Camptopoeum*** – Buntbienen
Gattung:	***Panurginus*** – Scheinlappenbienen
Gattung:	***Panurgus*** – Zottelbienen
Gattung:	***Melitturga*** – Schwebebienen
Unterfamilie:	**Halictinae**
Gattung:	***Dufourea*** – Glanzbienen
Gattung:	***Rhophitoides*** – Graubienen
Gattung:	***Rophites*** – Schlürfbienen
Gattung:	***Systropha*** – Spiralhornbienen
Gattung:	***Nomia*** – Schienenbienen
Gattung:	***Nomioides*** – Steppenbienen
Gattung:	***Halictus*** – Furchenbienen
Gattung:	***Sphecodes*** – Blutbienen
Unterfamilie:	**Melittinae**
Gattung:	***Dasypoda*** – Hosenbienen
Gattung:	***Macropis*** – Schenkelbienen
Gattung:	***Melitta*** – Sägehornbienen
Unterfamilie:	**Megachilinae**
Gattung:	***Lithurgus*** – Steinbienen
Gattung:	***Anthidium*** – Harz- und Wollbienen
Gattung:	***Stelis*** – Düsterbienen
Gattung:	***Dioxys*** – Zweizahnbienen
Gattung:	***Megachile*** – Blattschneider- und Mörtelbienen
Gattung:	***Coelioxys*** – Kegelbienen
Gattung:	***Osmia*** – Mauer-, Löcher- und Scherenbienen
Unterfamilie:	**Apinae**
Gattung:	***Ammobates*** – Sandgängerbienen
Gattung:	***Ammobatoides*** – Steppenglanzbienen
Gattung:	***Biastes*** – Kraftbienen
Gattung:	***Epeolus*** – Filzbienen
Gattung:	***Nomada*** – Wespenbienen
Gattung:	***Pasites*** – Kurzhornbienen
Gattung:	***Ceratina*** – Keulhornbienen
Gattung:	***Xylocopa*** – Holzbienen
Gattung:	***Epeoloides*** – Schmuckbienen
Gattung:	***Eucera*** – Langhornbienen
Gattung:	***Anthophora*** – Pelzbienen

Gattung: ***Melecta*** – Trauerbienen
Gattung: ***Thyreus*** – Fleckenbienen
Gattung: ***Bombus*** – Hummeln
Gattung: ***Apis*** – Honigbienen

Bestimmungsschlüssel für die Gattungen

Der folgende Bestimmungsschlüssel erlaubt die Determination der mitteleuropäischen Bienen bis auf die Ebene der Gattung. Da sich die einzelnen Gattungen zusätzlich zu den im Schlüssel angeführten morphologischen Merkmalen durch charakteristische habituelle und verhaltensbiologische Eigenheiten unterscheiden, kann man die überwiegende Mehrheit der mitteleuropäischen Bienengattungen bereits im Feld sicher ansprechen.
Für den Gebrauch des Schlüssels ist ein Stereomikroskop mit 10- bis 25-facher Vergrößerung notwendig.
Die im Schlüssel auftauchenden Fachbegriffe sind im Kapitel «Körperbau und Sinnesorgane», S. 11 ff., erläutert. Die beiden Geschlechter lassen sich leicht unterscheiden. Bei den Weibchen setzen sich die Fühler aus zwölf, bei den Männchen aus 13 Gliedern zusammen. Einzig bei einigen Kraft- und Kurzhornbienen *(Biastes* und *Pasites)* verfügen beide Geschlechter über zwölfgliedrige Fühler. Der Hinterleib besteht bei den Weibchen aus sechs, bei den Männchen aus sieben sichtbaren Segmenten.

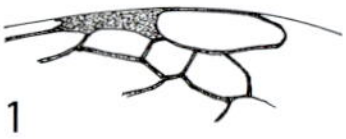
Z 1

1 Vorderflügel mit 3 Cubitalzellen (Z 1). **2**
– Vorderflügel mit 2 Cubitalzellen (Z 2). **21**

Z 2

2 Radialzelle des Vorderflügels im ersten Drittel am breitesten, zum Flügelende stark verschmälert (Z 2)... **3**
– Radialzelle in der Mitte am breitesten, am Ende fast so breit wie am Anfang (Z 3). **11**

Z 3

3 Punktaugen fast auf einer Linie (Z 4) und die Cubitalzellen etwa gleich groß. .... ***Bombus***
– Punktaugen im Dreieck oder die Cubitalzellen verschieden groß (Z 5). **4**

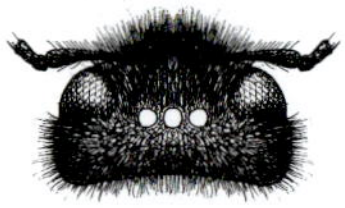
Z 4

4 Zweite und dritte Cubitalzelle etwa gleich groß (Z 6) **5**
– Zweite Cubitalzelle deutlich kleiner als die dritte (Z 3)... **6**

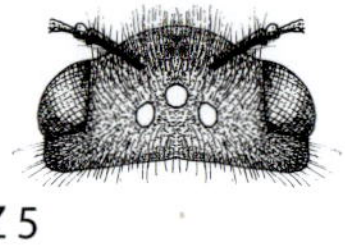
Z 5

5 Basalader des Vorderflügels gerade, beide Abschnitte etwa gleich lang (Z 6). Hinterleib braunschwarz, meist mit weißen Haarbinden. .... ***Colletes***

Z 6

– Basalader leicht abgewinkelt, der äußere Abschnitt viel kürzer als der innere (Z 7). Hinterleib in unterschiedlichem Ausmaß rot, gelb, weiß und schwarz. . . . ***Nomada***

Z 7

6 Basalader gerade oder nur schwach gebogen (Z 7). . . . **7**
– Basalader am Grund deutlich gekrümmt (Z 8). **9**

Z 8

7 Erste Cubitalzelle deutlich größer als die dritte (Z 9). . . . **8**
– Erste Cubitalzelle etwa gleich groß wie die dritte (Z 10). Die Fühler der Männchen an der Spitze eingerollt. . . . . ***Systropha***

Z 9

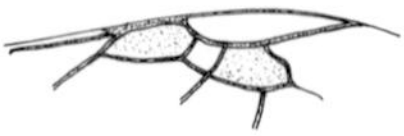

Z 10

8 Stirn neben den Komplexaugen mit einer länglichen, filzig behaarten Grube (Z 11), beim Männchen oft nur angedeutet. Krallenglied nicht auffällig breiter als das zweitletzte Tarsenglied (Z 12). Schenkelring 3 der Weibchen mit Haarlocke (Z 13). Fühlerende der Männchen abgerundet oder zusammengedrückt. . . . . ***Andrena***
– Stirn ohne Filzgrube. Krallenglied viel breiter als das zweitletzte Tarsenglied (Z 14). Schenkelring 3 der Weibchen ohne Haarlocke. Fühlerende der Männchen abgestutzt, Glieder oft knotig (Z 15). . . . . ***Melitta***

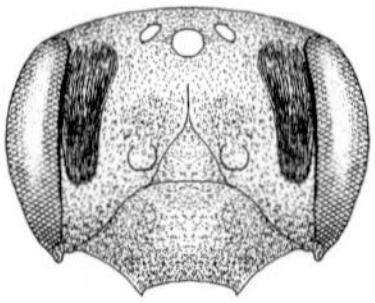

Z 11

9 Hinterleib mit gelben Binden. Kleine Bienen von 3–5 mm. . . . . ***Nomioides***
– Hinterleib ohne gelbe Binden. Meist größer. **10**

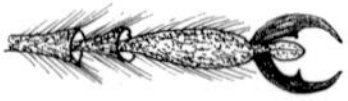

Z 12

10 Hinterleib mehr oder weniger rot, selten ganz schwarz. Weibchen ohne Furche auf Tergit 5. Fühlerglieder der Männchen knotig und an der Basis mit Samtflecken, die sich seitlich bis ans Gliedende ausdehnen können (Z 16). Kopfschild kurz und schwarz. . . . . ***Sphecodes***
– Hinterleib selten rot gefärbt. Weibchen mit einer Längsfurche auf Tergit 5 (Z 17). Fühlerglieder der Männchen ohne Samtflecken. Kopfschild am Ende gelb und oft vorgezogen. . . . . ***Halictus***

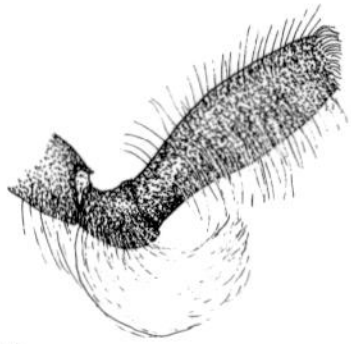

Z 13

Z 14

11 Radialzelle etwa 6-mal so lang wie breit (Z 18). **12**
– Radialzelle höchstens 4-mal so lang wie breit. **13**

Z 15

12 Radialzelle am Ende abgerundet, überragt die Cubitalzellen um mehr als die Hälfte (Z 18). Schiene 3 mit Körbchen, ohne Sporn. . . . . ***Apis***

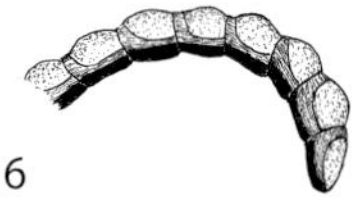
Z 16

- Radialzelle am Ende zugespitzt, überragt die Cubitalzellen nur wenig (Z19). Schiene 3 mit Sporn. Große, gedrungene, dunkle Bienen. .... *Xylocopa*

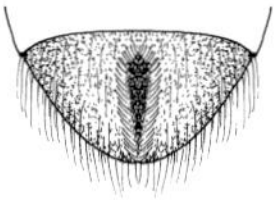
Z 17

13 Schildchen in der Mitte oder seitlich mit Ecken oder Dornen. Tegulae nicht auffällig groß. **14**
- Schildchen abgerundet, oder Tegulae wie (Z 25). **16**

Z 18

14 Mittelteil des Schildchens flach, am Hinterrand winklig ausgeschnitten und mit weißem Haarbüschel (Z 20). ... . *Thyreus*
- Mittelteil des Schildchens am Hinterrand gerundet, ohne Kerbe. **15**

Z 19

15 Schildchen am Mittelteil mit zwei Dornen, seitlich ohne Zahn (Z 21). .... *Melecta*
- Mittelteil des Schildchens abgerundet, die Seitenflächen mit Ecken oder Zähnen (Z 22). .... *Epeolus*

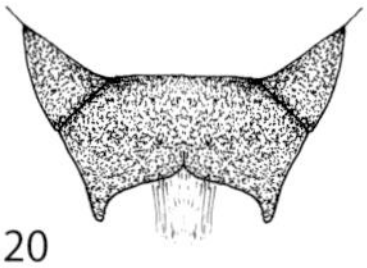
Z 20

16 Erste und dritte Cubitalzelle etwa gleich groß, die mittlere deutlich kleiner (Z 23). **17**
- Alle Cubitalzellen gleich groß oder die erste oder die dritte deutlich größer. **19**

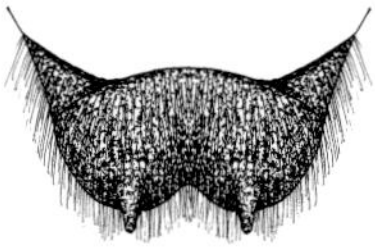
Z 21

17 Körper fast kahl, metallisch glänzend oder schwarz. .... *Ceratina*
- Körper, besonders auch die Brust, stark behaart. **18**

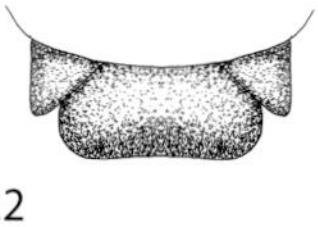
Z 22

18 Radialzelle am Ende schräg abgestutzt, durch eine Ader verlängert (Z 23). Beide Geschlechter mit keulenförmigen Fühlern. .... *Melitturga*
- Radialzelle am Ende abgerundet, ohne Verlängerung (Z 24). Fühler fast körperlang. .... *Eucera*

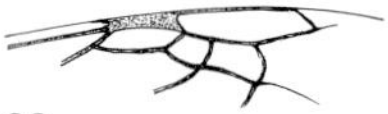
Z 23

19 Alle Cubitalzellen etwa gleich groß. Körpergestalt groß, gedrungen, stark behaart. Gesicht der Männchen weiß oder gelb gefleckt. .... *Anthophora*
- Cubitalzellen verschieden groß. Körpergestalt normal bis schlank. Gesicht der Männchen ohne helle Zeichnung... **20**

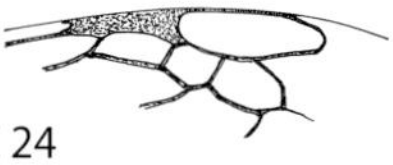
Z 24

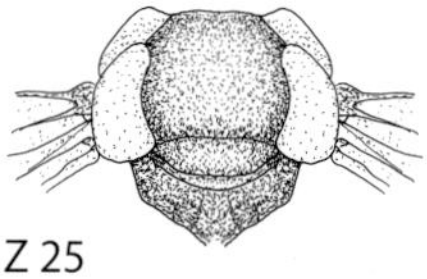
Z 25

20 Dritte Cubitalzelle viel größer als die erste. Flügelschuppen auffallend groß, etwa halb so lang wie die Brust (Z 25). Tergite abgesehen von den hellen Endrändern fast schwarz. .... *Nomia*

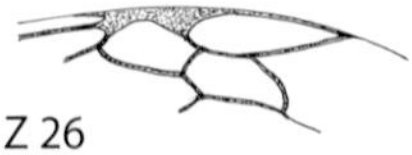

Z 26

– Dritte Cubitalzelle kleiner als die erste. Flügelschuppen nur etwa ein Viertel der Länge der Brust. Mindestens die ersten drei Tergite rot. .... ***Epeoloides***

Z 27

21 Radialzelle nach außen stark verengt, bis zur Spitze ganz am Flügelrand anliegend (Z 26). **22**

– Radialzelle am Ende abgerundet oder die Spitze vom Flügelrand entfernt (Z 27), am Ende oft durch eine Ader verlängert, die eine offene oder geschlossene Anhangszelle bildet. **26**

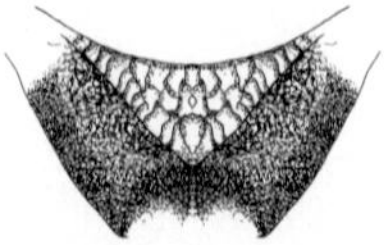

Z 28

22 Tergite am Ende ohne deutliche Haarbinden. Körper locker behaart. .... ***Dufourea***

– Zwei bis mehrere Tergite am Ende mit dichten Haarbinden. **23**

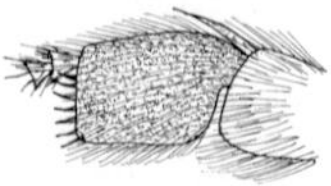

Z 29

23 Mittelfeld des Mittelsegments 3-eckig mit groben Runzeln (Z 28). Hinterleib grob punktiert. .... ***Andrena lagopus***

– Mittelfeld anders. Hinterleib fein punktiert. **24**

Z 30

24 Hinterleib glänzend schwarz. Tergit 2 ohne weiße Haarbinde. Ferse 3 etwa 1,5-mal so lang wie breit (Z 29). Gesicht der Männchen gelb gefleckt. .... ***Macropis***

– Hinterleib matt. Tergit 2 mit Haarbinde. Ferse 3 im Verhältnis länger (Z 30). Gesicht der Männchen schwarz. **25**

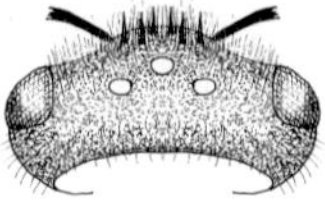

Z 31

25 Stirn der Weibchen mit stachelartigen Haaren (Z 31). Fühler der Männchen zum Ende hin stark verschmälert, sie reichen bis fast an das Brustende. Letztes Glied etwa zweimal so lang wie breit (Z 32). .... ***Rophites***

– Stirn der Weibchen ohne stachelartige Haare. Fühler der Männchen kürzer, zum Ende hin kaum verschmälert. Sie reichen nur bis zu den Flügelschuppen. Letztes Glied nur so lang wie breit (Z 33). .... ***Rhophitoides***

Z 32

Z 33

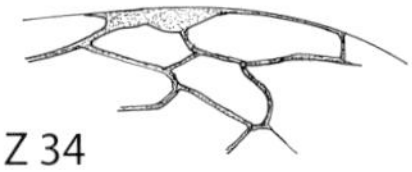

Z 34

26 Radialzelle meist abgestutzt (Z 34). Oberkiefer nur mit einer Spitze ohne Seitenzähne (Z 35). **27**

– Nicht beide Merkmale übereinstimmend. **30**

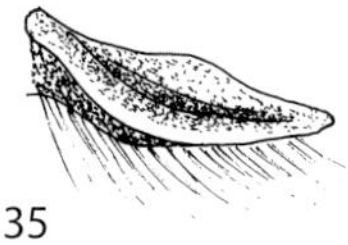

Z 35

27 Hinterleib einfarbig schwarz. **28**

– Hinterleib schwarz und rot, meist mit Filzflecken oder Haarbinden. **29**

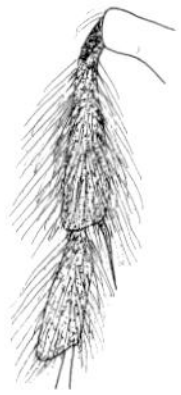

Z 36

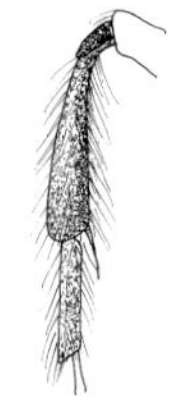

Z 37

28 Schiene und Ferse der Hinterbeine dicht und fast doppelt so lang behaart wie die Gliedbreite (Z 36). Gesicht schwarz. . . . . **_Panurgus_**

– Schiene und Ferse der Hinterbeine locker behaart und die Haare nur wenig länger als die Gliedbreite (Z 37). Gesicht hellgelb gefleckt. . . . . **_Panurginus_**

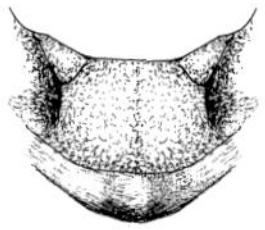

Z 38

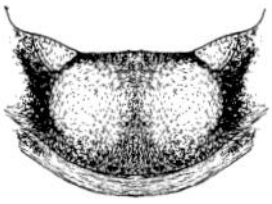

Z 39

29 Schildchen flach ohne Längseindruck (Z 38). Hinterschildchen in der Mitte mit Höcker. . . . . **_Ammobates_**

– Schildchen zweihöckrig (Z 39). Hinterschildchen ohne deutlichen Höcker. . . . . **_Pasites_**

30 Krallenglied mit Haftlappen (Z 40). **31**

– Krallenglied ohne Haftlappen (Z 41). **39**

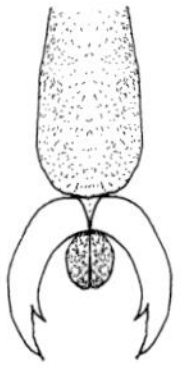

Z 40

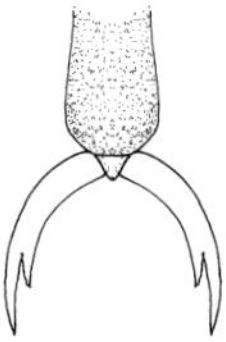

Z 41

31 Erste Cubitalzelle viel kleiner als die zweite. Zweites Tarsenglied der Hinterbeine entspringt in der vorderen Ecke der Ferse (Z 42). Fühler der Männchen fast körperlang. . . . . **_Eucera_**

– Nicht alle Merkmale übereinstimmend. **32**

32 Schiene und Ferse der Hinterbeine dicht behaart, Haare mehr als doppelt so lang wie die Gliedbreite. (Z 43). Tergite struppig behaart mit hellen Haarbinden. . . . . **_Dasypoda_**

– Schiene der Hinterbeine kürzer behaart, Haare selten etwas länger als die Gliedbreite. **33**

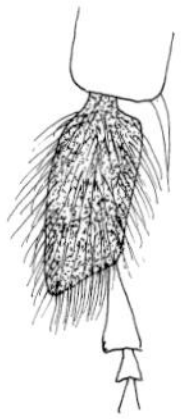

Z 42

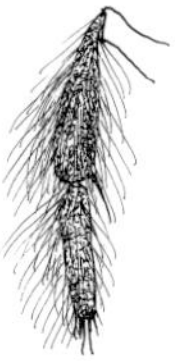

Z 43

33 Erste Cubitalzelle wesentlich größer als die zweite (Z 44). **34**

– Erste Cubitalzelle nicht auffallend größer als die zweite (Z 45). **35**

34 Körperlänge unter 9 mm. Gesicht meist weiß oder gelb gefleckt. . . . . **_Hylaeus_**

– Körperlänge über 10 mm. Gesicht schwarz. . . . . **_Ammobatoides_**

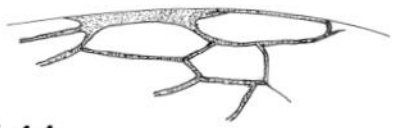

Z 44

Z 45

35 Zweite Discoidalader mündet bei oder hinter der zweiten Cubitalader (Z 45). **36**

– Zweite Discoidalader mündet vor der zweiten Cubitalader (Z 44). **37**

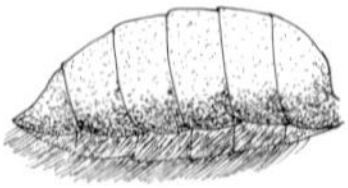

Z 46

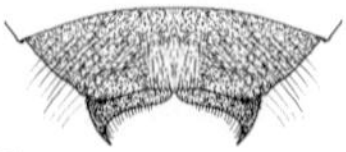

Z 47

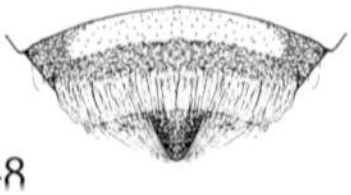

Z 48

Z 49

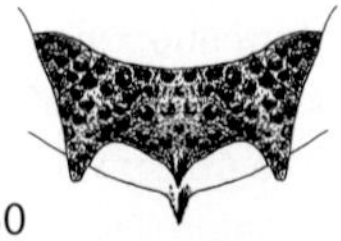

Z 50

Z 51

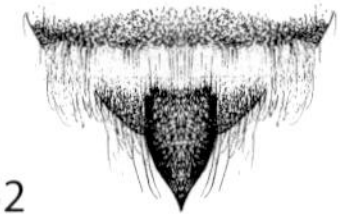

Z 52

Z 53

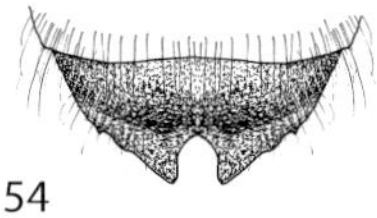

Z 54

36 Weibchen mit Bauchbürste (Z 46). Endtergite der Männchen mit Zähnen oder Lappen, oder Endsternit mit Dorn. .... ***Anthidium***

– Weibchen ohne Bauchbürste. Endrand der Sternite aber oft mit Haarbinden. Hinterleibsende der Männchen abgerundet oder stumpfwinklig. .... ***Stelis***

37 Hinterleib nicht oder nur kurz behaart. Weibchen ohne Bauchbürste. **38**

– Hinterleib deutlich und länger behaart. Weibchen mit Bauchbürste. .... ***Osmia***

38 Hinterleib schwarz und rot gefärbt. Tergit 6 breit ausgeschnitten, seitlich eckig vorstehend (Z 47). Mittlere Sternite mit hellen Filzflecken. Fühler der Männchen mit 12 oder 13 Gliedern. .... ***Biastes***

– Hinterleib mit gelben Binden. Tergit 6 mit Analplatte (Z 48). Sternite ohne Filzflecken. Fühler der Männchen mit 13 Gliedern. .... ***Camtopoeum***

39 Zweite Discoidalader mündet bei oder nach der zweiten Cubitalader (Z 45). Körper meist schwarz mit gelben Flecken. .... ***Anthidium***

– Zweite Discoidalader mündet deutlich vor der zweiten Cubitalader (Z 44). Körper ohne gelbe Flecke. **40**

40 Schildchen seitlich mit Dornen. **41**

– Schildchen ohne Dornen. **42**

41 Komplexaugen behaart. Hinterschildchen ohne Dornen (Z 49). .... ***Coelioxys***

– Komplexaugen unbehaart. Hinterschildchen in der Mitte mit Dorn (Z 50). .... ***Dioxys***

42 Oberkiefer schmal, am Ende 2-zähnig (Z 51). Stirn der Weibchen mit einem auffälligen Querhöcker. Tergit 7 der Männchen von oben gut sichtbar, endet in einem schmalen Dorn (Z 52). Tergit 6 ohne Auszeichnung. .... ***Lithurgus***

– Oberkiefer am Ende breit, 3- bis 4-zähnig (Z 53). Stirn der Weibchen ohne Höcker. Tergit 7 der Männchen von oben nicht sichtbar. Tergit 6 meist mit einer geraden oder gezähnten Querlamelle (Z 54). .... ***Megachile***

Die Gattungs- und Artenporträts

Jede mitteleuropäische Bienengattung wird im Folgenden in einem gesonderten Kapitel behandelt. Die Gattungskapitel sind zweigeteilt. In einem einleitenden Teil wird die Gattung allgemein charakterisiert. Im zweiten Teil folgt die Beschreibung ausgewählter Arten, welche die Spannweite von äußerer Erscheinung und Lebensweise innerhalb der betreffenden Gattung illustrieren sollen. Die Reihenfolge der Gattungen sowie die Abfolge der Arten innerhalb einer Gattung richtet sich nach dem Alphabet (bei den Fotos gibt es kleinere Abweichungen).

Die einleitenden Gattungstexte sind nach dem folgenden Schema aufgebaut: Hinweis auf abweichende Gattungsabgrenzungen, Anzahl Arten im Gebiet, Körperlänge, Feldkennzeichen, Anteil der bereits im Feld ansprechbaren Arten, Flugzeit, Generationenzahl, Hinweis auf Arten in der alpinen Stufe, Brutbiologie, Pollentransporteinrichtung, Blütenbesuch, Paarungsstrategien, Schlafplätze und Brutparasiten. Die Angaben beziehen sich dabei nur auf die im Gebiet vorkommenden Arten. Falls Angaben zu einzelnen Punkten fehlen, sind uns entsprechende Informationen aus der Literatur oder aus eigener Erfahrung nicht bekannt. Das behandelte Gebiet umfasst die drei Länder Deutschland (D), Österreich (A) und Schweiz (CH). Die Artenzahlen wurden für Deutschland dem «Verzeichnis der Hautflügler Deutschlands» (Dathe et al. 2001), für Österreich der «Checkliste der Bienen Österreichs» (Gusenleitner et al. 2012) und für die Schweiz den sechs Bänden «Fauna Helvetica Apidae 2–6» (Amiet et al. 1999–2010) entnommen. Falls nicht ausdrücklich zwischen Weibchen und Männchen unterschieden wird, beziehen sich die Angaben zu den Feldkennzeichen jeweils auf beide Geschlechter. Die genauen Quellenangaben zur Bestimmungsliteratur finden sich im Literaturverzeichnis. Die unter «Flugzeit» angegebenen römischen Zahlen I–XII beziehen sich auf die Monate Januar bis Dezember.

Grundsätzlich wurde versucht, all diejenigen Eigenschaften im einleitenden Gattungstext aufzuführen, welche den mitteleuropäischen Arten einer Gattung gemeinsam sind. So wurde beispielsweise in den Arttexten die Flugzeit nur angegeben, wenn in der betreffenden Gattung sowohl Frühlings- als auch Sommerarten vorkommen. Die Arttexte enthalten Angaben über Körperlänge, Feldkennzeichen, Häufigkeit, Vorkommen im Gebiet und Biologie. Bei der Körperlänge wird, von wenigen Ausnahmen abgesehen, nicht zwischen Weibchen und Männchen unterschieden. Da bei der Mehrheit der Bienen die Weibchen größer sind als die Männchen, bezieht sich bei der angegebenen Spanne die kleinere Zahl auf die Minimalgröße der Männchen, die größere Zahl auf die Maximalgröße der Weibchen. Die Kennzeichen gelten jeweils für beide Geschlechter, falls nicht explizit zwischen Weibchen und Männchen unterschieden wird.

Bei der Häufigkeit werden vier Klassen unterschieden. Als «sehr selten» werden Arten bezeichnet, von denen in Mitteleuropa nur gerade einige wenige aktuelle Nachweise bekannt sind. Als «selten» definieren wir Arten, die eine lückenhafte Verbreitung besitzen und nur lokal vorkommen; für ihren Nachweis sind meist gezielte Nachforschungen notwendig. «Verbreitete» und «häufige» Arten treten mehr oder weniger flächendeckend auf. Während letztere praktisch in jedem blütenreichen Garten vorkommen, sind erstere etwas weniger häufig, dürften aber in jedem größeren Landschaftsraum nachzuweisen sein. Die Häufigkeitsangaben für die einzelnen Arten beziehen sich jeweils auf ihr mitteleuropäisches Verbreitungsareal.

Angaben zur Gefährdung können für ein so großes Gebiet wie die hier behandelten drei Länder nicht befriedigend aufgeführt werden. Zudem gibt es «Rote Listen» nur für Deutschland und eine veraltete und unvollständige für die Schweiz.

Die Höhenangaben stammen aus der Schweiz. Dabei ist zu berücksichtigen, dass im Wallis viele Arten bis zu 500 Meter höher fliegen als im übrigen Gebiet.

Abkürzungen:

A	=	Österreich	GE	=	Genf (Schweiz)
AO	=	Aostatal (Italien)	GL	=	Glarus (Schweiz)
AV	=	Aveyron (Frankreich)	GR	=	Graubünden (Schweiz)
BE	=	Bern (Schweiz)	SH	=	Schaffhausen (Schweiz)
BW	=	Baden-Württemberg (Deutschland)	SO	=	Solothurn (Schweiz)
			TG	=	Thurgau (Schweiz)
CH	=	Schweiz	TI	=	Tessin (Schweiz)
D	=	Deutschland	VD	=	Waadt (Schweiz)
FR	=	Freiburg (Schweiz)	VS	=	Wallis (Schweiz)
GA	=	Gard (Frankreich)	ZH	=	Zürich (Schweiz)

Ammobates – Sandgängerbienen

Im Gebiet kommen zwei Arten vor (A: 2, D: 1, CH: 1). Größe: 5–10 mm. Die Tiere fallen durch die gedrungene Körpergestalt auf und meist auch durch die rot-schwarze Färbung des Hinterleibs sowie große weiße Filzflecke auf Thorax und den Endrändern der Tergite. Sternit 5 der Weibchen ist in der hinteren Hälfte stark zusammengedrückt, sodass am Ende eine rundliche Öffnung entsteht. Daraus ragt Sternit 6 als schmale zweizackige Gabel heraus, die völlig anders geformt ist als die übrigen Sternite.

Flugzeit VI–VIII. Eine Generation pro Jahr.

Die *Ammobates*-Arten sind Brutparasiten bei Arten von *Anthophora* oder *Eucera*. Die sonderbar u-förmigen Eier werden soweit durch die Wand der Wirtszelle geschoben, dass ihre abgeplattete Spitze mit der Innenwand der Zelle in eine Ebene zu liegen kommt. Möglicherweise wird mit dem Sternit 6 das Loch für das Ei gebohrt. Die ausgewachsenen Larven spinnen keinen Kokon, um sich darin zu verpuppen.

Ammobates punctatus

(Fabricius 1804)

Vorkommen:	selten
Flugzeit:	VI VII VIII

Kennzeichen:
7–8 mm. Hinterleib basal rot, an der Spitze schwarz gefärbt. Hinterleibsbasis gelegentlich verdunkelt. Tergite 2–5 mit weißen Haarflecken, die auf den Tergiten 4–5 auffallend breit und praktisch zu durchgehenden Haarbinden verschmolzen sind. Beine schwarz gefärbt.

Vorkommen:
Selten. D: Baden-Württemberg, Bayern, Rheinland-Pfalz, Hessen und mehrere ostdeutsche Bundesländer; A: Burgenland, Steiermark, Kärnten, Niederösterreich; CH: Wallis.

Biologische Angaben:
Brutparasit bei *Anthophora bimaculata*.

[1] *A. punctatus*, Weibchen auf *Centaurea vallesiaca*, Susten (VS)

[1]

Ammobatoides – Steppenglanzbienen

Eine Art im Gebiet (D: 1; A: 1), die durch ihre Größe und die in der Artbeschreibung angeführten Merkmale bereits im Feld sicher von den anderen brutparasitischen Vertretern der Apinae unterschieden werden kann. Sie ist bei älteren Autoren unter der Gattung *Phiarus* aufgeführt.

Ammobatoides abdominalis

(Eversmann 1852)

Vorkommen:	sehr selten
Flugzeit:	VI VII

Kennzeichen:

10–12 mm. Beim Weibchen sind die Hinterschienen und -tarsen sowie der Hinterleib bis auf die schwarze Hinterleibsspitze leuchtend rot gefärbt, die Tergitendränder weisen an den Seiten weiße Haarflecke auf, welche auf Tergit 4 zu einer auffälligen Endbinde verschmolzen sind, und das ausgerandete Sternit 6 ragt beidseits mit je einem griffelartigen, an der Spitze krallig bewehrten Teil über das mit langen, gelben Haaren dicht bewimperte Sternit 5 vor. Männchen schwarz mit auffallend großen Augen, dichter gelblich weißer Behaarung auf Kopf, Brust und Tergit 1, das weiß bandiert ist, sowie deutlich vorragendem, stiftförmigem Tergit 7.

Vorkommen:

Sehr selten. D: Brandenburg; A: Burgenland, Niederösterreich.

Biologische Angaben:

Flugzeit: VI–VII. Eine Generation im Jahr. Brutparasit bei *Melitturga*. Eiablageverhalten unbekannt, aufgrund des Baues von Sternit 6 wird das Ei möglicherweise wie bei anderen Vertretern der Nomadini in die Wand der Wirtszelle gelegt. Die Larven spinnen keinen Kokon. Beide Geschlechter beißen sich zum Schlafen mit ihren Oberkiefern an Halmen fest. Die großen Augen des Männchens lassen auf eine besondere Paarungsstrategie schließen.

[1] *A. abdominalis*, Weibchen schlafend, St. Pierre (AO)
[2] *A. abdominalis*, Männchen schlafend, St. Pierre (AO)

[1]

[2]

Andrena – Sandbienen

148 Arten im Gebiet (D: 112; A: 140; CH: 123). 5–16 mm. Ohne eindeutige, von bloßem Auge erkennbare gattungstypische Feldkennzeichen. Bei einer im Frühling fliegenden Biene mit Beinbürste und fehlender Furche auf dem letzten Hinterleibstergit dürfte es sich jedoch in den meisten Fällen um eine *Andrena*-Art handeln. Sandbienen sind von dunkler, seltener schwarz-roter oder metallischer Körpergrundfarbe. Während die einen Arten eine pelzige und oft auffällig gefärbte Behaarung aufweisen, sind andere nahezu unbehaart oder tragen helle Haarbinden auf dem Hinterleib. Weibchen meist mit gut entwickelter Haarlocke (Flocculus) auf dem Schenkelring der Hinterbeine sowie breiter, samtartig behaarter Grube entlang des Augeninnenrandes (Fovea facialis). In geringerer Ausprägung kommen Flocculus und Fovea jedoch auch bei anderen Bienengattungen vor. Männchen mancher Arten mit hell geflecktem Gesicht, andere mit mächtig entwickelten Oberkiefern. Während die Männchen im Feld, von einzelnen Ausnahmen abgesehen, nicht bis auf Artniveau bestimmt werden können, sind mehrere mitteleuropäische Arten im weiblichem Geschlecht unter Berücksichtigung des häufig charakteristischen Blütenbesuchs bereits draußen zuverlässig anzusprechen. Flugzeit: III–IX, wobei die überwiegende Mehrheit der Arten im Frühling fliegt. Meist nur eine Generation im Jahr, vereinzelte Arten mit zwei Generationen im Frühling bzw. Sommer. *A. rogenhoferi* steigt in den Alpen bis weit über die Waldgrenze. Selbstgegrabene, je nach Art und Bodenverhältnissen 5–60 cm tiefe Nester im Boden an meist ebenen, seltener stark geneigten, vegetationslosen bis dicht bewachsenen Stellen. Einige Arten nisten bevorzugt in lockerem Sand. Die meist mehr oder weniger horizontal orientierten Brutzellen liegen in der Regel einzeln am Ende von kurzen (selten fehlenden) oder langen Seitengängen, die von einem Hauptgang abzweigen. Die Seitengänge und oft auch der Hauptgang werden nach Fertigstellung der Brutzelle bzw. des Nestes mit Erde verschlossen. Einige Arten scharren die Nestöffnung vor jedem Sammelflug zu. Die Anlage von zwei oder drei Nestern pro Weibchen kommt häufig vor; die einzelnen Nester enthalten in diesem Fall nur 1–5 Brutzellen. Die Weibchen legen vor der Verproviantierung der ersten Brutzelle eine mehrtägige Ruhephase ein, während der die Eier heranreifen. Die Larven spinnen keinen Kokon. Nester einzeln oder in kleineren bis riesigen und dann oft aus mehreren Arten zusammengesetzten Kolonien. Die meisten Arten leben solitär, für vereinzelte Arten ist aber eine kommunale Nistweise mit einigen wenigen bis mehreren Hundert Weibchen pro Nest charakteristisch. Pollentransporteinrichtung: Haarbürste an Hinterschiene und -ferse sowie Körbchen auf der Unterseite des Hinterschenkels und an den Seiten des Mittelsegmentes. Knapp zwei Fünftel der mitteleuropäischen Arten sind oligolektisch und besuchen je nach Art nur Ochsenzunge *(Anchusa)*, Spargel *(Asparagus)*, Zaunrübe *(Bryonia)*, Milchstern *(Ornithogalum)*, Fingerkraut *(Potentilla)*, Weide *(Salix)*, Beinwell *(Symphytum)*, Ehrenpreis *(Veronica)*,

[1] *A. barbilabris*, Weibchen auf *Salix purpurea*, Illnau (ZH)
(Arttext s. S. 80)

[1]

Doldenblütler (Apiaccae), Korbblütler (Asteraceae), Kreuzblütler (Brassicaceae), Glockenblumengewächse (Campanulaceae), Zistrosengewächse (Cistaceae), Kardengewächse (Dipsacaceae), Erikagewächse (Ericaceae) bzw. Schmetterlingsblütler (Fabaceae). Ein Drittel ist polylektisch, während die Pollenquellen von rund einem Viertel aller Arten noch ungenügend bekannt sind. Die bisher untersuchten Arten benötigen für die Verproviantierung einer Brutzelle meist nur 5–10 Sammelflüge. Auch bei gutem Wetter werden jedoch pro Tag kaum mehr als vier bis sechs Sammelflüge getätigt. Mehrere stark behaarte Arten fliegen im frühen Frühling, auch bei stärkerer Bewölkung, bereits ab einer Lufttemperatur von 10 °C.

Die Männchen kontrollieren Nistplätze, patrouillieren Blüten ab oder umschwärmen auf individuellen Flugbahnen Sträucher und Baumstämme. Sie markieren entlang dieser Flugbahnen Blätter, Knospen, Grashalme u. Ä. mit artspezifischen Sekreten der Mandibulardrüsen, die eine anziehende Wirkung auf Weibchen und andere Männchen ausüben, sodass sich um Gebüsche und kleine Bäume herum oft kleine Schwärme bilden. Die Paarung findet statt, wenn die Männchen auf frisch ausschlüpfende oder blütenbesuchende und noch unverpaarte Weibchen treffen bzw. wenn die Weibchen aktiv die duftmarkierten Flugbahnen aufsuchen. Die Weibchen schlafen einzeln oder in kleinen Gruppen in Erdspalten, selbstgegrabenen Löchern oder in Blüten. In *Andrena*-Nestern parasitieren Kuckucksbienen der Gattungen *Nomada* und *Sphecodes* sowie Ölkäfer (Meloidae) und Wollschweber (Bombyliidae). Sandbienen sind wichtige Wirte der Fächerflügler (Strepsiptera).

Andrena afrensis

Warncke 1975

(Foto S. 79)

Vorkommen:	selten
Flugzeit:	V VI VII

Kennzeichen:
Schwarze Biene mit weißen Haarbüscheln zwischen den Fühlern, auf den Brustseiten und seitlich der Tergite 4 und 5. Sehr ähnlich *A. agilissima*, die einen bläulichen Schimmer hat und streng auf Bassicaceae spezialisiert ist.

Vorkommen:
Selten. CH: Wallis, bis 2000 m ü. M.

Biologische Angaben:
Flugzeit: V–VII. Eine Generation pro Jahr. Polylektisch mit Vorliebe für Kreuzblütler (Brassicaceae).

[2] *A. vaga*, Brutzelle mit Pollen-Nektar-Kugel und Ei, Illnau (ZH) (Arttext s. S. 104)

[2]

Andrena agilissima
(Scopoli 1770)

Vorkommen:	selten
Flugzeit:	V VI VII

Kennzeichen:
13–15 mm. Beide Geschlechter durch spezialisierten Blütenbesuch, stark verdunkelte Flügel, schwarzblau glänzenden Hinterleib sowie weiße Haarflecke an Brust und Tergitseiten 3–5 bereits im Feld zu erkennen.

Vorkommen:
Selten. Die nördliche Verbreitungsgrenze verläuft durch das mittlere Deutschland.

Biologische Angaben:
Flugzeit: V–VII. Nistet bevorzugt in Steilwänden. Zum Teil kommunale Nistweise. Vorwiegend auf Kreuzblütler (Brassicaceae) spezialisiert, selten auch auf Reseden *(Reseda)*. Kuckucksbiene: *Nomada melathoracica*.

Andrena bicolor
Fabricius 1775
(= *A. gwynana*)
(Foto S. 81)

Vorkommen:	häufig
Flugzeit:	III IV V VI VII VIII

Kennzeichen:
8–10 mm. Weibchen im frischen Zustand dank rotbraun behaarter Brustoberseite, meist schwarzer Behaarung von Gesicht und Brustseiten, lockeren hellen Tergitbinden sowie rostgelber Beinbürste im Feld gut kenntlich. Abgeflogene Weibchen dagegen kaum von ähnlichen Arten zu unterscheiden.

Vorkommen:
Häufig. Im Gebiet keine Verbreitungsgrenze, bis 2000 m ü. M.

Biologische Angaben:
Flugzeit: III–VIII. Zwei Generationen. Polylektisch, die Tiere der zweiten Generation zeigen jedoch eine ausgeprägte Vorliebe für Glockenblumen *(Campanula)*. Kuckucksbiene: *Nomada fabriciana*.

[3] *A. afrensis*, Weibchen auf *Erysimum rhaeticum*, Hohtenn (VS)
[4] *A. agilissima*, Paarung, Flaach (ZH)
[5] *A. agilissima*, Männchen auf *Reseda lutea*, Bonvillars (VD)

[3]

[4]

[5]

Andrena barbilabris
(Kirby 1802)
(Foto S. 75)

Vorkommen:	häufig												
Flugzeit:			III	IV	V	VI	VII						

Kennzeichen:
9–12 mm. Weibchen auf Kopf und Thorax gelbbraun behaart. Hinterleib mit schmalen weißen Endbinden, Körperende dunkelbraun. Im Freiland schwierig zu erkennen, ebenso die Männchen.

Vorkommen:
Häufig. Vom Tiefland bis 2000 m ü. M.

Biologische Angaben:
Flugzeit III–VII. Nistet bevorzugt in Sand- und Lössboden. Polylektisch. Möglicherweise zwei Generationen pro Jahr. Kuckucksbienen: *Nomada alboguttata*, *Sphecodes pellucidus* und *S. reticulatus*.

Andrena carantonica
Pérez 1902
(= *A. jacobi*, *A. scotica*)

Vorkommen:	verbreitet												
Flugzeit:				IV	V								

Kennzeichen:
10–14 mm. Im Feld nicht sicher von ähnlichen *Andrena*-Arten und auf Distanz auch nicht von der Honigbiene zu unterscheiden.

Vorkommen:
Verbreitet. Im Gebiet keine Verbreitungsgrenze, bis 2000 m ü. M.

Biologische Angaben:
Flugzeit: IV–V. Kommunale Nistweise mit bis zu 600 Weibchen pro Nest. Über 70 % der Weibchen verpaaren sich bereits vor dem ersten Verlassen des Nestes im Nestinnern mit Männchen desselben Nestes. Da die Weibchen eines kommunalen Nestes nicht näher miteinander verwandt sind, tritt dabei kaum Inzucht auf. Männchen umschwärmen Gebüsche und kleine Bäume. Kuckucksbienen: *Nomada flava*, *N. marshamella*.

[6] *A. bicolor*, Weibchen auf *Veronica persica*, Agasul (ZH)
[7] *A. carantonica*, Weibchen warten am gemeinsamen Nesteingang auf die Sonne, Agasul (ZH)

[6]

[7]

Andrena cineraria
(Linnaeus 1758)

Vorkommen:	verbreitet
Flugzeit:	IV V

Kennzeichen:
10–14 mm. Charakteristisch der graue Thorax mit der schwarzen Querbinde bei den Weibchen. Ähnlich *A. barbareae*, welche jedoch deutlich stärker verdunkelte Flügel hat. Die grau behaarten Männchen können leicht mit ähnlichen Arten verwechselt werden.

Vorkommen:
Verbreitet. Im Gebiet keine Verbreitungsgrenze, bis 2300 m ü. M.

Biologische Angaben:
Flugzeit: IV–V. Nistet gelegentlich in großen Kolonien. Polylektisch. Männchen schwärmen vorwiegend an den Nistplätzen. Kuckucksbienen: *Nomada goodeniana, N. lathburiana.*

Andrena curvungula
Thomson 1870

Vorkommen:	selten
Flugzeit:	V VI VII

Kennzeichen:
11–14 mm. Weibchen im Feld dank spezialisiertem Blütenbesuch und im frischen Zustand leuchtend rostbräunlicher Beschuppung der Brustoberseite sicher zu bestimmen. Männchen ohne auffällige Merkmale.

Vorkommen:
Selten. Die nördliche Verbreitungsgrenze verläuft vom nördlichen Ostdeutschland in südwestlicher Richtung durch das mittlere Westdeutschland, bis 1600 m ü. M.

Biologische Angaben:
Flugzeit: V–VII. Oligolektisch, auf Glockenblumengewächse (Campanulaceae) spezialisiert. Männchen patrouillieren Glockenblumen ab, die zusätzlich als Schlafplätze genutzt werden. Kuckucksbiene: *Nomada braunsiana.*

[8] *A. cineraria*, Weibchen auf *Taraxacum officinale*, Mühledorf (SO)
[9] *A. curvungula*, Weibchen auf *Campanula rotundifolia*, Jeizinen (VS)

[8]

[9]

Andrena flavipes
Panzer 1799

Vorkommen:	häufig
Flugzeit:	IV V VI VII VIII

Kennzeichen:
9–13 mm. Weibchen durch die durchgehenden, auffällig breiten weißen Tergitbinden sowie die im Unterschied zur ähnlichen *A. gravida* bräunliche Behaarung von Gesicht, Brustseiten und Scopa kaum mit einer anderen Art zu verwechseln. Männchen ohne auffällige Merkmale.

Vorkommen:
Häufig. Im Gebiet keine Verbreitungsgrenze, bis 1900 m ü. M.

Biologische Angaben:
Flugzeit: IV–VIII. Zwei Generationen. Nistet gelegentlich in großen Kolonien. Ausgesprochen polylektisch. Kuckucksbiene: *Nomada fucata*.

Andrena florea
Fabricius 1793

Vorkommen:	verbreitet
Flugzeit:	V VI VII

Kennzeichen:
9–13 mm. Beide Geschlechter dank spezialisiertem Blütenbesuch und schwarzbraunem Hinterleib, der in individuell variierendem Ausmaß rot aufgehellt ist, bereits im Feld leicht kenntlich.

Vorkommen:
Verbreitet. Die nördliche Verbreitungsgrenze verläuft vom nördlichen Ostdeutschland in südwestlicher Richtung durch das mittlere Westdeutschland, bis 1000 m ü. M.

Biologische Angaben:
Flugzeit: V–VII. Oligolektisch, auf Zaunrübe *(Bryonia)* spezialisiert. *Bryonia dioica* ist zweihäusig, weshalb die Bienen zum Pollensammeln auf die männlichen Pflanzen angewiesen sind. Die Männchen patrouillieren Zaunrüben ab und nutzen deren Blüten auch als Nektarquelle.

[10] *A. flavipes*, Weibchen auf *Anthemis tinctoria*, Schlattingen (TG)
[11] *A. florea*, Weibchen auf *Bryonia dioica*, Rüdlingen (SH)

[10]

[11]

Andrena fulva
(Müller 1766)

Vorkommen:	häufig
Flugzeit:	IV V

Kennzeichen:
9–13 mm. Weibchen durch pelzige, auf der Oberseite leuchtend rostrote, auf der Unterseite schwarze Behaarung unverwechselbar. Männchen mit großen Kiefern und brauner Behaarung von ähnlichen Arten im Feld nicht zu unterscheiden.

Vorkommen:
Häufig. Im Gebiet keine Verbreitungsgrenze, bis 1350 m ü. M.

Biologische Angaben:
Flugzeit: IV–V. Nistet häufig in größeren Kolonien. Polylektisch, zeigt aber eine auffallende Vorliebe für Johannisbeere *(Ribes)*. Männchen umschwärmen Gebüsche und kleine Bäume. Kuckucksbienen: *Nomada panzeri, N. signata*.

Andrena fulvago
(Christ 1791)

Vorkommen:	verbreitet
Flugzeit:	V VI VII

Kennzeichen:
10–11 mm. Weibchen dank spezialisiertem Blütenbesuch, glänzend schwarzem und ungebändertem Hinterleib, gelb behaarter Beinbürste sowie rostrot gefärbten Hinterschienen und -tarsen bereits im Feld recht gut anzusprechen. Männchen ohne auffällige Merkmale.

Vorkommen:
Verbreitet. Im Gebiet keine Verbreitungsgrenze, bis 2300 m ü. M.

Biologische Angaben:
Flugzeit: V–VII. Oligolektisch, auf Korbblütler (Asteraceae) spezialisiert. Besucht innerhalb der Korbblütler vorwiegend Zungenblütler (Lactuceae), seltener Flockenblumen und Disteln (Cardueae). Kuckucksbienen: *Nomada facilis*, möglicherweise auch *N. femoralis* und *N. integra*.

[12] *A. fulva*, Weibchen auf *Salix purpurea*, Hüntwangen (ZH)
[13] *A. fulva*, Männchen auf *Salix caprea*, Attisholz (SO)
[14] *A. fulvago*, Weibchen auf *Cichorium intybus*, Agasul (ZH)

[12]

[13]

[14]

Andrena fuscipes
(Kirby 1802)

Vorkommen:	selten
Flugzeit:	VIII IX

Kennzeichen:
8–11 mm. Beide Geschlechter dank spezialisiertem Blütenbesuch, später Flugzeit sowie sehr breiten, lockeren, gelbbräunlichen Tergitbinden bereits im Feld bis auf die Art bestimmbar.

Vorkommen:
Selten, in Sandgebieten mit großen Heidekrautbeständen verbreitet. Im Gebiet keine Verbreitungsgrenze. In CH nur aus Graubünden, Wallis und Tessin bekannt. Bis 1400 m ü. M.

Biologische Angaben:
Flugzeit: VIII–IX. Oligolektisch, auf Erikagewächse (Ericaceae) spezialisiert. Einzige Pollenquelle in Mitteleuropa ist das Heidekraut *(Calluna vulgaris)*. Männchen fliegen sowohl um Gebüsche und kleine Bäume als auch an den Blüten des Heidekrauts. Kuckucksbiene: *Nomada rufipes*.

Andrena gravida
Imhoff 1832

Vorkommen:	häufig
Flugzeit:	IV V

Kennzeichen:
10–14 mm. Weibchen durch die durchgehenden, auffällig breiten und weißen Tergitbinden sowie die im Unterschied zur ähnlichen *A. flavipes* schneeweiße Behaarung von Gesicht und Brustseiten bereits im Feld gut kenntlich. Männchen ohne auffällige Merkmale.

Vorkommen:
Häufig. Im Gebiet keine Verbreitungsgrenze, bis 1400 m ü. M.

Biologische Angaben:
Flugzeit: IV–V. Nistet gelegentlich in großen Kolonien. Nesteingänge häufig in dichter Vegetation versteckt. Polylektisch. Männchen umschwärmen Gebüsche und kleine Bäume. Kuckucksbiene: *Nomada bifasciata*.

[15] *A. fuscipes*, Weibchen auf *Calluna vulgaris*, Biasca (TI)
[16] *A. gravida*, Weibchen ruht auf *Lamium maculatum*, Zürich

[15]

[16]

Andrena haemorrhoa
(Fabricius 1781)
(= *A. albicans*)

Vorkommen:	häufig	■■■■
Flugzeit:	IV V VI	

Kennzeichen:
8–12 mm. Weibchen dank leuchtend orangebraun behaarter Brustoberseite, orange gefärbter Endfranse und glänzend schwarzen Tergiten unverwechselbar. Männchen ohne auffällige Merkmale.

Vorkommen:
Häufig. Im Gebiet keine Verbreitungsgrenze, bis 1900 m ü. M.

Biologische Angaben:
Flugzeit: IV–VI. Polylektisch. Männchen umschwärmen Gebüsche und kleine Bäume, kontrollieren auf der Suche nach paarungswilligen Weibchen jedoch auch Blüten. Kuckucksbiene: *Nomada ruficornis*.

Andrena hattorfiana
(Fabricius 1775)

Vorkommen:	verbreitet	■■■□
Flugzeit:	V VI VII VIII	

Kennzeichen:
13–16 mm. Beide Geschlechter dank Größe, spezialisiertem Blütenbesuch und schwarz glänzendem Hinterleib, der an seiner Basis häufig rot gefärbt ist, im Feld gut zu bestimmen. Männchen zusätzlich mit weiß gefärbtem Kopfschild.

Vorkommen:
Verbreitet, aber stark im Abnehmen. Im Gebiet keine Verbreitungsgrenze, bis 2000 m ü. M.

Biologische Angaben:
Flugzeit: V–VIII. Oligolektisch, auf Kardengewächse (Dipsacaceae) spezialisiert. Wichtigste Pollenquelle in Mitteleuropa ist die Acker-Witwenblume *(Knautia arvensis)*. Männchen patrouillieren *Knautia*-Blütenköpfe ab. Kuckucksbiene: *Nomada armata*.

[17] *A. haemorrhoa*, Weibchen auf *Potentilla* sp., Onnens (VD)
[18] *A. hattorfiana*, Weibchen auf *Scabiosa columbaria*, Flaach (ZH)

[17]

[18]

Andrena humilis
Imhoff 1832

Vorkommen:	verbreitet
Flugzeit:	IV V VI

Kennzeichen:
10–13 mm. Weibchen durch spezialisierten Blütenbesuch, spärliche Körperbehaarung, matt schwarzen Hinterleib, gelbe Beinbürste und gelbe Endfranse, Männchen durch weißen Kopfschild ausgezeichnet. Nur im Norden gut erkennbar, sonst leicht mit anderen Arten zu verwechseln.

Vorkommen:
Verbreitet. Im Gebiet keine Verbreitungsgrenze, bis 1900 m ü. M.

Biologische Angaben:
Flugzeit: IV–VI. Nistet gelegentlich in großen Kolonien. Oligolektisch, auf Korbblütler (Asteraceae) spezialisiert. Besucht innerhalb der Korbblütler einzig Zungenblütler (Lactuceae). Männchen patrouillieren Korbblütler ab. Kuckucksbiene: *Nomada integra.*

Andrena lagopus
Latreille 1809

Vorkommen:	verbreitet
Flugzeit:	IV V VI

Kennzeichen:
8–10 mm. Weibchen im Feld durch spezialisierten Blütenbesuch, leuchtend rotbraun behaarte Brust sowie helle, scharf abgesetzte, in der Mitte breit unterbrochene, schmale Haarbinden auf den Tergiten 2–4 und grober Punktierung auf dem Abdomen gut kenntlich. Männchen ohne auffällige Merkmale.

Vorkommen:
Verbreitet. Die nördliche Verbreitungsgrenze verläuft durch das mittlere Deutschland. Die früher recht seltene Art scheint momentan in Ausbreitung begriffen zu sein, bis 1200 m ü. M.

Biologische Angaben:
Flugzeit: IV–VI. Oligolektisch, auf Kreuzblütler (Brassicaceae) spezialisiert.

[19] *A. humilis*, Weibchen am Nest, Agasul (ZH)
[20] *A. lagopus*, Weibchen auf *Barbarea vulgaris*, Weil am Rhein (BW)

[19]

[20]

Andrena lathyri
Alfken 1899

Vorkommen:	verbreitet
Flugzeit:	V VI

Kennzeichen:
10–14 mm. Im Gelände nicht zweifelsfrei von verwandten *Andrena*-Arten zu unterscheiden, die ebenfalls auf Schmetterlingsblütler (Fabaceae) spezialisiert sind.

Vorkommen:
Verbreitet. Im Gebiet keine Verbreitungsgrenze, bis 1400 m ü. M.

Biologische Angaben:
Flugzeit: V–VI. Oligolektisch, auf Platterbse *(Lathyrus)* und Wicke *(Vicia)* spezialisiert. Männchen patrouillieren Platterbsen- und Wickenblüten ab. Kuckucksbiene: *Nomada villosa*.

Andrena marginata
Fabricius 1776

Vorkommen:	selten
Flugzeit:	VII VIII

Kennzeichen:
9–10 mm. Beide Geschlechter dank später Flugzeit, spezialisiertem Blütenbesuch und hell orangerot gefärbtem Hinterleib unverwechselbar, Männchen zusätzlich mit weiß gefärbtem Kopfschild.

Vorkommen:
Selten. Im Gebiet keine Verbreitungsgrenze, bis 1450 m ü. M.

Biologische Angaben:
Flugzeit: VII–VIII. Oligolektisch, auf Kardengewächse (Dipsacaceae) spezialisiert. Die wichtigsten Pollenquellen im Gebiet sind Skabiose *(Scabiosa)* und Teufelsabbiss *(Succisa pratensis)*, welche von den Männchen auf der Suche nach paarungswilligen Weibchen abpatrouilliert werden. Kuckucksbiene: *Nomada argentata*.

[21] *A. lathyri*, Weibchen auf *Vicia sepium*, Kleinandelfingen (ZH)
[22] *A. marginata*, Weibchen auf *Succisa pratensis*, Maschwanden (ZH)

[21]

[22]

Andrena minutula
(Kirby 1802)

Vorkommen:	häufig
Flugzeit:	IV V VI VII VIII

Kennzeichen:
5–7 mm. Im Feld nicht von ähnlich kleinen, rein schwarz gefärbten und spärlich behaarten *Andrena*-Arten abzugrenzen.

Vorkommen:
Häufig. Im Gebiet keine Verbreitungsgrenze, bis 1850 m ü. M.

Biologische Angaben:
Flugzeit: IV–VIII. Zwei Generationen. Polylektisch.
Kuckucksbiene: *Nomada flavoguttata*.

Andrena nitida
(Müller 1776)

Vorkommen:	häufig
Flugzeit:	IV V VI

Kennzeichen:
11–15 mm. Weibchen durch Größe, leuchtend rotbraun behaarte Brustoberseite, meist hell behaarte Brustseiten sowie glänzend schwarzen, nahezu unbehaarten Hinterleib im Feld gut zu erkennen. Sie könnte jedoch mit der seltenen *A. limata* verwechselt werden. Männchen ohne auffallende Merkmale.

Vorkommen:
Häufig. Im Gebiet keine Verbreitungsgrenze, bis 1500 m ü. M.

Biologische Angaben:
Flugzeit: IV–VI. Nistet gelegentlich in großen Kolonien. Polylektisch. Männchen umschwärmen Gebüsche und kleine Bäume.
Kuckucksbienen: *Nomada flava*, *N. goodeniana*, *N. succincta*.

[23] *A. minutula*, Weibchen auf *Salix purpurea*, Illnau (ZH)
[24a] *A. nitida*, Weibchen am Nest, Agasul (ZH)
[24b] *A. nitida*, Männchen auf *Salix caprea*, Attisholz (SO)

[23]

[24a]

[24b]

Andrena ovatula
(Kirby 1802)
(= *A. albofasciata*)

Vorkommen:	häufig
Flugzeit:	IV V VI VII VIII

Kennzeichen:
7–10 mm. Kopf und Thoraxrücken gelblich behaart, sonst weiß. Hinterleib mit weißen Haarbinden. Im Freiland nicht von anderen Tieren der *A. wilkella*-Gruppe zu unterscheiden.

Vorkommen:
Häufig, bis 1600 m ü. M.

Biologische Angaben:
Flugzeit: Zwei Generationen von IV–VIII. Polylektisch, sammelt aber Pollen mit Vorliebe auf Schmetterlingsblütlern (Fabaceae). Kuckucksbiene: *Nomada rhenana*.

Andrena pandellei
Pérez 1895

Vorkommen:	verbreitet
Flugzeit:	V VI

Kennzeichen:
10–12 mm. Weibchen im Feld dank spezialisiertem Blütenbesuch und dicht anliegender, im Unterschied zu *A. curvungula* jedoch auch im frischen Zustand dunkelbrauner Beschuppung der Brustoberseite gut kenntlich. Männchen ohne auffällige Merkmale.

Vorkommen:
Verbreitet. Die nördliche Verbreitungsgrenze verläuft vom nördlichen Ostdeutschland in südwestlicher Richtung durch das mittlere Westdeutschland, bis 1320 m ü. M.

Biologische Angaben:
Flugzeit: V–VI. Oligolektisch, auf Glockenblumen *(Campanula)* spezialisiert. Männchen patrouillieren Glockenblumen ab, welche häufig auch als Schlafplätze genutzt werden. Kuckucksbiene: *Nomada braunsiana*.

[25] *A. ovatula*, Männchen auf *Melilotus albus*, Pieterlen (BE)
[26] *A. pandellei*, Weibchen auf *Campanula rapunculus*, Mt. Vully (FR)

[25]

[26]

Andrena pilipes

Fabricius 1781
(= *A. carbonaria* auct., *A. spectabilis* Smith 1853)

Vorkommen:	selten
Flugzeit:	IV V VI VII VIII IX

Kennzeichen:
11–15 mm. Im Feld nicht von ähnlichen *Andrena*-Arten zu unterscheiden, die ebenfalls rein schwarz gefärbt sind.

Vorkommen:
Selten. Im Gebiet keine Verbreitungsgrenze, bis 1450 m ü. M.

Biologische Angaben:
Flugzeit: IV–IX. Zwei Generationen. Polylektisch, zeigt aber eine deutliche Bevorzugung von Kreuzblütlern (Brassicacea) und Resede *(Reseda)*. Kuckucksbiene: *Nomada fulvicornis*.

Andrena potentillae

Panzer 1809

Vorkommen:	selten
Flugzeit:	III IV V

Kennzeichen:
5–7 mm. Beide Geschlechter von anderen kleinen Andrenen durch die roten Tergite 2 und 3, die Flugzeit und den Blütenbesuch im Freiland gut zu unterscheiden.

Vorkommen:
Selten. D: Süddeutschland bis Hessen; A: Tirol, Burgenland und Niederösterreich; CH: Wallis und Westschweiz. Auf Magerrasen, bis 600 m ü. M.

Biologische Angaben:
Flugzeit: III–V. Oligolektisch auf Fingerkraut *(Potentilla)*.

[27] *A. pilipes*, Weibchen auf *Rubus* sp., St. Pierre (AO)
[28] *A. potentillae*, Weibchen auf *Potentilla* sp., Onnens (VD)

[27]

[28]

Andrena praecox
(Scopoli 1763)

Vorkommen:	verbreitet
Flugzeit:	III IV V

Kennzeichen:
8–11 mm. Frische Weibchen durch spezialisierten Blütenbesuch und dicht und lang gelbbraun behaarte Tergite 1–4 unverwechselbar. Männchen ohne auffällige Merkmale.

Vorkommen:
Verbreitet. Im Gebiet keine Verbreitungsgrenze, bis 1500 m ü. M. Charakteristische Art von Flussauen. Bevorzugt Sandboden.

Biologische Angaben:
Flugzeit: III–V. Oligolektisch, auf Weide *(Salix)* spezialisiert. Männchen umschwärmen in tänzelndem Flug Baumstämme. Kuckucksbiene: *Nomada ferruginata*.

Andrena proxima
(Kirby 1802)

Vorkommen:	verbreitet
Flugzeit:	V VI VII

Kennzeichen:
8–10 mm. Weibchen dank spezialisiertem Blütenbesuch, schwarz gefärbtem und mit schneeweißen Seitenfransen geziertem Hinterleib sowie dunklen Hinterbeinen im Feld recht gut zu bestimmen. Männchen ohne auffällige Merkmale.

Vorkommen:
Verbreitet. Im Gebiet keine Verbreitungsgrenze, bis 1700 m ü. M.

Biologische Angaben:
Flugzeit: V–VII. Oligolektisch, auf Doldenblütler (Apiaceae) spezialisiert. Kuckucksbiene: *Nomada conjungens.*

[29] *A. praecox*, Weibchen auf *Salix caprea*, Attisholz (SO)
[30] *A. proxima*, Weibchen auf Doldenblütler, Jeizinen (VS)

[29]

[30]

Andrena tibialis
(Kirby 1802)

Vorkommen:	verbreitet
Flugzeit:	III IV V

Kennzeichen:
12–15 mm. Behaarung braun, am Körperende schwarz, die Sammelhaare der Hinterbeine gelb. Hinterschienen und -tarsen orangerot. Kann im Freiland erkannt werden, was nicht für die Männchen zutrifft.

Vorkommen: Verbreitet, bis 1500 m ü. M.

Biologische Angaben:
Flugzeit: III–V. Polylektisch. Kuckucksbienen: *Nomada fulvicornis* und *N. goodeniana*.

Andrena vaga
Panzer 1799

Vorkommen:	verbreitet
Flugzeit:	III IV V

Kennzeichen:
11–15 mm. Weibchen durch Größe, grauweiße Behaarung von Kopf und Brust sowie glänzend schwarz gefärbten Hinterleib unverwechselbar. Männchen ähnlich den Weibchen, aber das Abdomen ist schmäler.

Vorkommen:
Verbreitet. Im Gebiet keine Verbreitungsgrenze, aber auf Sandboden beschränkt. Die Bodenansprüche sowie der spezialisierte Blütenbesuch lassen in *A. vaga* eine charakteristische Art der Flussauen erkennen, die heute auch Sand- und Kiesgruben besiedelt. Bis 1000 m ü. M.

Biologische Angaben:
Flugzeit: III–V. Nistet teilweise in großen Kolonien mit mehreren Hundert bis mehreren Tausend Nestern. Der Nesteingang wird vor jedem Sammelflug zugescharrt. Oligolektisch, auf Weiden *(Salix)* spezialisiert. Männchen schwärmen häufig an den Nistplätzen. Kuckucksbiene: *Nomada lathburiana*.

[31] *A. tibialis*, Weibchen, Illnau (ZH)
[32] *A. vaga*, Weibchen schlüpft beladen mit Weidenpollen ins Nest, Teufen (ZH)

[31]

[32]

Andrena viridescens
Viereck 1916

Vorkommen:	verbreitet
Flugzeit:	IV V VI

Kennzeichen:
6–7 mm. Erkennbar am schwach metallisch blaugrünen Glanz von Kopf und Brust und spezialisiertem Blütenbesuch, Männchen zusätzlich am weiß gefärbten Kopfschild.

Vorkommen:
Verbreitet. Die nördliche Verbreitungsgrenze verläuft vom nördlichen Ostdeutschland in südwestlicher Richtung durch das mittlere Westdeutschland, bis 1460 m ü. M.

Biologische Angaben:
Flugzeit: IV–VI. Oligolektisch, auf Ehrenpreis *(Veronica)* spezialisiert. Kuckucksbiene: *Nomada atroscutellaris*.

Andrena wilkella
(Kirby 1802)

Vorkommen:	verbreitet
Flugzeit:	V VI VII

Kennzeichen:
9–12 mm. Im Feld nicht von mehreren ähnlichen Arten der *A. wilkella*-Gruppe zu unterscheiden, die ebenfalls auf Schmetterlingsblütler spezialisiert sind.

Vorkommen:
Verbreitet. Im Gebiet keine Verbreitungsgrenze, bis 1900 m ü. M.

Biologische Angaben:
Flugzeit: V–VII. Oligolektisch, auf Schmetterlingsblütler (Fabaceae) spezialisiert. Pollensammelnde Weibchen sitzen bei großen Blüten oft verkehrt auf dem Schiffchen (s. Seite 40). Männchen patrouillieren Schmetterlingsblütler und Gebüsche ab. Kuckucksbiene: *Nomada striata*.

[33] *A. viridescens*, Weibchen auf *Veronica chamaedrys*, Solothurn
[34] *A. wilkella*-Gruppe, Weibchen auf *Onobrychis viciifolia*, Hohtenn (VS)

[33]

[34]

Anthidium – Harz- und Wollbienen

Verschiedene Autoren splittern die mitteleuropäischen Harz- und Wollbienen in die sechs Gattungen *Anthidiellum*, *Anthidium*, *Icteranthidium*, *Pseudoanthidium*, *Rhodanthidium* und *Trachusa* auf. 16 Arten im Gebiet (D: 9; A: 14; CH: 15).

6–18 mm. Die meisten Arten durch ausgedehnte, wespenartig gelbe bis weißgelbe Fleckung von Kopf, Brust und Hinterleib sowie durch schwebfliegenartigen Flug leicht kenntlich, die Männchen vieler Arten zusätzlich mit auffälligen Zähnen, Dornen oder Lappen am Hinterleibsende. Die Männchen sind häufig deutlich größer als die Weibchen. *A. byssinum* und *A. montanum*, die als Ausnahme unter den mitteleuropäischen Arten im weiblichen Geschlecht einheitlich dunkel gefärbt sind, können leicht mit Vertretern der Gattung *Osmia* verwechselt werden; die Männchen der beiden Arten verraten sich jedoch durch ihr gelb gefärbtes Gesicht. Zwei mitteleuropäische *Stelis*-Arten, die durch ihre gelb-schwarze Färbung den *Anthidium*-Arten täuschend ähnlich sehen, unterscheiden sich durch einen deutlich kleineren Kopf sowie die fehlende Bauchbürste bei den Weibchen. Die meisten mitteleuropäischen Arten können bereits im Feld erkannt werden.

Flugzeit: VI–IX, *A. septemdentatum* erscheint bereits im Mai. Im Gegensatz zu den meisten anderen Bienen schlüpfen die Weibchen in der Regel vor den Männchen (Proterogynie). Eine Generation im Jahr, *A. manicatum* gelegentlich mit partieller zweiter Generation. *A. montanum* steigt in den Bergen bis weit über die Waldgrenze. Nistweisen unterschiedlich. Sechs Arten sammeln für den Bau ihrer Brutzellen Harz, das hauptsächlich auf Nadelbäumen geerntet und allein oder mit anderen Materialien vermischt Verwendung findet (Harzbienen). Reines Harz verwenden *A. strigatum*, *A. laterale* sowie *A. septemdentatum*. Letztere Art legt ihre durch Zwischenwände aus Harz voneinander getrennten Brutzellen in leeren Schneckengehäusen an, die mit einem beidseits durch Harzwände begrenzten Pfropfen aus Erdbröckchen, Steinchen und Ähnlichem verschlossen werden. Bei *A. byssinum*, *A. interruptum* und *A. caturigense* bestehen die Brutzellen aus einer inneren Schicht Harz und einer äußeren Schicht von Laubblattstreifen bzw. Pflanzenwolle. Zehn Arten bauen ihre Brutzellen aus Pflanzenhaaren (Wollbienen), die mittels der spezialisierten, mit zahlreichen spitzen Zähnen versehenen Oberkiefer auf stark behaarten Blättern und Stängeln geerntet und in Form kleiner Wollkugeln ins Nest transportiert werden, das meist in bereits vorhandenen Hohlräumen der unterschiedlichsten Art angelegt wird. Zum Teil finden für den Zellenbau auch stark behaarte Samen, z. B. von Weiden *(Salix)* und Disteln *(Cirsium, Carduus)*, Verwendung. Viele Wollbienen verschließen nach Bau und Verproviantierung der letzten Brutzelle das Nest mit Erdbröckchen, Steinchen, Pflanzenteilchen und/oder Pflanzenwolle. Einige Arten imprägnieren die Zellwolle, wahrscheinlich zum Schutz des Brutzelleninhaltes vor Pilz- und Bakterienbefall, mit pflanzlichen

[1] *A. nanum*, Weibchen beim Sammeln von Pflanzenhaaren auf *Onopordum acanthium*, Zeneggen (VS)

[1]

Drüsensekreten. Diese werden mit speziellen Saugpolstern auf den Fersen aller drei Beinpaare, die aus winzigen, geweihartig verzweigten Haaren bestehen, auf stark drüsig behaarten Blütenstielen, Hüllblättern oder Fruchtkapseln verschiedener Pflanzen aufgesaugt. Mehrere Arten verschließen die Brutzelle vor jedem Sammelflug, indem sie die Pflanzenwolle mit den Oberkiefern vom Rand der Zellöffnung nach innen zerren. Die *Anthidium*-Larven spinnen einen Kokon, der an der Spitze mit einem charakteristischen zapfenartigen Fortsatz versehen ist. Solitäre Nistweise. Pollentransporteinrichtung: Haarbürste auf der Unterseite des Hinterleibes. Sechs Arten sind streng oligolektisch. Von diesen sammeln drei Arten den Pollen ausschließlich auf Korbblütlern (Asteraceae), und zwar vorwiegend auf Vertretern der Distel- und Flockenblumenverwandtschaft (Cardueae), zwei Arten sind auf Schmetterlingsblütler (Fabaceae) spezialisiert und eine Art besucht einzig Kardengewächse (Dipsacaceae). Die übrigen Arten sind mehr oder weniger stark polylektisch. Vier mitteleuropäische Arten haben auf dem Kopfschild einen Pollensammelapparat aus wellenförmig verbogenen Borsten. Mit reibenden Kopfbewegungen kämmen die Weibchen dieser Arten den Pollen aus den oberständigen Staubbeuteln von Lippenblütlern (Lamiaceae) und gewissen Rachenblütlern (Scrophulariaceae) direkt in die spezielle Gesichtsbehaarung. Der Pollen wird danach mit den Vorderbeinen aus dem Gesicht entfernt und via Mittelbeine in die Bauchbürste überführt. Die Korbblütlerspezialisten nehmen den Pollen direkt mit auf und ab wippendem Hinterleib von den pollenbesetzten Blütenteilen in die Bauchbürste auf.

Die Männchen mehrerer Arten verteidigen im Bereich der Nahrungspflanzen ihrer Weibchen kleine Territorien gegen arteigene Männchen. Dadurch dass sie auch andere Blütenbesucher aus ihren Revieren vertreiben, indem sie diese mit ihrem bedornten Hinterleibsende rammen, dürften sie die Attraktivität ihrer Territorien für pollen- und nektarsammelnde Weibchen erhöhen. Die Männchen anderer Arten patrouillieren in rasantem Flug die Pollenquellen der Weibchen ab oder kontrollieren die Nestkolonien. Die Weibchen verpaaren sich mehrfach mit verschiedenen Männchen. Die Männchen schlafen einzeln oder in kleinen Gruppen in unterschiedlichen Hohlräumen, einzelne Arten beißen sich mit den Oberkiefern an Pflanzenteilen fest. Brutparasiten sind mehrere *Stelis*-Arten sowie wahrscheinlich *Coelioxys quadridentata*.

[2] Brutzellen von *A. manicatum*; Haare mit pflanzlichen Drüsensekreten imprägniert, Agasul (ZH)
[3] Brutzelle von *A. caturigense* aus Pflanzenhaaren, die innen mit Harz ausgestrichen ist, Gimillan (AO)
[4] Nest von *A. byssinum*, außen Blattstreifen, innen mit Harz ausgestrichen, Vauffelin (BE)

[2]

[3]

[4]

Anthidium byssinum

(Panzer 1798)
(= *Trachusa byssina*)

Vorkommen:	verbreitet
Flugzeit:	VI VII VIII IX

Kennzeichen:
11–12 mm. Körper mit Ausnahme des gelb gefärbten Gesichts beim Männchen ohne helle Flecke. Gestalt charakteristisch gedrungen mit nahezu kugeligem Hinterleib. Brust rotbraun, Hinterleib spärlich graubraun behaart mit unauffälligen hellen Haarbinden.

Vorkommen:
Verbreitet. Im Gebiet keine Verbreitungsgrenze, bis 2100 m ü. M.

Biologische Angaben:
Nistet in selbstgegrabenen Gängen im Boden, oft in kleineren Kolonien. Das fertige Nest besteht aus einem wenige Zentimeter langen Hauptgang, von welchem fingerförmig Seitengänge abzweigen, die jeweils zwei oder drei hintereinanderliegende Brutzellen enthalten. Die Brutzellen sind zweischichtig und bestehen außen aus einer Lage schmaler Laubblattstreifen, die mit den Oberkiefern auf Bäumen und Sträuchern ausgeschnitten werden, und innen aus einer dünnen Schicht Harz. Für den Bau einer Brutzelle werden 7–14 Blattstreifen und 20–30 Harzbröckchen benötigt. Oligolektisch, auf Schmetterlingsblütler (Fabaceae) spezialisiert. Männchen beißen sich zum Schlafen gerne an Halmen fest. Kuckucksbiene: wahrscheinlich *Coelioxys quadridentata*.

[5] *A. byssinum*, Weibchen trägt Harzklümpchen zum Nest, Vauffelin (BE)
[6] *A. byssinum*, Weibchen bringt Blattstreifen zum Nest, Vauffelin (BE)

[5]

[6]

Anthidium caturigense
Giraud 1863

Vorkommen:	sehr selten
Flugzeit:	VI VII VIII IX

Kennzeichen:
9–12 mm. Dank der beinahe weißen, teilweise durch eine gezackte Randlinie begrenzten Hinterleibsflecke bereits im Feld recht gut anzusprechen. *A. interruptum* und *A. laterale*, die ebenfalls weißgelbe, jedoch durch eine gerade Randlinie begrenzte Hinterleibsflecke besitzen, sind meist deutlich größer und besuchen andere Pflanzen.

Vorkommen:
Sehr selten. CH: Wallis.

Biologische Angaben:
Nistet in selbstgegrabenen Gängen im Boden, meist in kleinen bis großen Kolonien. Die am Ende eines wenige Zentimeter langen Nestganges angelegte Brutzelle besteht außen aus einer Schicht Pflanzenhaare, innen aus einer Lage Harz. Der Nestgang wird nach Verschluss der Brutzelle an seiner Mündung mit Steinchen, Holzstückchen und Ähnlichem verbarrikadiert. Polylektisch mit deutlicher Vorliebe für Schmetterlingsblütler (Fabaceae). Männchen fliegen dicht über den Nestkolonien und kriechen auf der Suche nach paarungswilligen Weibchen häufig in die Nester ein.

[7] Lebensraum von *A. caturigense*, Gimillan (AO)
[8] *A. caturigense*, Weibchen auf *Stachys recta*, Gimillan (AO)
[9] Paarung von *A. caturigense*, Gimillan (AO)

[7]

[8]

[9]

Anthidium interruptum
(Fabricius 1781)

Vorkommen:	sehr selten
Flugzeit:	VI VII VIII IX

Kennzeichen:
11–14 mm. Anhand des spezialisierten Blütenbesuchs, der weißgelben Hinterleibsflecke sowie der auffallend schneeweiß gefärbten Bauchbürste bereits im Feld sicher zu bestimmen.

Vorkommen: Sehr selten. CH: Wallis, Tessin.

Biologische Angaben:
Gleiche Nistweise wie *A. byssinum*. Oligolektisch, auf Kardengewächse (Dipsacaceae) spezialisiert. Besucht in Mitteleuropa wohl ausschließlich Skabiosen *(Scabiosa)*. Männchen patrouillieren *Scabiosa*-Blütenköpfe in rasantem Flug ab. Kuckucksbiene: *Stelis annulata*.

Anthidium laterale
Latreille 1809

Vorkommen:	sehr selten
Flugzeit:	VI VII VIII IX

Kennzeichen:
Weibchen 12–14 mm; Männchen 15–18 mm. Im Feld dank bedeutender Größe, auffallend schwarz glänzendem und weißgelb geflecktem Hinterleib sowie spezialisiertem Blütenbesuch kaum mit anderen *Anthidium*-Arten zu verwechseln.

Vorkommen: Sehr selten. A: Burgenland; CH: Wallis.

Biologische Angaben:
Die Brutzellen bestehen aus reinem Harz und werden in kleinen Haufen in vorhandenen oder selbstgegrabenen Hohlräumen in der Erde untergebracht. Eingeschränkt polylektisch, besucht meist nur Flockenblumen und Disteln (Cardueae). Männchen bewachen die Weibchen nach der Paarung für eine gewisse Zeit, indem sie ihnen in wenigen Zentimetern Abstand folgen und andere Männchen an einer Annäherung hindern.

[10] *A. interruptum*, Weibchen auf *Scabiosa triandra*, Hérémence (VS)
[11] *A. laterale*, Weibchen auf *Centaurea vallesiaca*, Susten (VS)

[10]

[11]

Anthidium manicatum
(Linnaeus 1758)

Vorkommen:	verbreitet
Flugzeit:	VI VII VIII IX

Kennzeichen:
Weibchen 11–12 mm; Männchen 14–18 mm. Im Siedlungsgebiet nur mit der Art *A. oblongatum* zu verwechseln, die jedoch meist deutlich kleiner ist, in der Regel weder Lippen- noch Rachenblütler besucht, orangerot gefärbte Beine hat und olivgrüne Komplexaugen aufweist. Männchen dank Größe, orangefarbenen Haarbüscheln an den Seiten der Hinterleibssegmente sowie 3-dornigem Endtergit unverwechselbar.

Vorkommen:
Im Siedlungsgebiet oft häufig, außerhalb des Siedlungsgebietes deutlich seltener. Im Gebiet keine Verbreitungsgrenze, bis 1800 m ü. M.

Biologische Angaben:
Die Brutzellen bestehen aus Pflanzenwolle und werden meist zu mehreren dicht neben- oder hintereinander in den unterschiedlichsten Hohlräumen wie Fensternuten, Felsspalten, Erdlöchern und Ähnlichem untergebracht. Die Zellwolle wird vor der Verproviantierung der Brutzelle mit pflanzlichen Drüsensekreten imprägniert. Bislang nachgewiesene Drüsensekretquellen sind Blütenhüllblätter des Kleinköpfigen Pippaus *(Crepis capillaris)* und des langhaarigen Habichtskrautes *(Hieracium pilosella)*, Blütenstiele von Hausgeranien *(Pelargonium)*, Fruchtkapseln von Löwenmäulchen *(Antirrhinum)* sowie Jungtriebe von Brombeere *(Rubus)*. Das Nest wird gegen außen mit Pflanzenhaaren, Steinchen, Erdbröckchen oder Holzstückchen verbarrikadiert. Eingeschränkt polylektische Art, welche nur Schmetterlingsblütler (Fabaceae), Lippenblütler (Lamiaceae) und gewisse Rachenblütler (Scrophulariaceae) besucht. An den Blüten der letzteren beiden Pflanzenfamilien wird der Pollen mit reibenden Kopfbewegungen aus den oberständigen Staubbeuteln direkt in eine spezialisierte Gesichtsbehaarung gekämmt. Männchen verteidigen im Bereich der Nahrungspflanzen der Weibchen kleine Territorien und vertreiben daraus nicht nur

[12] *A. manicatum*, Weibchen auf *Stachys recta*, Zürich
[13] *A. manicatum*, Hinterleibsende des Männchens, Agasul (ZH)
[14] *A. manicatum*, Weibchen sammelt Drüsensekret auf *Crepis capillaris*, Solothurn

[12]

[13]

[14]

Artgenossen, sondern alle blütenbesuchenden Insekten. Unterlegene Männchen, die über keine eigenen Territorien verfügen, dringen regelmäßig in fremde Reviere ein. Die Männchen schlafen gerne gruppenweise in Hohlräumen, z.B. in Käferfraßgängen oder in Nisthilfen. Kuckucksbiene: *Stelis punctulatissima*.

Anthidium nanum

Mocsary, 1881
(= *A. scapulare* auct. = *A. lituratum* Panzer)

Vorkommen:	selten
Flugzeit:	VI VII VIII IX

Kennzeichen:
6–8 mm. *Anthidium scapulare* wurde in mehrere Arten aufgespalten. In der Schweiz, Deutschland und teilweise Österreich findet man *A. nanum*, im Osten Österreichs auch *A. tenellum*, während *A. scapulare* in Südfrankreich zu finden ist. Die Arten sind so ähnlich, dass sie in Grenzgebieten im Feld nicht unterschieden werden können.

Vorkommen:
Selten. Die nördliche Verbreitungsgrenze verläuft vom nördlichen Ostdeutschland in südwestlicher Richtung durch das mittlere Westdeutschland, bis 1600 m ü. M.

Biologische Angaben:
Die Brutzellen bestehen aus Pflanzenwolle und werden zu mehreren direkt hintereinander in meist aufrechten und hohlen Pflanzenstängeln untergebracht. *A. nanum* kann jedoch auch markhaltige Stängel nutzen, die dann von den Bienen selbst ausgehöhlt werden. Ist das Mark durch keine Bruchstelle zugänglich, wird seitlich ein Loch durch die verholzte Stängelwand genagt. Oligolektische, auf Korbblütler (Asteraceae) spezialisierte Art, die innerhalb der Korbblütler vorwiegend Flockenblumen und Disteln (Cardueae) besucht. Männchen patrouillieren die Nahrungspflanzen der Weibchen ab.
Kuckucksbienen: *Stelis ornatula*, *S. punctulatissima*.

[15] *A. nanum*, Weibchen auf *Centaurea vallesiaca*, Susten (VS)

[15]

Anthidium oblongatum
(Illiger 1806)

Vorkommen:	verbreitet												
Flugzeit:						VI	VII	VIII	IX				

Kennzeichen:
8–10 mm. Weibchen mit olivgrünen Augen und orangeroten Beinen, sieht *A. manicatum* sehr ähnlich. Letztere Art ist aber meist deutlich größer, nutzt ein anderes Blütenspektrum, hat gelb gefärbte Beine und weist dunkel braunolive Komplexaugen auf. Männchen im Unterschied zu *A. manicatum* ohne orangefarbene Haarbüschel an den Seiten des Hinterleibes und mit 2-lappigem Endtergit.

Vorkommen:
Verbreitet. Die nördliche Verbreitungsgrenze verläuft vom nördlichen Ostdeutschland in südwestlicher Richtung durch das mittlere Westdeutschland.

Biologische Angaben:
Die charakteristisch abgeflachten, fladenförmigen Nester, die stets aus mehreren direkt nebeneinanderliegenden Brutzellen bestehen, werden in schmalen Fels- und Steinspalten angelegt. Baumaterial sind Pflanzenhaare. Polylektisch. Kommen die Nahrungspflanzen der Weibchen auf engem Raum in dichten Beständen vor, verteidigen die Männchen kleine Territorien. Wachsen die Nahrungspflanzen jedoch nur vereinzelt, werden sie auf Flugbahnen abpatrouilliert. Kuckucksbiene: *Stelis punctulatissima*.

[16] *A. oblongatum*, Weibchen sammelt Pflanzenhaare auf *Carlina vulgaris*, Agasul (ZH)
[17] *A. oblongatum*, Männchen, Pieterlen (BE)

[16]

[17]

Anthidium punctatum

Latreille 1809

Vorkommen:	verbreitet
Flugzeit:	VI VII VIII IX

Kennzeichen:

8–10 mm. Dank der weißgelben, beidseits in je zwei Punktreihen aufgelösten Hinterleibsflecke unverwechselbar.

Vorkommen:

Verbreitet. Im Gebiet keine Verbreitungsgrenze, im nördlichen Deutschland jedoch nur sehr vereinzelt, bis 1500 m ü. M.

Biologische Angaben:

Legt die oft nur aus einer Brutzelle bestehenden Nester in Erdlöchern oder Steinspalten an. Baumaterial sind Pflanzenhaare. Wie bei *A. manicatum* wird die Zellwolle mit pflanzlichen Drüsensekreten imprägniert. Das Nest wird gegen außen mit Pflanzenhaaren, Erdbröckchen, Steinchen, Holzteilchen und Ähnlichem verschlossen. Polylektisch, besucht jedoch mit Vorliebe Schmetterlingsblütler (Fabaceae), besonders Hornklee *(Lotus corniculatus)*. Die Männchen besitzen eine ähnliche Paarungsstrategie wie *A. oblongatum*. Sie beißen sich zum Schlafen gerne an Halmen oder Blättern fest.

[18] *A. punctatum*, Weibchen auf *Lotus corniculatus*, Glattfelden (ZH)

[18]

Anthidium strigatum
(Panzer 1805)

Vorkommen:	verbreitet
Flugzeit:	VI VII VIII IX

Kennzeichen:
6–7 mm. Im Unterschied zu den ähnlich kleinen Arten *A. nanum* und *Stelis signata*, bei denen die hellen Hinterleibsflecke beidseits praktisch in einer Linie liegen, sind die Flecke auf den Tergiten 3–5 bei *A. strigatum* deutlich nach innen versetzt.

Vorkommen:
Verbreitet. Im Gebiet keine Verbreitungsgrenze, bis 2000 m ü. M.

Biologische Angaben:
Die geschnäbelten, rund 1 cm langen Brutzellen bestehen aus reinem Harz. Sie werden einzeln oder in kleinen Gruppen frei an Steine, Pflanzenhalme oder Baumstämme geklebt. Möglicherweise zwecks Tarnung werden häufig kleine Rindenstückchen in die Zellwand eingearbeitet. Polylektisch, besucht jedoch bevorzugt Schmetterlingsblütler (Fabaceae) und unter diesen besonders Hornklee *(Lotus corniculatus)*. Die Männchen patrouillieren die Nahrungspflanzen der Weibchen ab. Sie beißen sich zum Schlafen oft an Pflanzenteilen fest. Kuckucksbiene: *Stelis signata*.

[19] *A. strigatum*, Weibchen verschließt Brutzelle aus Harz, Unterstammheim (ZH)

[19]

Anthophora – Pelzbienen

Vier mitteleuropäische Pelzbienenarten, die durch breite und scharf abgesetzte, helle Haarbinden am Ende der Hinterleibstergite und das Fehlen von Haftlappen zwischen den Klauen ausgezeichnet sind, werden gelegentlich von *Anthophora* abgetrennt und in die Gattung *Amegilla* gestellt. 20 Arten im Gebiet (D: 12; A: 15; CH: 18).

8–18 mm. Gedrungene, hummelähnliche Bienen mit pelzig behaartem, befilztem oder mit hellen Haarbinden versehenem Hinterleib. Durch einen rasanten, regelmäßig von Schwebephasen und Körperdrehungen unterbrochenen Flug charakterisiert, der oft von hohen Flugtönen begleitet ist. Weibchen zum Teil, Männchen stets mit gelb oder weiß geflecktem Gesicht. Männchen mehrerer Arten mit verlängerten und auffallend büschel- bis pinselartig behaarten Mittelbeintarsen. Einige Arten kommen in unterschiedlichen Farbvarietäten vor. Gut die Hälfte der mitteleuropäischen Pelzbienen kann im Feld bis auf die Art bestimmt werden.

Flugzeit: III–IX. Eine Generation im Jahr, *A. furcata* vermutlich mit partieller zweiter Generation.

Selbstgegrabene Nester in Steilwänden, im Mörtel lehmverfugter Mauern oder an ebenen, vegetationslosen Bodenstellen. *A. furcata* schachtet die Brutzellen in Totholz oder Stängelmark aus. Mehrere Arten weichen die Erde beim Graben mit Wasser auf, das sie an nahe gelegenen Wasserstellen mit der Zunge aufnehmen. *A. crinipes* und *A. plagiata* bauen eine mehrere Zentimeter lange Erdröhre vor dem Nesteingang. Die Brutzellen sind je nach Art und Neststandort vertikal bis fast horizontal orientiert. Sie liegen einzeln oder zu mehreren direkt hintereinander am Ende eines oder mehrerer Seitengänge, die fingerförmig von einem kurzen Hauptgang abzweigen. Etwas abweichend sind die Verhältnisse bei *A. fulvitarsis*, die ihre vertikal orientierten Brutzellen einzeln unterhalb eines waagrechten Hauptganges anlegt. Die Brutzellen werden als grobe Höhlungen ausgeschachtet und erhalten ihre typische urnenförmige Form meist erst nach dem Einbau einer Schicht Erde bzw. bei *A. furcata* einer mit Drüsensekreten vermischten Lage von Holzpartikeln. Der charakteristische käsige Geruch der Brutzellen geht von Sekreten der Dufourdrüse aus, die einerseits in den Nahrungsvorrat abgegeben, andererseits auf die Zellwände aufgetragen werden. Die Larven einer nordamerikanischen Art ernähren sich nach dem Verzehr des Nahrungsvorrates nachgewiesenermaßen von dieser Wandauskleidung. Der Larvenproviant ist nicht wie sonst bei Bodennistern üblich zu einer Kugel geformt, sondern in der unteren Hälfte der Brutzelle aufgehäuft. Die Larven spinnen keinen Kokon. Gelegentlich wird vor der äußersten Brutzelle eine rudimentäre, mit wenig Pollen und Nektar versehene, aber nicht mit einem Ei belegte «Täuschzelle» gebaut.

[1] *A. plumipes*, Weibchen im Anflug auf *Lamium maculatum*, Solothurn

[1]

Viele Arten verschließen ihr Nest mit einem meist etwas nach innen versetzten Pfropfen aus Erde bzw. bei *A. furcata* aus Holzpartikeln. Nester oft in kleinen bis großen Kolonien. Solitäre Nistweise.

Pollentransporteinrichtung: Haarbürste auf Hinterschiene und -ferse. Alle bisher näher untersuchten Arten sind polylektisch. Mehrere Arten haben spezialisierte Pollensammeleinrichtungen für die Ausbeutung von Blüten entwickelt, bei denen die Staubbeutel entweder eine oberständige Lage einnehmen oder im Innern enger Röhren versteckt liegen. Viele Arten besuchen bereits frühmorgens bzw. noch spätabends Blüten. Diese Ausnutzung der konkurrenzarmen Tagesrandzeiten ist ihnen dank der Fähigkeit möglich, ihre Körpertemperatur vor dem Flug durch Muskelzittern rasch über die Umgebungstemperatur zu erhöhen. Die Männchen patrouillieren Nistplätze und Nahrungspflanzen der Weibchen auf teilweise festgelegten und mit Sekreten der Mandibulardrüsen markierten Flugbahnen ab, die über Tage und Wochen beibehalten werden können. Sie schlafen in unterschiedlichen Hohlräumen oder beißen sich, gelegentlich gruppenweise, mit den Oberkiefern an Pflanzenteilen fest.

Brutparasiten sind Kuckucksbienen der Gattungen *Melecta* und *Thyreus* sowie *Coelioxys rufescens* und *C. quadridentata*.

Anthophora aestivalis

(Panzer 1801)

Vorkommen:	selten
Flugzeit:	V VI VII

Kennzeichen:
13–15 mm. Weibchen durch deutlich abgesetzte, schwarze Querbinde auf der Brustoberseite, helle Haarbinden auf den Tergitendrändern sowie weiße Beinbürste eindeutig charakterisiert. Männchen im Feld nicht von der selteneren *A. retusa* zu unterscheiden, welche ebenfalls eigentümlich büschelförmig behaarte Mittelbeintarsen besitzt.

Vorkommen:
Selten. Im Gebiet keine Verbreitungsgrenze, bis 2000 m ü. M.

Biologische Angaben:
Flugzeit: V–VII. Für die Nestanlage werden Steilwände und Abbruchkanten ebenen Flächen vorgezogen. Pollen- und Nektaraufnahme häufig auf Schmetterlingsblütlern (Fabaceae) und Lippenblütlern (Lamiaceae). Kuckucksbiene: *Melecta luctuosa*.

[2] *A. aestivalis*, Weibchen verlässt das Nest, Zeneggen (VS)
[3] *A. aestivalis*, Männchen, Môtier (FR)

[2]

[3]

Anthophora albigena
Lepeletier 1841
(= *Amegilla albigena*)

Vorkommen:	sehr selten
Flugzeit:	VI VII VIII

Kennzeichen:
9–10 mm. Im Feld nicht sicher von der im östlichen Österreich und im Wallis nachgewiesenen *A. salviae* zu unterscheiden, die ebenfalls durch breite und scharf abgesetzte, weiße Haarbinden an den Tergitendrändern ausgezeichnet ist.

Vorkommen: Sehr selten. A: Burgenland; CH: Wallis.

Biologische Angaben:
Flugzeit: VI–VIII. Sammelt Pollen vorwiegend bei Lippenblütlern (Lamiaceae) und Boretschgewächsen (Boraginaceae). Kuckucksbiene: *Thyreus ramosus*.

Anthophora bimaculata
(Panzer 1798)

Vorkommen:	verbreitet
Flugzeit:	VII VIII

Kennzeichen:
8–9 mm. Weibchen durch die folgenden Merkmale bereits im Feld von den anderen mitteleuropäischen *Anthophora*-Arten abzugrenzen: Körpergröße gering; Gesicht gelb gefleckt; Tergitendränder mit hellen Haarbinden; Tergite 2–3 basal, 4–5 vollständig graugelblich befilzt. Männchen mit schmalen hellen Tergitendbinden, vollständig gelb gefärbtem Gesicht und normal behaarten Mittelbeintarsen. Beide Geschlechter mit sehr hohem Flugton.

Vorkommen:
Verbreitet. Im Gebiet keine Verbreitungsgrenze, aber auf Sandboden beschränkt, bis 800 m ü. M.

Biologische Angaben:
Flugzeit: VII–VIII. Nistet vorwiegend auf ebenen Flächen. Polylektisch. Die Männchen beißen sich zum Schlafen häufig an Halmen fest. Kuckucksbiene: *Ammobates punctatus*.

[4] *A. albigena*, Weibchen auf *Ballota nigra*, St. Pierre (AO)
[5] *A. bimaculata*, Männchen schlafend, Susten (VS)
[6] *A. bimaculata*, Weibchen auf *Centaurea vallesiaca*, Susten (VS)

[4]

[5]

[6]

Anthophora furcata
(Panzer 1798)

Vorkommen:	verbreitet
Flugzeit:	VI VII VIII IX

Kennzeichen:
11–12 mm. Weibchen durch einfarbig braun behaarten, ungebänderten Hinterleib und orange gefärbte Behaarung am Hinterleibsende im Feld sicher anzusprechen. Männchen mit vollständig gelb gefärbtem Gesicht, normal behaarten Mittelbeintarsen und fehlenden Hinterleibsbinden.

Vorkommen:
Verbreitet. Im Gebiet keine Verbreitungsgrenze, bis 1700 m ü. M.

Biologische Angaben:
Flugzeit: VI–IX. Als Ausnahme unter den mitteleuropäischen Pelzbienen schachtet *A. furcata* die Nester nicht im Boden, sondern in Baumstrünken, morschen Ästen oder ausnahmsweise im Mark dürrer Pflanzenstängel aus. *A. furcata* ist die am stärksten blütenspezialisierte Pelzbiene in Mitteleuropa, sie besucht nur Lippenblütler (Lamiaceac) und gewisse Rachenblütler (Scrophulariaceae). Sie sammelt Pollen auf den Blüten dieser beiden Pflanzenfamilien, indem sie ihren speziell behaarten Kopfschild gegen die oberständigen Staubbeutel drückt und mit Vibrationsstößen der indirekten Flugmuskulatur *(buzzing)* die Pollenkörner in die Gesichtsbehaarung schüttelt. Kuckucksbienen: *Coelioxys rufescens*, *C. quadridentata.*

[7] *A. furcata*, Weibchen auf *Stachys sylvatica*, Solothurn
[8] Nest von *A. furcata* in morschem Holz, Solothurn
[9] *A. furcata*, Weibchen am Nest, Agasul (ZH)

[7]

[8]

[9]

Apis – Honigbienen

Eine Art im Gebiet (D: 1; A: 1; CH: 1). Bei uns gibt es keine Wildform, sondern nur verschiedene gezüchtete Rassen. Gut erkenntlich an den behaarten Augen und bei den Weibchen durch das Körbchen an den Hinterbeinen.

Apis mellifera

Linnaeus 1758

Vorkommen:	häufig											
Flugzeit:			III	IV	V	VI	VII	VIII	IX	X		

Kennzeichen:
Königin 15–18 mm; Arbeiterin 11–13 mm; Männchen (Drohne) 13–16 mm. Einheitlich braun gefärbt mit hellen Filzbinden am Grund der Tergite. Hinterleibsbasis bei gewissen Rassen rötlich aufgehellt. Weibchen ähnelt großen *Andrena*-Arten sowie *Colletes cunicularius*, ist aber durch die lang gestreckte Radialzelle im Vorderflügel, das Vorhandensein eines Körbchens auf der Außenseite der Hinterschiene sowie durch die in der Mitte nicht flache, sondern in Längsrichtung gekielte Bauchseite leicht zu unterscheiden. Männchen durch die riesigen, sich auf dem Scheitel berührenden Augen unverwechselbar.

Vorkommen:
Häufig. Im Gebiet keine Verbreitungsgrenze.

Biologische Angaben:
Flugzeit: III–X. Während die Männchen unmittelbar nach der Paarung im Sommer sterben, überwintern die Königin sowie die im Spätsommer geschlüpften Arbeiterinnen in der Nisthöhle in einer dichten Traube.

Geräumige Baumhöhlen oder kleine Felshöhlen dürften früher die bevorzugten Nistplätze der Honigbiene in Mitteleuropa gewesen sein. Heute kommt die Art in Mitteleuropa nicht mehr wild vor, aber entflogene Schwärme können sich über längere Zeit in hohlen Bäumen, Nistkästen und anderen Hohlräumen halten. Die Honigbienen bauen ihre Zellen aus Wachs, das in speziellen Hautdrüsen produziert und in Form kleiner Schüppchen zwischen den Bauchsegmenten des Hinterleibes ausgeschieden wird. Die horizontal orientierten Zellen haben eine

[1] *A. mellifera*, Schwarmtraube, Egerkingen (SO)

[1]

regelmäßig sechseckige Form. Sie werden zu scheibenförmigen, zweischichtigen Waben zusammengefügt, die zu mehreren dicht nebeneinander von der Decke der Nisthöhle herabhängen. Die Zellen dienen sowohl der Aufzucht der Brut als auch der getrennten Speicherung von Honig und Pollen, wobei Brut- und Vorratsbereiche in unterschiedlichen Wabenbezirken liegen. Risse und Fremdkörper im Innern der Nisthöhle werden mit Harz (Propolis) ausgekleidet, das antimikrobielle Eigenschaften besitzt und an Baumwunden oder Knospenschuppen gesammelt wird. Honigbienen stellen die Temperatur im Brutbereich konstant auf eine Höhe von 34 °C ein. Bei tiefen Außentemperaturen wird eine Erwärmung des Brutbereichs durch Vibration der indirekten Flügelmuskulatur erreicht, bei hohen Temperaturen kühlen die Honigbienen die Nisthöhle durch das Verdunsten von eingetragenem Wasser. Auch während des Winters wird im Traubeninnern eine konstante Temperatur von gegen 30 °C eingehalten, wobei die Energie für die Erzeugung der Wärme aus den im Herbst eingelagerten Honigvorräten stammt. Die Nisthöhle wird aggressiv gegen Eindringlinge verteidigt. Bei Gefahr produzieren die Arbeiterinnen in ihrer Stachelkammer ein Pheromon, das ihre Geschwister alarmiert und sie zur Nestverteidigung veranlasst.

Die Honigbiene ist die einzige hoch eusoziale Bienenart Mitteleuropas. Ihre Staaten bestehen aus einer Königin, aus bis zu 80 000 Arbeiterinnen und zeitweise aus mehreren Hundert Männchen. Die Königin, die eine Lebensdauer von vier bis fünf Jahren erreicht und zeitlebens von den Arbeiterinnen mit Bienenmilch (s. unten) gefüttert wird, legt als einzige Biene in der Kolonie Eier. Pro Tag produziert sie bis zu 1500 Stück. Durch ein Pheromon aus ihren Mandibulardrüsen verhindert sie die Ovarienentwicklung bei ihren Töchtern. Die Arbeiterinnen leisten mit Ausnahme des Eierlegens alle übrigen Tätigkeiten, die zum Aufbau der Kolonie notwendig sind. Dabei durchläuft jede Arbeiterin während ihres vier bis sechs Wochen dauernden Lebens eine festgelegte Abfolge unterschiedlicher Tätigkeiten: vorerst Reinigung alter Brutzellen, danach Fütterung der Larven, in der Folge Bau von Brutzellen, anschließend Verteidigung des Nestes und schließlich Sammeln von Blütenprodukten, Propolis und Wasser. Die Arbeiterinnen produzieren in ihren Hypopharyngealdrüsen nach Aufnahme von Pollen ein Sekret

[2] *A. mellifera*, frisch geschlüpftes Männchen (Drohne), Effretikon (ZH)

[2]

(Bienenmilch), das fortlaufend in die Brutzellen mit jungen Larven gegeben wird und anfänglich die einzige Nahrung der Larven darstellt. Während die Königinnenlarven während ihrer gesamten Entwicklung ausschließlich Bienenmilch (Gelee royale) erhalten, werden ältere Larven, die sich zu Arbeiterinnen oder Drohnen entwickeln, zusätzlich direkt mit Pollen und Honig gefüttert. Die Brutzellen bleiben bei der Honigbiene während der Larvenentwicklung stets offen und werden erst kurz vor der Verpuppung mit Wachs verdeckelt. Die Larven spinnen einen Kokon. Die Entwicklung vom Ei bis zum geflügelten Insekt dauert bei der Königin 16, bei der Arbeiterin 21 und beim Männchen 24 Tage.

Neue Kolonien der Honigbiene entstehen durch die Abspaltung (Schwärmen) eines Teiles des Volkes. Im späteren Frühling bauen die Arbeiterinnen meist im Randbereich der Wabe mehrere größere, nach unten gerichtete Brutzellen (Weiselzellen) mit wabig strukturierten Wänden, in denen sich je eine Königin entwickelt. Einige Tage vor dem Schlüpfen der Jungköniginnen verlässt die alte Königin zusammen mit rund der Hälfte der Arbeiterinnen die Nisthöhle. Sie lassen sich als «Traube» offen an einem Zweig nieder und ziehen, nachdem Kundschafterinnen eine geeignete Behausung gefunden haben, in die neue Nisthöhle um. Die erste im alten Stock aus ihrer Zelle geschlüpfte Jungkönigin tötet zuerst ihre Schwestern, verlässt darauf die Nisthöhle für die Paarung und wird nach ihrer Rückkehr zur neuen Königin des alten Bienenvolkes. In zeitlicher Abstimmung mit der Erzeugung von Jungköniginnen entwickeln sich im späteren Frühling und Frühsommer aus unbefruchteten Eiern der Königin Männchen, welche den Stock zum Paarungsflug verlassen. Da sich diese nicht selbst auf Blüten verköstigen können, kehren sie regelmäßig in das Nest zurück, wo sie von den Arbeiterinnen gefüttert werden.

Pollentransporteinrichtung: Körbchen auf der Außenseite der Hinterschiene. Feuchtsammler. Die Honigbiene ist ausgesprochen polylektisch. Die einzelnen Individuen verhalten sich auf ihren Sammelflügen aber in hohem Maß blütenstet. Pollen und Nektar wird auf getrennten Flügen gesammelt. Neben diesen beiden Blütenprodukten werden auch die zuckerhaltigen Aus-

[3] *Apis mellifera*, Weiselzelle für eine neue Königin, Solothurn
[4] *Apis mellifera*, Königin mit Hofstaat, Ulm (BW)

[3]

[4]

scheidungen (Honigtau) von Blatt- und Rindenläusen eingetragen. Durch Eindickung des Nektars bzw. Honigtaus und Zugabe von Enzymen aus den Labialdrüsen, die den Rohrzucker der Ausgangsstoffe in Trauben- und Fruchtzucker spalten, entsteht Honig. Zwischen den Arbeiterinnen herrscht ein ständiger Futteraustausch. Einzigartig ist die «Tanzsprache», mit der die Honigbienen untereinander Informationen über ergiebige Futterquellen austauschen. Dabei vollführt eine von einem Sammelflug zurückgekehrte Arbeiterin auf der Wabe in Anwesenheit weiterer Bienen festgelegte Lauffiguren. Weniger als 50–100 m von der Nisthöhle entfernte Nahrungsquellen werden durch den Rundtanz angezeigt, der keine exakten Informationen über die Entfernung und die Richtung der Nahrungsquelle enthält. Die durch den Rundtanz zum Ausfliegen veranlassten Arbeiterinnen suchen die nähere Umgebung des Nestes systematisch nach dem Blütenduft ab, welcher der Tanzbiene anhaftete. Bei weiter entfernten Futterplätzen tanzt die Sammelbiene den Schwänzeltanz. Bei diesem signalisiert das Tanztempo die Entfernung der Futterquelle vom Nest; die Tanzrichtung bezüglich der Wabensenkrechten gibt den Winkel zwischen Futterquelle und Sonnenstand, das heißt die Richtung, an. Dank der Tanzsprache kann das Bienenvolk rasch auf das dauernd wechselnde Nahrungsangebot reagieren und sich beispielsweise kurzfristig auf die Ausbeutung eines frisch aufblühenden Baumes oder einer plötzlich einsetzenden Honigtautracht konzentrieren.

Aufgrund ihres hohen Bedarfes an Pollen und Nektar, der einerseits in der hohen Individuenzahl ihrer Staaten, andererseits in der Vorratshaltung begründet liegt, übt die Honigbiene einen starken Konkurrenzdruck auf andere Bienenarten aus. Dank der Wärmeregulierung im Nest, die ihr eine längere Tagesaktivität erlaubt, dank ihrer Fähigkeit, Informationen mittels der Tanzsprache auszutauschen sowie dank ihrer Flexibilität in Bezug auf ihre Futterquellen ist sie ihren solitären Verwandten überlegen. Eine hohe Honigbienendichte hat nachgewiesenermaßen Nahrungsengpässe bei anderen Bienen, insbesondere bei oligolektischen Arten, zur Folge, was über eine Verminderung der Fortpflanzungsrate schließlich zu deren lokalem Verschwinden führen kann.

[5] Nest von *Apis mellifera* im Freien, Solothurn
[6] *Apis mellifera*, Unterseite mit Wachsplättchen, Solothurn

[5]

[6]

Zur Paarung versammeln sich die Männchen aus verschiedenen Völkern an traditionellen, über Jahre hinweg benutzten Sammelplätzen, wo sie zu Hunderten in 10–25 m über dem Boden herumschwärmen und auf Jungköniginnen warten, welche ihre Ankunft im Paarungsschwarm mit einem Pheromon aus der Mandibulardrüse signalisieren. Bei der Paarung stülpt das Männchen seinen monströsen Genitalapparat in die Stachelkammer der Königin und stirbt unmittelbar danach. Eine Jungkönigin paart sich mit mehreren Männchen. Die dabei erhaltene Samenmenge reicht für die Besamung aller Eier während eines Königinnenlebens aus.

Wichtige Feinde in den Nestern der Honigbiene sind neben bestimmten Viren, Bakterien und Einzellern die Raupen der Wachsmotte *Galleria mellonella* (Pyralidae), die sich vom Wachs der Brutzellen und von den Futtervorräten ernähren, und die Varroa-Milben *(Varroa jacobsoni)*, welche Körperflüssigkeit von Larven, Puppen und erwachsenen Honigbienen saugen. Bei starkem Milbenbefall kann ein Volk so stark in Mitleidenschaft gezogen werden, dass es abstirbt.

[7] *A. mellifera carnica*, dunkle Rasse, Agasul (ZH)
[8] *A. mellifera ligustica*, Rasse mit teilweiser Rotfärbung, Hagneck (BE)

[7]

[8]

Biastes – Kraftbienen

Drei Arten im Gebiet (D: 3; A: 3; CH: 2).
5–8 mm. Im Unterschied zu *Ammobates* und *Pasites* mit abgeflachtem Hinterleib. Die vorstehenden Ecken des ausgerandeten Sternits 6 bei den Weibchen mit krallenartigen Fortsätzen. Die Männchen mit charakteristischen gelblichen Filzflecken auf den mittleren Sterniten. Die Männchen von *B. emarginatus* und *B. truncatus* haben nur 12 Fühlerglieder. Die drei Arten sind im Feld voneinander zu unterscheiden.
Eine Generation im Jahr.

Die drei mitteleuropäischen Arten entwickeln sich brutparasitisch in den Nestern von *Dufourea*, *Rophites* bzw. *Systropha*, die alle zur Verwandtschaftsgruppe der Rophitini zählen. Das seitlich abgeplattete, gerade Ei wird der Länge nach in eine Spalte in der Wand der Wirtszelle gelegt, welche möglicherweise mit dem speziell gestalteten Sternit 6 hergestellt wird. Das Ei liegt danach gut geschützt mit seiner abgeflachten Seite mehr oder weniger in einer Ebene mit der Zellwand. Die Larven spinnen keinen Kokon. Beide Geschlechter beißen sich während der Nacht, bei schlechtem Wetter auch tagsüber, mit ihren Oberkiefern an Pflanzenteilen fest, seltener schlafen sie in Blüten.

Biastes brevicornis

(Panzer 1798)

Vorkommen:	sehr selten
Flugzeit:	VI VII VIII

Kennzeichen:
7–8 mm. Im Gegensatz zu den beiden anderen mitteleuropäischen Arten ohne weiße Haarflecke auf den Tergiten. Weibchen mit schwarz gefärbtem Vorder- und rot gefärbtem Hinterkörper. Männchen vollständig schwarz gefärbt.

Vorkommen:
Sehr selten. D: Bayern, Schleswig-Holstein, Brandenburg, Mecklenburg-Vorpommern; A: Burgenland, Steiermark, Niederösterreich.

Biologische Angaben:
Brutparasit bei *Systropha*. Winden *(Convolvulus)*, die Pollenquellen der Wirte, sind bevorzugte Nektarquellen und dienen teilweise auch als Schlafplätze.

[1] *B. brevicornis*, Weibchen schlafend, St. Pierre (AO)
[2] *B. brevicornis*, Männchen schlafend, St. Pierre (AO)

[1]

[2]

Biastes emarginatus
(Schenck 1853)

Vorkommen:	sehr selten
Flugzeit:	VI VII VIII

Kennzeichen:
7–8 mm. In beiden Geschlechtern durch die charakteristisch weiß befilzten Brustseiten von den beiden anderen mitteleuropäischen Arten unterschieden. Weiße Haarflecke sind auch an den Seiten des rot gefärbten Hinterleibes ausgebildet, der beim Weibchen in geringem, beim Männchen in deutlich stärkerem Ausmaß schwarz gefleckt ist.

Vorkommen:
Sehr selten. D: Baden-Württemberg, Bayern, Hessen, Schleswig-Holstein und mehrere ostdeutsche Bundesländer; A: Burgenland, Steiermark, Kärnten, Nieder- und Oberösterreich; CH: Wallis, bis 1400 m ü. M.

Biologische Angaben:
Brutparasit bei *Rophites*. Lippenblütler (Lamiaceae), z. B. Ziest *(Stachys)*, sind beliebte Nektarquellen. Im Bereich der Nistplätze des Wirtes werden regelmäßig lockere, gemischtgeschlechtliche Schlafgesellschaften gebildet, welche sich Abend für Abend am gleichen Ort einfinden.

[3] *B. emarginatus*, zwei schlafende Weibchen, Erschmatt (VS)

[3]

Bombus – Hummeln

46 Arten im Gebiet (D: 41; A: 47; CH: 40).

8–34 mm. Dank ihrer Größe und ihrem sehr dichten und pelzigen, meist auffällig farbig gemusterten Haarkleid sind die Hummeln in der mitteleuropäischen Bienenfauna höchstens mit den größeren *Anthophora*-Arten und einigen Vertretern der Schwebfliegen zu verwechseln. Aufgrund der bei vielen Arten großen innerartlichen Variabilität in der Färbung sind in beiden Geschlechtern die meisten mitteleuropäischen Arten im Feld nicht zuverlässig anzusprechen. Flugzeit: III–X. Nach Aussehen und Biologie können zwei Gruppen unterschieden werden: Die Hummeln und die Schmarotzerhummeln (letztere früher als eigene Gattung *Psithyrus* betrachtet).

Hummeln

Geschlechtsreife Weibchen und Männchen schlüpfen im Sommer oder Spätsommer und verpaaren sich. Während die Männchen, die alte Königin und die Arbeiterinnen noch vor Einbruch des Winters sterben, überwintern die begatteten zukünftigen Königinnen an einem geschützten Ort im Erdboden oder unter Moospolstern. In der Regel nur eine Generation im Jahr, bei Arten mit kurzer Kolonieentwicklungszeit wie *B. hortorum*, *B. jonellus* und vielleicht auch *B. pratorum* kann jedoch bei günstigen Witterungsverhältnissen ein Teil der Jungköniginnen noch im gleichen Sommer eine neue Kolonie gründen. Mehrere Arten steigen in den Bergen bis weit über die Waldgrenze.

Nester in vorgefundenen größeren Hohlräumen, je nach Art entweder oberirdisch in hohlen Bäumen oder Vogelnistkästen, an der Erdoberfläche in der Kraut- und Moosschicht oder unterirdisch in verlassenen Mäusenestern. Einige Arten überdachen den gewählten Hohlraum mit herbeigetragenem Gras, Laub und Ähnlichem. Hummelnester, die häufig mehr als Handtellergröße erreichen, unterscheiden sich durch die unregelmäßige Anordnung von Brutzellen, Kokons und Vorratsbehältern grundsätzlich von denen aller anderen Bienen. Die Brutzellen, in denen sich als Ausnahme unter den Bienen stets mehrere Larven entwickeln, bestehen aus dem Wachs spezieller Hautdrüsen, das in Form kleiner Schüppchen zwischen den Rücken- und Bauchsegmenten des Hinterleibes ausgeschieden wird. Die Hummeln sind mit Ausnahme der Schmarotzerhummeln, welche sich als Sozialparasiten in den Nestern anderer Hummelarten entwickeln, alle primitiv eusozial und bilden einjährige Staaten. Allerdings kann bei gewissen Arten die Nestgründerin in Gebieten mit sehr kurzen Sommern die Erzeugung von Arbeiterinnen ausfallen lassen und sogleich zur Aufzucht von Geschlechtstieren übergehen. Der Lebenszyklus eines Hummelstaates beginnt im Frühjahr, wenn ein begattetes Weibchen nach der Überwinterung ein neues Volk gründet. Es bildet aus Wachs, das aus Drüsen des Hinterleibs stammt, drei bis vier Zellen. Es trägt vorerst

[1] *B. terrestris*, Weibchen auf *Carduus nutans*, Agasul (ZH)

[1]

Pollen und Nektar ein und formt mit dem gesammelten nektarfeuchten Pollen einen Nahrungsklumpen, auf den es 5–15 Eier ablegt. Nach der Eiablage überdeckt es die Brutkammer mit Wachs und bebrütet die Eier, indem es auf der Brutkammer sitzt und durch Vibration der indirekten Flügelmuskulatur Wärme erzeugt. Die Königin ernährt sich während dieser Zeit von Nektar, den sie bei der Nestgründung eingetragen und in einer Zelle eingelagert hat. Nach etwa 3–5 Tagen schlüpfen die Larven in der ersten Brutzelle und ernähren sich gemeinsam vom Futtervorrat. Sobald dieser jeweils verbraucht ist, beißt das Weibchen den Deckel auf, versorgt die Larven durch die entstandene Öffnung mit nektarfeuchtem Pollen und verschließt die Brutkammer wieder. Mit dem Heranwachsen der Larven muss die Brutkammer mit frisch erzeugtem Wachs fortlaufend erweitert werden. Es entsteht ein blasiges Gebilde mit mehreren Erhebungen. Fressen die Larven vorerst noch gemeinsam in einer einzigen Brutzelle, spinnen sie sich rund eine Woche nach dem Schlüpfen, kurz vor der Verpuppung, einzeln in einen Kokon ein und unterteilen so die Brutkammer. Zu diesem Zeitpunkt entfernt die Königin die bräunliche Wachsschicht rund um die gelblichen Kokons und baut daraus eine oder mehrere neue Brutzellen, die sie wiederum mit einer Anzahl Eiern belegt. Die neuen Brutkammern werden auf den Kokonhaufen der ausgewachsenen Larven errichtet. Nach einem 7–10 Tage dauernden Puppenstadium schlüpfen die ersten Arbeiterinnen aus. Sie übernehmen nun alle Arbeiten im Nest. Ihre Mutter, nun Königin, verlässt das Nest nicht mehr und besorgt nur noch die Eiablage. Eine Königin kann pro Tag maximal 15–20 Eier legen. Ein Pheromon aus den Mandibulardrüsen der Königin unterdrückt bei einigen Arten nachgewiesenermaßen die Entwicklung von Eiern bei den Arbeiterinnen. Im Laufe des Sommers werden fortlaufend neue Arbeiterinnenbruten erzeugt, und die Zahl der Nestinsassen nimmt nun immer weiter zu. Erst auf dem Höhepunkt der Kolonieentwicklung, der je nach Art mit einer Volksgröße von 30–600 Arbeiterinnen erreicht ist, beginnt mit der Erzeugung von Geschlechtstieren die letzte Phase im Lebenszyklus des Hummelstaates. Aus unbefruchteten Eiern entwickeln sich Männchen (Drohnen), aus befruchteten Eiern Jungköniginnen. Männchen und Jungköniginnen verlassen darauf die Nester, und es kommt zur Verpaarung. Die Königinnen erreichen ein Alter von 12–15 Monaten, die bei vielen Arten deutlich kleineren Arbeiterinnen leben 6–12 Wochen. Bei der Versorgung der Brut durch Arbeiterinnen lassen sich bei den Hummeln zwei Gruppen unterscheiden. Die Pocketmakers bauen seitlich an eine Zelle mit heranwachsenden Larven separate Taschen aus Wachs, die zur Brutkammer hin offen sind und mit Pollen gefüllt werden. Die Larven fressen fortlaufend aus diesen Taschen. Die Pollenstorers dagegen füllen den gesammelten Pollen vorerst in die verlassenen und gereinigten Puppenkokons, von wo aus er, vermischt mit Nektar aus den Nektartöpfen, durch ein Loch in der Wachsdecke der Brutkammer von den Arbeiterinnen und der Königin direkt an die Larven verfüttert wird.

Pollentransporteinrichtung: Körbchen auf der Außenseite der Hinterschiene (Schmarotzerhummeln besitzen kein Körbchen). Feuchtsammler. Bis auf *B. gerstaeckeri* (s. S. 166)

[2] *B. pascuorum*, südliche Rasse, Nest, Grono (GR)

[2]

sind alle Arten polylektisch. Im Gegensatz zu den meisten anderen Bienen, welche in der Regel Pollen und Nektar gleichzeitig sammeln, kommt es bei den Hummeln oft zu einer Arbeitsteilung von pollensammelnden und. nektarsammelnden Arbeiterinnen. Die Individuen einer Hummelart verhalten sich auf ihren Sammelflügen häufig ausgeprägt blütenstet, besuchen aber immer wieder kurzfristig auch Blüten anderer Pflanzen. Dank dieser Kontrollflüge haben sie jederzeit die Möglichkeit, ihre bisherige Hauptnahrungsquelle aufzugeben, sollte eine andere Pflanzenart in der Zwischenzeit ein lohnenderes Nahrungsangebot aufweisen. Langrüsselige Arten, deren Mundteile eine Länge von über 20 mm erreichen können, sind regelmäßige Besucher von Blüten, deren Nektar tief in langen Kronröhren verborgen ist. Kurzrüsselige Arten mit Rüssellängen um 10 mm betreiben an langröhrigen Blüten häufig Nektarraub. Sie beißen die Blütenröhren am Grund auf und nehmen den Nektar direkt durch diese Öffnungen auf. Hummeln fliegen im Gegensatz zu den meisten anderen Bienen auch bei kühlem und feuchtem Wetter sowie am frühen Morgen bzw. späten Abend. Diese Eigenschaft, die ihnen gegenüber anderen Bienen große Konkurrenzvorteile bringt und ihnen erlaubt, auch klimatisch ungünstigere Lebensräume wie Moore oder alpine Matten zu besiedeln, verdanken sie ihrer Größe und ihrer dichten isolierenden Behaarung sowie der Möglichkeit, ihre Körpertemperatur aktiv zu regulieren. Vor dem Ausflug erhöhen sie durch Zittern mit der entkoppelten Flugmuskulatur die Brusttemperatur auf eine Starttemperatur von 30 bis 40 °C. Bei niedrigen Außentemperaturen wird die während des Fluges im Brustabschnitt erzeugte Wärme gespeichert, bei hohen Temperaturen aber laufend an den Hinterleib abgegeben. Diese Fähigkeit, den Wärmeaustausch zwischen Brust und Hinterleib zu regulieren, ermöglicht ihnen, bereits ab 3 °C auszufliegen, andererseits ein Überhitzen des Körpers bei hoher Umgebungstemperatur (bis 33 °C) zu verhindern.

Die Männchen befliegen individuelle Bahnen, welche über Tage und Wochen konstant eingehalten und immer in der gleichen Richtung durchflogen werden. Je nach Art befinden sich die Flugbahnen in der Wipfelregion von Bäumen, auf Höhe von Sträuchern und Büschen oder nahe der Erdoberfläche. Auf ihren Rundflügen legen die Männchen wiederholt an Astspitzen, auf Blättern, Grasrispen, Steinen oder in Wurzelnischen kurze Flugpausen ein. Diese Anflugspunkte werden regelmäßig mit einem artspezifischen Sekret aus den Labialdrüsen duftmarkiert. Zur Paarung kommt es, wenn Jungköniginnen gezielt die Duftmarken artgleicher Männchen aufsuchen. Die Männchen von *B. confusus* und *B. mendax* besitzen eine abweichende Paarungsstrategie (s. bei Artbeschreibung). Die Männchen kehren nach dem Schlüpfen meist nicht mehr in das Geburtsnest zurück. Sie verbringen die Nächte im Freien und schlafen häufig auf Blüten.

Wichtige Feinde der Hummeln sind die Schmarotzerhummeln, die früher als eigene Gattung angesehen wurden und sich als Sozialparasiten in ihren Nestern entwickeln,

[3] *B. pascuorum*, Nest mit großen Larvenkammern aus Wachs, gelben Puppenkokons und einzelnen offenen Honigtöpfen aus Wachs, Grono (GR)
[4] *B. pascuorum*, geöffnete Eikammer zwischen Puppenkokons, Grono (GR)

[3]

[4]

die Larven der Ameisenwespen (Mutillidae), welche Larven und Puppen befallen, und die Raupen der Wachsmotte *Aphomia sociella* (Pyralidae), die ganze Nester zerstören können, indem sie Brutzellen, Futtervorräte und Larven fressen und die Brutwaben mit einem äußerst zähen Gespinst überziehen. Dickkopfliegen (Conopidae) legen mit ihrer speziell gestalteten Hinterleibsspitze ein Ei durch die Segmentzwischenhäute in den Hinterleib einer fliegenden oder blütenbesuchenden Hummel. Der Befall mit der innenparasitischen Fliegenlarve führt innerhalb einiger Tage zum Tod.

Schmarotzerhummeln

13–25 mm. Schmarotzerhummeln unterscheiden sich von den anderen Vertretern der Gattung *Bombus* durch das auffallend träge Verhalten auf den Blüten und die weniger dichte, struppigere Hinterleibsbehaarung, welche die Kutikula durchschimmern lässt. Die Weibchen haben kein Körbchen auf der Außenseite der Hinterschienen und haben eine deutlich eingekrümmte Hinterleibsspitze (nicht so *B. inexspectatus*, die wie eine normale Hummel aussieht und bei *B. ruderarius* schmarotzt). Schmarotzerhummeln leben als Sozialparasiten in den Nestern von *Bombus*. Je nach Art befallen sie nur die Nester einer einzigen Hummelart oder schmarotzen bei mehreren Wirtsarten. Sie besitzen keine Arbeiterinnenkaste und haben die Fähigkeit zum Pollensammeln und zur Wachssekretion verloren.

Flugzeit: IV–X. Das Schmarotzerhummelweibchen dringt im späteren Frühling, wenn die ersten Hummelarbeiterinnen bereits geschlüpft sind, in ein Wirtsnest ein. Die Arbeiterinnen verhalten sich zuerst aggressiv gegenüber dem Eindringling, später bleibt die Schmarotzerhummel unbehelligt. Bei vielen Arten leben die Hummelkönigin und das Schmarotzerhummelweibchen nach Abflauen der anfänglichen Kämpfe, die häufig mit dem Tod zahlreicher Arbeiterinnen enden, nebeneinander im Nest. Bei anderen Arten tötet oder vertreibt die Schmarotzerhummel die Hummelkönigin kurz nach dem Eindringen in das Nest. Das Schmarotzerhummelweibchen zerstört nach der Eroberung des Nestes fortlaufend Brutzellen, Eier und Larven des Wirtes und baut aus dem so gewonnenen Wachs eigene Brutzellen, die mit mehreren Eiern belegt werden. Die Larven der Schmarotzerhummel werden in der Folge von den Hummelarbeiterinnen gefüttert und aufgezogen. Sie verpuppen sich in einem Kokon. Auch wenn die Hummelkönigin überlebt, werden keine oder nur eine stark verminderte Anzahl Arbeiterinnen und Geschlechtstiere des Wirtes erzeugt. Der Befall eines Hummelvolkes durch eine Schmarotzerhummel führt zur Erzeugung von Schmarotzerhummelweibchen und -männchen, die im Sommer und Spätsommer aus den Wirtsnestern schlüpfen und sich verpaaren. Ähnlich wie bei den Hummeln patrouillieren die Männchen entlang festgelegter, duftmarkierter Flugbahnen. Sie schlafen häufig auf Blüten. Eine Generation im Jahr. Mehrere Arten steigen in den Bergen zusammen mit ihren Wirten bis weit über die Waldgrenze.

[5] *B. pascuorum*, offene Larvenkammer, Grono (GR)
[6] *B. humilis*, zwei Puppen, Agasul (ZH)

[5]

[6]

Bombus argillaceus

(Scopoli 1763)

Vorkommen:	selten
Flugzeit:	IV V VI VII VIII IX X

Kennzeichen:
12–28 mm. Königin dank rein schwarz behaartem Hinterleib und breiten dunkelgelben Querbinden auf der Brustoberseite unverwechselbar. Arbeiterinnen und Männchen ähneln durch gelb behaartes Tergit 1 und weiß behaartes Hinterleibsende *B. hortorum* und *B. ruderatus*. Bei Letzteren sind die hellen Brustbinden jedoch deutlich schmäler ausgebildet.

Vorkommen:
Selten. A: Burgenland, Steiermark, Kärnten, Niederösterreich, Salzburg, Tirol; CH: Wallis, Tessin. Bevorzugt im Gegensatz zu vielen anderen Hummelarten ausgesprochen heiße und trockene Gebiete, bis 2000 m ü. M.

Biologische Angaben:
Nester unterirdisch in Mäusegängen. Volksgröße: 100–500 Individuen. Pocketmaker. Kuckuckshummel: *Bombus maxillosus*.

Bombus bohemicus

Seidl 1838
(= *Psithyrus bohemicus*)

Vorkommen:	häufig
Flugzeit:	IV V VI VII VIII IX X

Kennzeichen:
15–25 mm. Im Feld kaum von ähnlichen Schmarotzerhummelarten zu unterscheiden.

Vorkommen:
Häufig, bis über die Waldgrenze.

Biologische Angaben:
Kuckuckshummel. Wirt ist *Bombus lucorum*.

[7] *B. argillaceus*, Weibchen auf *Onobrychis viciifolia*, Hohtenn (VS)
[8] *B. bohemicus*, Kuckuckshummel, Weibchen, Hinterbeine ohne Körbchen, Sta. Maria (GR)

[7]

[8]

Bombus campestris
(Panzer 1801)
(= *Psithyrus campestris*)

Vorkommen:	verbreitet
Flugzeit:	IV V VI VII VIII IX X

Kennzeichen:
15–20 mm. Im Feld kaum von ähnlichen Schmarotzerhummelarten zu unterscheiden.

Vorkommen:
Verbreitet. Im Gebiet keine Verbreitungsgrenze, bis zur Waldgrenze.

Biologische Angaben:
Kuckuckshummel. In Mitteleuropa ist *Bombus pascuorum* der Hauptwirt. Weitere Wirte sind *B. humilis*, *B. pratorum* u. a.

Bombus confusus
Schenck 1861

Vorkommen:	sehr selten
Flugzeit:	IV V VI VII VIII IX X

Kennzeichen:
12–20 mm. Weibchen im Feld nicht von anderen schwarz behaarten Hummeln mit roter Hinterleibsspitze zu unterscheiden. Männchen dagegen durch große Komplexaugen und auffallendes Paarungsverhalten leicht anzusprechen.

Vorkommen:
Sehr selten. Die nördliche Verbreitungsgrenze verläuft vom nördlichen Ostdeutschland in südwestlicher Richtung durch das mittlere Westdeutschland. In trockenwarmen Gebieten, bis 1600 m ü. M.

Biologische Angaben:
Nester an der Erdoberfläche oder unterirdisch. Pollenstorer. Männchen besetzen kleine, duftmarkierte Territorien und kontrollieren mit ihren riesigen Komplexaugen von einer erhöhten Warte aus (Stein, Staude u. ä.) den Luftraum. In kurzen Abständen stürzen sie sich – in Erwartung von Jungköniginnen – in pfeilschnellem Flug auf vorbeifliegende größere Insekten.

[9] *B. campestris*, Kuckuckshummel, Männchen, Schwanden (GL)
[10] *B. confusus*, Männchen wartet auf Beobachtungsposten auf ein Weibchen, Sevgein (GR)

[9]

[10]

Bombus gerstaeckeri
Morawitz 1882

Vorkommen:	verbreitet
Flugzeit:	IV V VI VII VIII IX X

Kennzeichen:
16–26 mm. Beide Geschlechter bereits im Feld dank typischem Blütenbesuch und charakteristischem Färbungsmuster des Körpers leicht kenntlich: Brust und Tergit 1 braungelb, Tergite 2–3 schwarz, Tergite 4–6 weiß behaart.

Vorkommen:
Verbreitet. Im Gebiet im gesamten Alpenbogen zwischen 1000 m ü. M. und der Waldgrenze an Stellen mit größeren Eisenhutbeständen.

Biologische Angaben:
Nester vorwiegend unterirdisch. Volksgröße: 40–100 Individuen. Pocketmaker. Oligolektisch, auf Eisenhut *(Aconitum)* spezialisiert. Mit einer Rüssellänge von bis zu 23 mm ist *B. gerstaeckeri* die langrüsseligste Hummelart Mitteleuropas.

Bombus humilis
Illiger 1806

Vorkommen:	verbreitet
Flugzeit:	IV V VI VII VIII IX X

Kennzeichen:
9–18 mm. Ausgesprochen veränderliche Art, bei der in ein und demselben Nest völlig unterschiedlich gefärbte Tiere vorkommen können. Nur Individuen mit schwarz behaarter Brust und vorwiegend hell behaartem Hinterleib im Feld gut zu bestimmen.

Vorkommen:
Verbreitet. Im Gebiet keine Verbreitungsgrenze, bis 2000 m ü. M.

Biologische Angaben:
Nester vorwiegend an der Erdoberfläche unter Grasbüscheln oder Moospolstern. Volksgröße: 50–120 Individuen. Pocketmaker. Kuckuckshummel: *Bombus campestris.*

[11] *B. gerstaeckeri*, Weibchen auf *Aconitum vulparia*, Feldis (GR)
[12] *B. humilis*, Weibchen auf *Trifolium resupinatum*, Portalban (FR)
[13] *B. humilis*, Weibchen im Nest auf den ersten Wachstöpfen, Russin (GE)

[11]

[12]

[13]

Bombus hypnorum
(Linnaeus 1758)

Vorkommen:	häufig											
Flugzeit:				IV	V	VI	VII	VIII	IX	X		

Kennzeichen:
8–20 mm. Beide Geschlechter dank charakteristischem Färbungsmuster des Körpers unverwechselbar: Brustoberseite dunkel rotbraun, Brustseiten und Tergite 1–4 schwarz, Tergite 5–6 weiß behaart. Selten kommen auch rein schwarz behaarte Individuen mit weißer Hinterleibsspitze vor.

Vorkommen:
Häufig. Im Gebiet keine Verbreitungsgrenze, bis 2000 m ü. M.

Biologische Angaben:
Nester oberhalb der Erdoberfläche in Baumhöhlen, Vogelnistkästen, Felsspalten und Ähnlichem. Volksgröße: 80–400 Individuen. Pollenstorer. Gilt als leicht reizbare Art, welche ihre Nester im Gegensatz zu anderen Hummelarten heftig verteidigt. Kuckuckshummel: *Bombus norvegicus*.

Bombus lapidarius
(Linnaeus 1758)

Vorkommen:	häufig											
Flugzeit:				IV	V	VI	VII	VIII	IX	X		

Kennzeichen:
12–22 mm. Weibchen schwarz mit rotem Körperende. Da es 11 Hummelarten mit dieser Färbung gibt, ist sie im Feld nicht sicher zu bestimmen. Männchen haben zu der schwarzen und roten Färbung noch ein gelbes Halsband und gelbe Haare im Gesicht. Auch da gibt es ähnliche andere Arten.

Vorkommen:
Häufig. Im Gebiet keine Verbreitungsgrenze, bis 2400 m ü. M.

Biologische Angaben:
Nistet in Höhlen unter- und oberirdisch. Volksgröße: 100–300 Individuen. Pollenstorer. Kuckuckshummel: *Bombus rupestris*.

[14] *B. hypnorum*, Weibchen auf *Ajuga reptans*, Solothurn
[15] *B. lapidarius*, Weibchen auf *Stachys recta*, Roggwil (BE)
[16] *B. lapidarius*, Männchen auf *Origanum vulgare*, Solothurn

[14]

[15]

[16]

Bombus lucorum
(Linnaeus 1761)

Vorkommen:	häufig
Flugzeit:	IV V VI VII VIII IX X

Kennzeichen:
9–21 mm. Das Weibchen sehr ähnlich *B. terrestris*, aber Gelbfärbung heller und breiter. Das Männchen ist im Gesicht gelb und der Körper ist meist ausgedehnt gelb behaart, selten fehlen die schwarzen Haare fast vollständig.

Vorkommen:
Häufig. Im Gebiet keine Verbreitungsgrenze, bis über die Waldgrenze.

Biologische Angaben:
Nester im Boden, oft in verlassenen Mäusenestern. Volksgröße: 100–400 Individuen. Pollenstorer. Kuckuckshummeln sind *Bombus bohemicus* und vermutlich auch *B. vestalis*.

Bombus mendax
Gerstaecker 1869

Vorkommen:	verbreitet
Flugzeit:	IV V VI VII VIII IX X

Kennzeichen:
12–20 mm. Weibchen variabel gefärbt, deshalb im Feld nicht mit Sicherheit von ähnlichen Arten zu unterscheiden, Männchen dagegen durch große Komplexaugen, auffallendes Paarungsverhalten sowie Vorkommen in mittleren bis hohen Lagen leicht kenntlich.

Vorkommen:
Verbreitet. Im Gebiet im gesamten Alpenbogen sowie stellenweise im Jura in Lagen zwischen 1200 und 2800 m ü. M.

Biologische Angaben:
Nester unterirdisch. Brutzellen und Nahrungsvorräte in streng getrennten Nestbereichen. Volksgröße: 80–150 Individuen. Pollenstorer. Paarungsstrategie der Männchen gleich wie bei *B. confusus*.

[17] *B. lucorum*, Männchen auf *Origanum vulgare*, Illnau (ZH)
[18] *B. mendax*, Männchen auf Beobachtungsposten wartet auf ein Weibchen, Grosse Scheidegg (BE)

[17]

[18]

Bombus mesomelas
Gerstaecker 1869

Vorkommen:	verbreitet
Flugzeit:	IV V VI VII VIII IX X

Kennzeichen:
13–24 mm. Männchen und Weibchen gleich behaart. Kopf und ein Band quer über den Brustrücken schwarz behaart, sonst gelbgrau, auf dem Hinterleib zum Teil leicht braunrötlich getönt. Ähnlich *B. mucidus*, die einen hell behaarten Kopf und einige schwarze Haare auf dem Hinterleib hat.

Vorkommen:
D: Alte Nachweise aus Sachsen und Thüringen; A: ganzes Land; CH: in den Alpen verbreitet, selten im Jura, 1000–2500 m ü. M.

Biologische Angaben:
Nest fast immer unterirdisch in verlassenen Mäusenestern. Volksgröße: 50–120 Individuen. Pocketmaker.

Bombus pascuorum
(Scopoli 1763)

Vorkommen:	häufig
Flugzeit:	IV V VI VII VIII IX X

Kennzeichen:
9–18 mm. Beide Geschlechter variabel gefärbt. Tiere nördlich der Alpen sind im Feld nur von ähnlich gefärbten *Bombus humilis*-Individuen zu unterscheiden, wenn die Tergite 2–4 mehr oder weniger behaart sind. Südlich der Alpen dank einheitlich braunrot behaartem Körper leicht kenntlich.

Vorkommen:
Häufig. Im Gebiet keine Verbreitungsgrenze, bis über die Waldgrenze.

Biologische Angaben:
Nester unterirdisch in Mäusegängen, an der Erdoberfläche im Schutz einer dichten Krautschicht oder in Hohlräumen über dem Boden. Volksgröße: 60–150 Individuen. Pocketmaker. Kuckuckshummel: *Bombus campestris*.

[19] *B. mesomelas*, Weibchen auf *Carduus defloratus*, Arolla (VS)
[20] *B. pascuorum*, Weibchen auf *Lamium purpureum*, Agasul ZH

[19]

[20]

Bombus rupestris

(Fabricius 1793)
(= *Psithyrus rupestris*)

Vorkommen:	verbreitet
Flugzeit:	IV V VI VII VIII IX X

Kennzeichen:
15–25 mm. Weibchen durch die auffällig rot behaarten Tergite 4–5 sowie die schwarzbraunen Flügel bereits im Feld sicher anzusprechen. Beim ähnlichen *B. quadricolor*, der vorwiegend in mittleren bis höheren Berglagen fliegt, beginnt die rote Hinterleibsbehaarung bereits ab Tergit 3 und die Flügel sind nur schwach verdunkelt. Männchen nicht von *B. quadricolor* zu unterscheiden.

Vorkommen:
Verbreitet. Im Gebiet keine Verbreitungsgrenze, bis über die Waldgrenze.

Biologische Angaben:
In Mitteleuropa ist *Bombus lapidarius* der Hauptwirt. *B. pascuorum*, *B. sicheli* und *B. sylvarum* sind ebenfalls als Wirte belegt.

Bombus sylvarum

Linnaeus 1761

Vorkommen:	verbreitet
Flugzeit:	IV V VI VII VIII IX X

Kennzeichen:
10–18 mm. Dank schwarzer Querbinde auf der Brustoberseite und orangerot behaartem Hinterleibsende mit feinen weißlichen Binden bereits im Feld zuverlässig anzusprechen.

Vorkommen:
Verbreitet. Im Gebiet keine Verbreitungsgrenze, bis 1800 m ü. M.

Biologische Angaben:
Nester unterirdisch in Mäusegängen, an der Erdoberfläche unter Grasbüscheln oder in Hohlräumen über dem Boden. Volksgröße: 80–150 Individuen. Pocketmaker. Kuckuckshummel: *Bombus rupestris*.

[21] *B. rupestris*, Kuckuckshummel, Weibchen auf *Astragalus onobrychis*, Leuk (VS)
[22] *B. sylvarum*, Weibchen auf *Ajuga reptans*, Neuhausen im Hegau (BW)

[21]

[22]

Bombus terrestris
(Linnaeus 1758)

Vorkommen:	häufig
Flugzeit:	IV V VI VII VIII IX X

Kennzeichen:
11–23 mm. Im Feld nur typisch gefärbte Königinnen am schmalen dunkelgelben Halskragen zu erkennen.

Vorkommen:
Häufig. Im Gebiet keine Verbreitungsgrenze, bis 2000 m ü. M.

Biologische Angaben:
Nester vorwiegend unterirdisch in Mäusegängen. Volksgröße: 100–600 Individuen. Pollenstorer. Mit einer Rüssellänge von 8–10 mm gehört *B. terrestris* zu den kurzrüsseligsten Hummelarten Mitteleuropas. Kuckuckshummel: *Bombus vestalis*.

[23] *B. terrestris*, Männchen auf *Lavendula angustifolia*, Solothurn
[24] *B. terrestris*, Weibchen betreibt Nektarraub auf *Corydalis cava*, Solothurn

[23]

[24]

Camptopoeum – Buntbienen

Zwei Arten im Gebiet (D: 1; A: 2).

6–10 mm. Erinnern im Habitus stark an *Panurgus*, sind aber durch die durchgehenden gelben Binden auf dem Hinterleib und die gelben Flecke auf Gesicht und Brust sofort zu erkennen. Die beiden mitteleuropäischen Arten können im Feld voneinander unterschieden werden. Flugzeit: VII–VIII. Eine Generation im Jahr.

Selbstgegrabene Nester im Boden an ebenen bis stark geneigten, lückig bewachsenen Stellen. Die horizontal orientierten Brutzellen liegen einzeln am Ende von mehr oder weniger rechtwinklig mit dem Hauptgang verbundenen Seitengängen, die nach dem Verschluss der Brutzelle mit Erde gefüllt werden. Die Larven spinnen keinen Kokon. Nester teilweise in Kolonien. Wahrscheinlich solitäre Nistweise.

Pollentransporteinrichtung: Bürste aus locker stehenden Haaren an Hinterschiene und -ferse. Feuchtsammler. Der nektarfeuchte Pollen wird in einem großen Klumpen auf der Außenseite der Hinterschiene transportiert. Die beiden mitteleuropäischen Arten sind wahrscheinlich auf Flockenblumen und Disteln (Cardueae) spezialisiert.

Die Kuckucksbiene *Pasites minutus* entwickelt sich brutparasitisch in den Nestern von *Camptopoeum*.

Camptopoeum frontale

(Fabricius 1804)

Vorkommen:	sehr selten
Flugzeit:	VII VIII

Kennzeichen:
6–7 mm. Kopf und Thorax beim Weibchen kahl glänzend, beim Männchen wenig behaart. Die zweite mitteleuropäische Art, *C. friesei*, die nur in Niederösterreich nachgewiesen wurde, ist beim Weibchen kurz und dicht, beim Männchen lang und dicht behaart und mit einer Körperlänge von 9–10 mm deutlich größer.

Vorkommen:
Sehr selten. D: Sachsen-Anhalt. A: Burgenland, Niederösterreich.

Biologische Angaben:
Oligolektisch auf die Flockenblume *Centaurea stoebe*.

[1] *C. frontale*, Weibchen, Hadersdorf-Kammern (Niederösterreich)

[1]

Ceratina – Keulhornbienen

Sieben Arten im Gebiet (D: 3; A: 6; CH: 5).

6–10 mm. Leicht zu erkennen am meist metallisch grün oder blau gefärbten, nahezu unbehaarten und stark glänzenden Körper, den keulenförmigen Fühlern sowie dem nach hinten regelmäßig breiter werdenden Hinterleib, dessen Segmente an der Basis deutlich eingeschnürt sind. Kopfschild, Schulterbeulen und Beine häufig hell gefleckt. Als einzige der mitteleuropäischen Arten ist *C. cucurbitina* rein schwarz gefärbt. In Deutschland sind die drei vorkommenden Arten anhand von Färbung und Größe bereits im Feld zuverlässig zu bestimmen, was für Österreich und die Schweiz nur für einzelne Arten gilt.

Flugzeit: IV–IX. Aufgrund ihres speziellen Lebenszyklus, den sie mit der verwandten Gattung *Xylocopa* gemeinsam haben, können die einzelnen Arten während eines Großteils des Sommerhalbjahres als Imagines angetroffen werden. Männchen und Weibchen schlüpfen bereits im Lauf des Sommers aus den Brutzellen, überwintern einzeln oder in Gruppen von bis zu 30 Individuen in ausgenagten Gängen von Markstängeln und verpaaren sich nach dem Verlassen der Winterverstecke im späteren Frühling. Die Nistaktivitäten erstrecken sich vom späten Frühling bis in den Sommer. Eine Generation im Jahr. Selbstgenagte Nester im Mark von dürren Pflanzenstängeln, z. B. von Brombeeren, Rosen, Königskerzen, Holunder oder Disteln. Brachflächen mit zahlreichen Gebüschgruppen und Hecken sind entsprechend bevorzugte Lebensräume der Keulhornbienen. Die Pflanzenstängel sind nur besiedelbar, wenn das Mark an einer Bruchstelle frei zugänglich ist. Aufrechte oder schwach geneigte Stängel werden deutlich bevorzugt. Die Brutzellen, die durch Zwischenwände aus abgenagten Markpartikeln voneinander abgegrenzt sind, liegen linienförmig hintereinander im Nestgang. Einige Arten sondern aus Drüsen an der Basis der Bauchsegmente Wachs ab, mit dem möglicherweise die Brutzellen ausgekleidet werden. Der brotlaibförmige Larvenproviant liegt der Länge nach der Zellwand an. Das Ei wird auf den eingangsferneren, hinteren Teil des Larvenproviantes gelegt, indem die Weibchen ihren Hinterleib zwischen Zellwandung und Nahrungsvorrat hindurchzwängen. Die Larven spinnen keinen Kokon. Die Entwicklung vom Ei bis zur Imago dauert ein bis zwei Monate. Die Nestbesitzerin hält sich nach der Fertigstellung der letzten Brutzelle oft bis zum Schlüpfen ihrer Nachkommen im Eingangsbereich des Nestganges auf. Bei Gefahr verschließt sie das Nest mit dem Hinterleib, erzeugt durch Vibration der indirekten Flugmuskulatur hohe Töne und sondert teilweise ein Sekret aus den Mandibulardrüsen ab, das Ameisen abschreckt. Als Ausnahme unter den mitteleuropäischen Bienen kommen die langlebigen Weibchen meist für kurze Zeit in Kontakt mit ihren frisch geschlüpften Söhnen und Töchtern, bevor sie vor Wintereinbruch sterben. Ob in diesem Stadium ein Austausch von Nahrung oder andere soziale Interaktionen statt-

[1] *C. cyanea*, Überwinterungsgesellschaft in Rubusstängel, Agasul (ZH)

[1]

finden, ist noch unbekannt. Während bei gewissen außereuropäischen Arten die Weibchen die Entwicklung der Larven kontrollieren, indem sie wiederholt die Zellwände aufbrechen, die Brutzellen säubern und sie danach wieder verschließen, ist bei den mitteleuropäischen Arten ein derartiges subsoziales Verhalten bisher nicht nachgewiesen worden. Ebenso wenig sind bei den mitteleuropäischen Arten Nester gefunden worden, in denen zwei Weibchen zusammenarbeiten, wie dies bei einer japanischen Art regelmäßig vorkommt. Zumindest die gut untersuchten *C. chalybea*, *C. cucurbitina* und *C. cyanea* leben rein solitär.

Pollentransporteinrichtung: spärlich entwickelte Haarbürste an Hinterschiene und -ferse. Der Großteil des Pollens wird im Kropf in das Nest getragen. Ein Borstenkamm auf dem Stipes der Unterkiefer, durch den die mit Pollen beladenen Vorderbeine hindurchgezogen werden, nimmt den Pollen von den Beinen ab, bevor er verschluckt wird. Alle Arten sind polylektisch. Der Pollen wird wie bei *Hylaeus* häufig direkt mit Oberkiefern und Vorderbeinen von den Staubbeuteln abgeerntet. Dank des langen Rüssels können auch langröhrige Blüten auf Nektar ausgebeutet werden.

Ceratina chalybea

Chevrier 1872
(= *C. callosa* auct.)

Vorkommen:	selten
Flugzeit:	IV V VI VII VIII IX

Kennzeichen:
7–10 mm. Metallisch blaugrüne Art, die sich nördlich der Alpen durch ihre bedeutendere Größe bereits im Feld klar von *C. cyanea* abgrenzen lässt, aber nicht südlich der Alpen von ähnlichen Arten.

Vorkommen:
Selten. D: Baden-Württemberg, Bayern, Rheinland-Pfalz, Hessen; A: Burgenland, Steiermark, Kärnten, Niederösterreich; CH: Westschweiz, Wallis, Tessin, bis 1400 m ü. M.

Biologische Angaben:
In den Nestern sind zwischen den Brutzellen Leerzellen ausgebildet, die nicht verproviantiert sind. Besucht für die Pollen- und Nektaraufnahme gerne Flockenblumen und Disteln (Cardueae).

[2] *C. chalybea*, Weibchen auf *Centaurea scabiosa*, St. Pierre (AO)

[2]

Ceratina cucurbitina
(Rossi 1792)

Vorkommen:	verbreitet
Flugzeit:	IV V VI VII VIII IX

Kennzeichen:
6–9 mm. Dank glänzend schwarzem, nicht metallisch schimmerndem Körper unverwechselbar.

Vorkommen:
Verbreitet. D: Baden-Württemberg, Bayern, Rheinland-Pfalz, Nordrhein-Westfalen, Hessen; A: Burgenland, Niederösterreich, Steiermark; CH: Westschweiz, Wallis, Tessin, bis 1500 m ü. M.

Biologische Angaben:
Verlässt die Winterverstecke im Frühling später als *C. chalybea* und *C. cyanea*. Im Gegensatz zu *C. chalybea* sind in der Regel keine Leerzellen zwischen den Brutzellen vorhanden.

Ceratina cyanea
(Kirby 1802)

Vorkommen:	verbreitet
Flugzeit:	IV V VI VII VIII IX

Kennzeichen:
6–7 mm. Im Feld durch geringere Größe von der ebenfalls metallisch blaugrün gefärbten *C. chalybea* zu unterscheiden.

Vorkommen:
Verbreitet, stellenweise häufig. Im Gebiet keine Verbreitungsgrenze, im nördlichen Deutschland jedoch nur vereinzelt, bis 1600 m ü. M.

Biologische Angaben:
Keine Leerzellen zwischen den Brutzellen.

[3] *C. cucurbitina*, Weibchen auf *Convolvulus arvensis*, St. Pierre (AO)
[4] *C. cyanea*, Weibchen am Nesteingang, Agasul (ZH)
[5] *C. cyanea*, Nest mit Larven und Puppe

[3]

[4]

[5]

Coelioxys – Kegelbienen

16 Arten im Gebiet (D: 12; A: 15; CH: 12).

7–16 mm. Schwarz gefärbte Bienen mit scharf abgesetzten, weißen Haarflecken oder Binden auf dem Hinterleib, die bei einigen Arten aus Schuppenhaaren bestehen. Weibchen durch kegelförmigen, am Ende meist lang ausgezogenen und zugespitzten Hinterleib, Männchen durch mehrdorniges Hinterleibsende charakterisiert. Die einzelnen Arten sind im Feld kaum voneinander zu unterscheiden.

Flugzeit: V–IX. In der Regel nur eine Generation im Jahr, vereinzelte Arten aber wahrscheinlich zumindest partiell mit zwei Generationen.

Brutparasiten bei Arten der Gattung *Megachile*, mit der die Kegelbienen nahe verwandt sind. Ausnahmen sind *C. rufescens*, die sich nur in den Nestern von *Anthophora*-Arten entwickelt, *C. quadridentata*, welche mit *Anthidium byssinum*, *Megachile* und *Anthophora* ein breiteres Wirtsspektrum aufweist, sowie *C. polycentris*, die aus Nestern einer *Eucera*-Art gezogen wurde. Bei der Eiablage durchbohren die Weibchen mit ihrem zugespitzten Hinterleibsende Pollen-Nektar-Vorrat und Blatthülle nahe der Basis einer noch nicht fertig verproviantierten Wirtszelle. Das Ei liegt zwischen den Blattschichten der Zellwand verborgen und steht nur mit seiner Spitze mit dem Larvenproviant in Kontakt. Einige Arten sollen ihr Ei neben dem Wirtsei auf den Nahrungsvorrat legen bzw. am Zelldeckel befestigen. Oft legen mehrere Weibchen ein Ei in die gleiche Brutzelle. Da sich nur eine Kegelbiene pro Zelle entwickeln kann, kommt es in diesem Fall zu tödlich endenden Kämpfen zwischen den Parasitenlarven. Die Larven spinnen einen Kokon. Beide Geschlechter beißen sich zum Schlafen mit den Oberkiefern an Pflanzenteilen fest.

[1] *C. afra*, Männchen und Weibchen schlafend, Susten (VS)

[1]

Coelioxys afra
Lepeletier 1841

Vorkommen:	selten												
Flugzeit:						VI	VII	VIII	IX	X			

Kennzeichen:
7–9 mm. Weibchen durch geringe Größe und kurze, abgerundete Hinterleibsspitze in Deutschland, der Schweiz und der Westhälfte Österreichs bereits im Feld sicher zu bestimmen. Im östlichen Österreich kommt mit *C. haemorrhoa* eine sehr ähnliche Art hinzu. Männchen im Gelände kaum von ähnlichen Arten abzugrenzen.

Vorkommen:
Selten. Die nördliche Verbreitungsgrenze verläuft von der Ostseeküste in südwestlicher Richtung durch das mittlere Westdeutschland, bis 1500 m ü. M.

Biologische Angaben:
Flugzeit: VI–X. Brutparasit bei den nah verwandten Arten *Megachile dorsigera* und *M. pilidens*.

Coelioxys aurolimbata
Förster 1853

Vorkommen:	verbreitet												
Flugzeit:						VI	VII	VIII					

Kennzeichen:
11–16 mm. Im Feld nicht sicher von anderen *Coelioxys*-Arten zu unterscheiden.

Vorkommen:
Verbreitet. Im Gebiet keine Verbreitungsgrenze, bis 900 m ü. M.

Biologische Angaben:
Flugzeit: VI–VIII. Brutparasit bei *Megachile ericetorum*.

[2] *C. rufescens*, Weibchen inspiziert Nesteingang von *Anthophora furcata*, Agasul (ZH)

[2]

Coelioxys conoidea
(Illiger 1806)

Vorkommen:	selten												
Flugzeit:						VI	VII	VIII					

Kennzeichen:
12–16 mm. Durch Größe und scharf begrenzte, 3-eckige Haarflecke auf den Tergiten 1–5 bereits im Feld recht gut anzusprechen.

Vorkommen:
Selten. Im Gebiet keine Verbreitungsgrenze, bis 1300 m ü. M.

Biologische Angaben:
Flugzeit: VI–VIII. Brutparasit bei den nah verwandten Arten *Megachile lagopoda* und *M. maritima*.

Coelioxys rufescens
Lepeletier 1825

Vorkommen:	selten												
Flugzeit:					V	VI	VII	VIII	IX				

Kennzeichen:
11–15 mm. Im Feld nicht sicher von anderen *Coelioxys*-Arten zu unterscheiden.

Vorkommen:
Selten. Im Gebiet keine Verbreitungsgrenze, bis 1900 m ü. M.

Biologische Angaben:
Flugzeit: V–IX. Brutparasit bei verschiedenen *Anthophora*-Arten, u. a. *A. furcata* und *A. plagiata*.

[3] *C. aurolimbata*, Weibchen auf *Pulicaria dysenterica*, Solothurn
[4] *C. conoidea*, Männchen auf *Centaurea* sp., Pfynwald (VS)

[3]

[4]

Colletes – Seidenbienen

24 Arten im Gebiet (D: 14; A: 20; CH: 15)

7–14 mm. Charakteristisches Merkmal ist die kurze, 2-lappige Zunge, wie sie sonst nur noch bei *Hylaeus* vorkommt. Die meisten Arten mit breiten, hell gefärbten Haarbinden am Ende der Hinterleibstergite. Weibchen mit auffallend zugespitztem Hinterleibsende. Gut ein Drittel der mitteleuropäischen Arten kann im weiblichen Geschlecht unter Berücksichtigung des oft spezifischen Blütenbesuches bereits im Feld sicher bestimmt werden. Männchen rein nach äußeren Merkmalen im Gelände unbestimmbar, die auf der Suche nach Weibchen abpatrouillierten Blüten können jedoch wichtige Hinweise auf die Artzugehörigkeit geben.

Flugzeit: III–XI, wobei *C. cunicularius* als einzige Art bereits im Frühling fliegt. Eine Generation im Jahr. *C. impunctatus* steigt in den Alpen stellenweise bis auf 3000 m ü. M.

Selbstgegrabene Nester im Boden an ebenen bis stark geneigten, vegetationslosen bis lückig bewachsenen Stellen. Einige Arten nisten bevorzugt in lockerem Sand, andere in angewittertem Sandstein. Die je nach Art und Neststandort horizontal bis beinahe vertikal orientierten Brutzellen liegen einzeln am Ende von rechtwinklig vom senkrechten Hauptgang abzweigenden Seitengängen, die nach Verschluss der Brutzelle mit Erde gefüllt werden. Bei anderen Arten sind sie zu mehreren direkt hintereinander in einem zum Teil gegabelten Nestgang angeordnet. Im letzteren Fall werden die mütterlichen Nestgänge von den Nachkommen gelegentlich wiederbenutzt. Brutzellen mit einer zellophanartigen, «seidigen» Auskleidung, die leicht vom umgebenden Bodensubstrat gelöst werden kann. Sie besteht aus einem Gemisch von Sekreten der Dufourdrüse und der Labialdrüse, welche mittels der speziell gestalteten Zunge auf die Brutzellwände aufgetragen werden. Die Labialdrüsensekrete enthalten wahrscheinlich Enzyme, welche die Dufourdrüsensekrete zu einem zarten Häutchen erstarren lassen. Inhaltsstoffe der Mandibulardrüsen werden zum Schutz vor Pilz- und Bakterienbefall auf frisch ausgekleidete Brutzellwände gesprüht. Pollen-Nektar-Vorrat sehr feucht bis halbflüssig, im Gegensatz zu den meisten anderen bodennistenden Bienen nicht zu einer Kugel geformt, sondern in der hinteren Hälfte der Brutzelle aufgehäuft. Eiablage nicht auf den Nahrungsvorrat, sondern an die Wand in dessen unmittelbarer Nähe. Die Larven spinnen keinen Kokon. Einige Arten bauen kleine, mit wenig Pollen und Nektar verproviantierte, aber nicht mit einem Ei belegte «Täuschzellen». Nester oft in größeren Kolonien. Solitäre Nistweise.

Pollentransporteinrichtung: Haarbürste an Hinterschiene sowie Körbchen auf der Unterseite des Hinterschenkels und an den Seiten des Mittelsegmentes. Die unter-

[1] *C. hederae*, Weibchen auf *Hedera helix*, Solothurn

[1]

suchten Arten sind, wahrscheinlich mit Ausnahme von *C. impunctatus*, alle mehr oder weniger oligolektisch. Je eine Art ist auf Ochsenzunge *(Anchusa)*, Mannstreu *(Eryngium)*, Efeu *(Hedera)*, Schwarzkümmel *(Nigella)*, Zahntrost *(Odontites)*, Resede *(Reseda)*, Weide *(Salix)*, Erikagewächse (Ericaceae) bzw. Schmetterlingsblütler (Fabaceae) spezialisiert. Vier Arten besuchen für die Pollenernte nur Korbblütler (Asteraceae).

Die Männchen patrouillieren Nestkolonien und Blüten auf der Suche nach paarungswilligen Weibchen ab. Sie schlafen, oft in kleinen Gruppen, in selbstgegrabenen Erdlöchern. Brutparasiten sind Kuckucksbienen der Gattung *Epeolus* sowie *Sphecodes albilabris*.

Colletes cunicularius

(Linnaeus 1761)

Vorkommen:	verbreitet
Flugzeit:	III IV V

Kennzeichen:
12–14 mm. Im Gegensatz zu allen anderen mitteleuropäischen *Colletes*-Arten ohne deutliche helle Hinterleibsbinden. Die Art sieht *Apis mellifera* und gewissen *Andrena*-Arten sehr ähnlich, unterscheidet sich aber im Zweifelsfall sogleich durch die bereits von bloßem Auge sichtbare charakteristische Zungenform.

Vorkommen:
Verbreitet. Im Gebiet keine Verbreitungsgrenze, aber auf Sandboden beschränkt, bis 800 m ü. M. Die Bodenansprüche sowie der spezialisierte Blütenbesuch verraten *C. cunicularius* als eine typische Pionierart von Flussauen und Dünengebieten, die heute als Ersatzbiotope auch Sand- und Kiesgruben besiedelt.

Biologische Angaben:
Flugzeit: III–V. Nistet auf mehr oder weniger ebenen und meist vegetationslosen bis spärlich bewachsenen Flächen, Nester bis über 70 cm tief, oft in großen Kolonien. Sammelt Pollen vorwiegend auf Weide *(Salix)*, selten auch auf anderen Pflanzen. Kuckucksbiene: *Sphecodes albilabris*.

[2] *C. cunicularius*, Zelle, Benken (ZH)
[3] *C. cunicularius*, Weibchen am Nestausgang, Teufen (ZH)

[2]

[3]

Colletes daviesanus
Smith 1846

Vorkommen:	häufig ■■■■
Flugzeit:	VI VII VIII IX

Kennzeichen:
7–9 mm. Im Feld nicht von anderen auf Korbblütler spezialisierten *Colletes*-Arten zu unterscheiden.

Vorkommen:
Häufig. Im Gebiet keine Verbreitungsgrenze, bis 1400 m ü. M.

Biologische Angaben:
Flugzeit: VI–IX. Für die Nestanlage werden hauptsächlich Steilwände und lehmverfugte Gemäuer besiedelt. Oligolektische, auf Korbblütler (Asteraceae) spezialisierte Art, die innerhalb der Korbblütler nur Arten der Unterfamilie Asteroideae besucht. Kuckucksbiene: *Epeolus variegatus*.

Colletes hederae
Schmidt & Westrich 1993

Vorkommen:	verbreitet ■■■□
Flugzeit:	VIII IX X

Kennzeichen:
9–14 mm. Dank später Flugzeit, spezialisiertem Blütenbesuch und bedeutender Größe unverwechselbar.

Vorkommen:
Verbreitet. D: Süd- bis Mitteldeutschland; A: Burgenland, Niederösterreich; CH: keine Verbreitungsgrenze, bis 550 m ü. M.

Biologische Angaben:
Flugzeit: VIII–X. Polylektisch, sobald jedoch Efeu *(Hedera)* blüht, fast nur noch hier beim Pollensammeln. Breitet sich in den letzten Jahren rasant von Südwesten her aus.

[4] *C. cunicularius*, Paarung, Hüntwangen (ZH)
[5] Sandsteinwand durchsetzt mit Nestern von *C. daviesanus*, Mt. Vully (FR)
[6] *C. daviesanus*, Weibchen auf *Tanacetum vulgare*, typisch die glänzende Stelle auf dem Brustrücken, Solothurn

[4]

[5]

[6]

Colletes nigricans
Gistel 1857
(= *C. canescens*)

Vorkommen:	selten
Flugzeit:	V VI VII VIII IX

Kennzeichen:
8–11 mm. Im Feld äußerlich nicht von ähnlichen *Colletes*-Arten zu unterscheiden. Dank des spezialisierten Blütenbesuches ist das Weibchen aber doch meist zuverlässig anzusprechen.

Vorkommen:
Selten. CH: Wallis, bis 1400 m ü. M.

Biologische Angaben:
Flugzeit: V–IX. Oligolektisch, auf Reseden *(Reseda)* spezialisiert.

Colletes sierrensis
Frey-Gessner 1903

Vorkommen:	sehr selten
Flugzeit:	VIII IX

Kennzeichen:
7–9 mm. Im Feld äußerlich nicht von ähnlichen *Colletes*-Arten zu unterscheiden. Da der nah verwandte *C. marginatus* neben Schmetterlingsblütlern (Fabaceae) auch Zahntrost besucht, ist die Bestimmung allein aufgrund des Blütenbesuches problematisch.

Vorkommen:
Sehr selten. CH: Wallis, bis 800 m ü. M.

Biologische Angaben:
Flugzeit: VIII–IX. Oligolektisch, auf Zahntrost *(Odontites)* spezialisiert. Hauptpollenquelle im Wallis ist der in lichten Föhrenwäldern der Talebene wachsende Klebrige Zahntrost *(Odontites viscosa)*.

[7] *C. nigricans*, Weibchen auf *Reseda lutea*, Hohtenn (VS)
[8] *C. sierrensis*, Weibchen auf *Odontites viscosa*, Sierre (VS)

[7]

[8]

Colletes similis
Schenck 1853

Vorkommen:	verbreitet
Flugzeit:	VI VII VIII IX

Kennzeichen:
8–10 mm. Im Feld nicht von anderen auf Korbblütler spezialisierten *Colletes*-Arten zu unterscheiden.

Vorkommen:
Verbreitet. Im Gebiet keine Verbreitungsgrenze, bis 1000 m ü. M.

Biologische Angaben:
Flugzeit: VI–IX. Oligolektische, auf Korbblütler (Asteraceae) spezialisierte Art, die innerhalb der Korbblütler nur Arten der Unterfamilie Asteroideae besucht.
Kuckucksbiene: *Epeolus variegatus*.

Colletes succinctus
Linnaeus 1758

Vorkommen:	selten
Flugzeit:	VIII IX

Kennzeichen:
10–12 mm. Im Feld äußerlich nicht von ähnlichen *Colletes*-Arten zu unterscheiden. Dank des spezialisierten Blütenbesuches kann die Art im Feld aber dennoch sicher bestimmt werden.

Vorkommen:
Selten, in Sandgebieten mit großen Heidekrautbeständen verbreitet. D: in allen Landesteilen; A: Burgenland, Kärnten, Niederösterreich; CH: Tessin, bis 600 m ü. M.

Biologische Angaben:
Flugzeit: VIII–IX. Oligolektisch, auf Erikagewächse (Ericaceae) spezialisiert. Wichtigste Pollenquelle in Mitteleuropa ist das Heidekraut *(Calluna vulgaris)*. Kuckucksbiene: *Epeolus cruciger*.

[9] *C. similis*, Weibchen auf *Erigeron annuus*, Schaffhausen
[10] *C. succinctus*, Weibchen auf *Calluna vulgaris*, Biasca (TI)

[9]

[10]

Dasypoda – Hosenbienen

Vier Arten im Gebiet (D: 3; A: 4; CH: 2).

12–17 mm. Weibchen durch die enorm stark entwickelte Haarbürste an Hinterschiene und -ferse sowie die auffallend lange Behaarung der beiden letzten Tergite (Endfranse) unverwechselbar. Die stark behaarten Männchen im Feld anhand äußerer Merkmale kaum von *Melitta*- und *Andrena*-Arten zu trennen; die Berücksichtigung der auf der Suche nach Weibchen abpatrouillierten Blüten erlaubt jedoch in vielen Fällen eine Zuordnung. Da die Färbung der Behaarung bei den Weibchen der mitteleuropäischen Hosenbienen stark variiert, ist die Artbestimmung im Feld mit Ausnahme von *D. hirtipes* schwierig. Die Männchen sind im Feld nicht bis auf Artniveau bestimmbar. Flugzeit: VII–IX. Eine Generation im Jahr.

Selbstgegrabene Nester im Boden an ebenen bis leicht geneigten, vegetationslosen bis lückig bewachsenen und häufig sandigen Stellen. Die horizontal orientierten Brutzellen liegen in einer Tiefe von bis zu 1 m einzeln oder zu zweien bis dreien dicht hintereinander am Ende von 2–5 cm langen, waagrecht mit dem senkrechten Hauptgang verbundenen Seitengängen, die nach Verschluss der Brutzelle(n) mit Erde zugeschüttet werden. Auch der Hauptgang wird nach Fertigstellung des Nestes mit Sand verschlossen. Im Gegensatz zu den meisten übrigen Bodennistern kleiden die Weibchen die Brutzellen nicht mit Drüsensekreten aus. Möglicherweise produzieren die Larven jedoch kurz vor Eintritt in das Ruhelarvenstadium eine Substanz, mit der die Zellwände imprägniert werden. Die charakteristische Form der Pollen-Nektar-Kugel, die mit lediglich drei kleinen Vorsprüngen mit dem Boden der Zellwand in Kontakt steht, vermindert vermutlich die Gefahr der Verpilzung der Nahrungsvorräte. Die Larven spinnen keinen Kokon. Nester meist in Kolonien. Solitäre Nistweise.

Pollentransporteinrichtung: Haarbürste an Hinterschiene und -ferse sowie Körbchen auf der Unterseite des Hinterschenkels. Alle vier mitteleuropäischen Arten sind oligolektisch: *D. hirtipes* sammelt den Pollen ausschließlich auf Korbblütlern (Asteraceae), die drei anderen Arten sind auf Kardengewächse (Dipsacaceae) spezialisiert. Die Männchen patrouillieren auf der Suche nach Weibchen sowohl die Nistplätze als auch die Pollen- und Nektarquellen der Weibchen ab. Sie schlafen gerne auf Blüten.

[1] *D. hirtipes*, Weibchen auf *Cichorium intybus*, Unterstammheim (ZH)

[1]

Dasypoda argentata
Panzer 1809

Vorkommen:	sehr selten
Flugzeit:	VII VIII IX

Kennzeichen: 13–16 mm. Weibchen durch die rotgelb gefärbte Endfranse von *D. hirtipes*, durch die durchgehende Binde auf Tergit 4 von *D. suripes* (Norddeutschland und östliches Österreich) und durch die hell behaarte Brustunterseite von *D. braccata* (östliches Österreich) zu unterscheiden.

Vorkommen: Sehr selten. D: Baden-Württemberg, Bayern, Niedersachsen und mehrere ostdeutsche Bundesländer; A: Burgenland, Niederösterreich; CH: VS, TI, bis 1450 m ü. M.

Biologische Angaben: Auf Kardengewächse (Dipsacaceae) spezialisiert. Hauptpollenquelle in Mitteleuropa ist Skabiose *(Scabiosa)*.

Dasypoda hirtipes
(Fabricius 1793) (= *D. plumipes* Panzer)

Vorkommen:	selten
Flugzeit:	VII VIII IX

Kennzeichen: 12–15 mm. Weibchen dank schwarzbraun behaarter Endfranse, schmalen weißen Haarbinden an den Endrändern der Hinterleibstergite sowie abweichendem Blütenbesuch bereits im Feld von den anderen mitteleuropäischen *Dasypoda*-Arten abzugrenzen.

Vorkommen: Selten, in Sandgebieten verbreitet. Im Gebiet keine Verbreitungsgrenze, aber aufgrund der ausgeprägten Bevorzugung von sandigen Böden nur lokal auftretend, bis 1600 m ü. M.

Biologische Angaben: Pro Tag wird eine Brutzelle fertiggestellt, für deren Versorgung rund vier Stunden und 6–10 Sammelflüge nötig sind. Angefangene Brutzellen, die nicht gleichentags fertig versorgt werden, werden aufgegeben. Bevorzugte Pollenquellen dieser auf Korbblütler (Asteraceae) spezialisierten Art sind Vertreter der Zungenblütler (Lactuceae). Arten der Unterfamilie Asteroideae werden nicht genutzt.

[2] *D. argentata*, Weibchen verlässt das Nest, Susten (VS)
[3] *D. hirtipes*, Weibchen verlässt das Nest, Unterstammheim (ZH)

[2]

[3]

Dioxys – Zweizahnbienen

3 Arten im Gebiet (D: 1; A: 3; CH: 2). 7–11 mm. Durch das in der Mitte in einen Dorn ausgezogene Hinterschildchen und das im weiblichen Geschlecht breit abgestutzte und stark abgeplattete bzw. bei *D. pannonica* coelioxysartig spitz ausgezogene Hinterleibsende gut charakterisiert. Die drei mitteleuropäischen Arten sind im Feld gut kenntlich. Flugzeit: V–VIII. Eine Generation im Jahr. Brutparasiten bei *Megachile*- und *Osmia*-Arten, die aus Mörtel gefertigte Freinester bauen. Die Larven spinnen einen Kokon, der wie bei *Anthidium* und *Stelis* an der Spitze mit einem zapfenartigen Fortsatz versehen ist.

Dioxys cincta
(Jurine 1807)

Vorkommen:	sehr selten
Flugzeit:	V VI VII VIII

Kennzeichen: 7–11 mm. Beide Geschlechter mit rot gefärbter Hinterleibsbasis. *D. pannonica* (nur östliches Österreich) unterscheidet sich durch die unterschiedliche Form der Endsegmente beim Weibchen und durch den vollständig rot gefärbten Hinterleib beim Männchen.

Vorkommen: Sehr selten. A: Burgenland, Nieder- und Oberösterreich; CH: Mittelland, Graubünden, Wallis, Tessin, bis 1700 m ü. M.

Biologische Angaben: Brutparasit bei *Megachile parietina*, *M. pyrenaica* und wahrscheinlich *Osmia anthocopoides*.

Dioxys tridentata
(Nylander 1848)

Vorkommen:	selten
Flugzeit:	V VI VII VIII

Kennzeichen: 7–10 mm. Im Unterschied zu *D. cincta* ohne rot gefärbte Körperteile.

Vorkommen: Selten. D: Baden-Württemberg, Bayern, Rheinland-Pfalz und mehrere ostdeutsche Bundesländer; A: Burgenland, Nieder- und Oberösterreich; CH: JU, VS, GR, bis 1700 m ü. M.

Biologische Angaben: Brutparasit bei *Osmia anthocopoides*, *O. ravouxi* und *Megachile parietina*, möglicherweise auch bei blattschneidenden *Megachile*-Arten.

[1] *D. cincta*, Weibchen am Nest von *Megachile parietina*, Gimillan (AO)
[2] *D. tridentata*, Weibchen, Trois villes (AO)

[1]

[2]

Dufourea – Glanzbienen

Sechs Arten im Gebiet (D: 6; A: 6; CH: 6), von denen früher 3 Arten in die Gattung *Halictoides* gestellt wurden.

4–10 mm. Glänzend, meist schwarz gefärbte, schlank gebaute und unauffällig struppig behaarte Bienen ohne auffällige Feldkennzeichen.

Flugzeit: VII–IX. Eine Generation im Jahr. *D. alpina* und *D. paradoxa* steigen in den Bergen bis weit über die Waldgrenze. Selbstgegrabene Nester im Boden an ebenen bis schwach geneigten, lückig bewachsenen, bei *D. halictula* und *D. minuta* oft sandigen Stellen. Die Nestarchitektur der mitteleuropäischen Arten ist noch unbekannt; aufgrund von Untersuchungen an außereuropäischen Arten dürfte sie aber wohl mit der anderer Rophitini übereinstimmen. Die Larven spinnen einen Kokon. Nester einzeln oder in kleinen bis großen Kolonien. Solitäre Nistweise.

Pollentransporteinrichtung: Haarbürste an Hinterschiene und Körbchen auf der Unterseite des Hinterschenkels. Ein kleiner Teil des Pollens wird zusätzlich an den Seiten des Mittelsegmentes transportiert. Die beiden alpinen Arten *D. alpina* und *D. paradoxa* sind polylektisch, die übrigen streng oligolektisch. Letztere sammeln Pollen auf Jasione *(Jasione)*, Glockenblumengewächsen (Campanulaceae) bzw. Korbblütlern (Asteraceae).

Die Männchen der spezialisierten Arten umschwärmen auf der Suche nach Weibchen die Blüten der entsprechenden Pollenpflanzen. Sie suchen zum Schlafen häufig Blüten auf.

Die Kuckucksbiene *Biastes truncatus* lebt als Brutparasit bei *Dufourea*.

[1] *D. dentiventris*, Weibchen an *Phyteuma* sp., Gimillan (AO)

[1]

Dufourea alpina
Morawitz 1895

Vorkommen:	verbreitet													
Flugzeit:								VII	VIII	IX				

Kennzeichen:
6–7 mm. Kopf und Brust schwach metallisch blaugrün gefärbt, was aber im Feld ohne optische Hilfsmittel kaum erkennbar ist.

Vorkommen:
Verbreitet. Im Gebiet im gesamten Alpenbogen, von 1500 m bis 2400 m ü. M.

Biologische Angaben:
Polylektisch. Besucht gerne Glockenblumen *(Campanula)*, Teufelskralle *(Phyteuma)* oder Korbblütler (Asteraceae), unter den Letzteren besonders gelb blühende Zungenblütler (Lactuceae).

Dufourea dentiventris
(Nylander 1848)

Vorkommen:	verbreitet													
Flugzeit:								VII	VIII	IX				

Kennzeichen:
7–8 mm. Körper ohne Metallfärbung. Im Feld nicht von der deutlich selteneren *D. inermis* zu unterscheiden, welche dieselbe Blütenspezialisierung zeigt.

Vorkommen:
Verbreitet, jedoch meist einzeln. Im Gebiet keine Verbreitungsgrenze, bevorzugt in mittleren und höheren Lagen, bis 2000 m ü. M.

Biologische Angaben:
Oligolektisch, auf Glockenblumengewächse (Campanulaceae) spezialisiert. Besucht neben Glockenblumen *(Campanula)* auch Teufelskralle *(Phyteuma)* und wohl auch Jasione *(Jasione)*.

[2] Lebensraum von *D. alpina*, Val Piora (TI)
[3] *D. alpina*, Weibchen auf *Phyteuma betonicifolium*, Val Piora (TI)

[2]

[3]

Dufourea halictula
Nylander 1852
(= *D. minuta* auct.)

Vorkommen:	selten
Flugzeit:	VII VIII IX

Kennzeichen:
4–5 mm. Durch die winzige Größe in Kombination mit dem spezialisierten Blütenbesuch bereits im Feld von den anderen *Dufourea*-Arten zu unterscheiden.

Vorkommen:
Selten. Im Gebiet keine Verbreitungsgrenze, aber durch spezifische Pollenquelle sowie deutliche Bevorzugung von Sandböden in ganz Mitteleuropa nur sehr lokal verbreitet. D: Bayern, Niedersachsen und mehrere ostdeutsche Bundesländer; A: Steiermark, Nieder- und Oberösterreich; CH: Wallis.

Biologische Angaben:
Oligolektisch, auf Jasione *(Jasione)* spezialisiert.

Dufourea minuta
Lepeletier 1841
(= *D. vulgaris*)

Vorkommen:	selten
Flugzeit:	VII VIII IX

Kennzeichen:
6 mm. Körper ohne Metallfärbung. Spezialisierter Blütenbesuch.

Vorkommen:
Selten. Im Gebiet keine Verbreitungsgrenze, aber aufgrund der Vorliebe für sandige Böden nur lokal auftretend, bis 2000 m ü. M.

Biologische Angaben:
Oligolektische, auf Korbblütler (Asteraceae) spezialisierte Art, welche innerhalb der Korbblütler wahrscheinlich nur Vertreter der Zungenblütler (Lactuceae) besucht.

[4] *D. halictula*, Weibchen auf *Jasione montana*, Mörel (VS)
[5] *D. minuta*, Weibchen auf *Picris hieracioides*, Susten (VS)

[4]

[5]

Epeoloides – Schmuckbienen

Eine Art im Gebiet (D: 1; A: 1; CH: 1), die bereits im Feld sicher erkannt werden kann.

Epeoloides coecutiens

(Fabricius 1775)

Vorkommen:	verbreitet
Flugzeit:	VII VIII

Kennzeichen:

9–10 mm. Weibchen ähnelt durch gedrungene Gestalt und dem schwarz-rot gefärbten, mit weißen Haarflecken gezierten Körper anderen brutparasitischen Vertretern der Apinae, unterscheidet sich aber von diesen durch ein anderes Färbungsmuster, durch das Vorkommen in speziellen Habitaten sowie – abgesehen von *Ammobatoides abdominalis* – durch bedeutendere Größe. Die Männchen dank braunorange gefärbtem, seitlich meist schwarz geflecktem Hinterleib, braunroter Behaarung von Kopf und Brust sowie hell blaugrünen Augen unverwechselbar.

Vorkommen:

Verbreitet. Im Gebiet keine Verbreitungsgrenze. Die Art fliegt in Feuchtgebieten oder an lichten Waldstellen, wo ihr Wirt vorkommt, bis 1000 m ü. M.

Biologische Angaben:

Flugzeit: VII–VIII. Eine Generation im Jahr. Brutparasit bei *Macropis*. Zur Nektaraufnahme werden die unterschiedlichsten Blüten aufgesucht, z. B. Blutweiderich *(Lythrum salicariae)*, Zaunwinde *(Calystegia sepium)* oder Korbblütler (Asteraceae). Die Männchen sollen auf der Suche nach paarungswilligen Weibchen an den Wirtsnestern patrouillieren. Beide Geschlechter beißen sich zum Schlafen mit ihren Oberkiefern an Halmen fest.

[1] *E. coecutiens*, Weibchen überwacht Nest von *Macropis fulvipes*, Winterthur (ZH)
[2] *E. coecutiens*, Männchen, Wengimoos (BE)

[1]

[2]

Epeolus – Filzbienen

Von *Epeolus* wurde die Gattung *Triepeolus* abgespalten, zu der bei uns nur die Art *E. tristis* gezählt wird.
Sieben Arten im Gebiet (D: 4; A: 6; CH: 5).
5–12 mm. Die Gattungen durch die gedrungene Körpergestalt, die mit der schwarzen Grundfärbung auffallend kontrastierenden weißlichen Filzflecke auf Brust und Hinterleibsseiten, welche auf den Tergiten 3–4 beiderseits der Mitte meist in je zwei Flecke aufgelöst sind, die meist roten Beine sowie das im weiblichen Geschlecht oft rot gefärbte Schildchen eindeutig charakterisiert. Nur *E. tristis* besitzt keine rot gefärbten Körperteile und hat seitlich auf den Tergiten 3–4 nur je einen weißen Filzfleck. Sie ist dadurch als einzige der mitteleuropäischen Filzbienenarten bereits im Feld zuverlässig zu erkennen. Flugzeit: VI–IX. Eine Generation im Jahr. *E. alpinus* steigt in den Alpen bis über die Waldgrenze.
Die Filzbienen sind Kuckucksbienen, die bei *Colletes* parasitieren. Einzig *E. tristis* entwickelt sich in den Nestern von *Eucera*-Arten. Mit den blattartigen Seitenanhängen des Sternits 6, die mit Sägezähnen bzw. bei *T. tristis* mit krallenartigen Fortsätzen versehen sind, bohren die Weibchen ein Loch durch die zellophanartige Auskleidung der *Colletes*-Brutzellen bzw. durch die erdigen *Eucera*-Zellwände. Danach legen sie das schwach gekrümmte Ei soweit in das gebohrte Loch, dass die stark abgeplattete Eispitze mit der Zellwand in eine Ebene zu liegen kommt, das Ei sich also gut geschützt größtenteils außerhalb der Brutzelle befindet. Die Larven spinnen keinen Kokon. Beide Geschlechter beißen sich zum Schlafen mit ihren Oberkiefern an Pflanzenteilen fest.

Epeolus variegatus

(Linnaeus 1758)

Vorkommen:	verbreitet
Flugzeit:	VI VII VIII IX

Kennzeichen:
7–9 mm. Im Feld nicht von anderen *Epeolus*-Arten zu unterscheiden.

Vorkommen:
Verbreitet. Im Gebiet keine Verbreitungsgrenze, bis 1000 m ü. M.

Biologische Angaben:
Brutparasit bei *Colletes daviesanus*, *C. fodiens*, *C. similis* und weiteren *Colletes*-Arten. Zur Nektaraufnahme werden gerne Korbblütler aufgesucht wie z. B. Rainfarn *(Tanacetum vulgare)*.

[1] *E. variegatus*, Männchen auf *Solidago canadensis*, Mt. Vully (FR)

[1]

Eucera – Langhornbienen

Früher in die beiden Gattungen *Eucera* und *Tetralonia* nach der Zahl der Cubitalzellen aufgespalten. Heute ist die Aufspaltung nach anderen Kriterien noch größer. 25 Arten im Gebiet (D: 8; A: 23; CH: 9).

8–20 mm. Weibchen mit kurzen Fühlern und mit breit ovalem, abgeflachtem Hinterleib, der gewöhnlich an Basis und/oder Endrand der Segmente helle Haarbinden oder Seitenflecke aufweist. Männchen durch die langen Fühler, die nahezu Körperlänge erreichen können, und den meist gelb gefleckten Kopfschild unverwechselbar. Im weiblichen Geschlecht kann etwa ein Drittel der Arten bereits im Gelände mit Sicherheit angesprochen werden; oft ist dabei der häufig spezifische Blütenbesuch hilfreich. Die Männchen der einzelnen Arten sind dagegen im Feld nicht voneinander zu unterscheiden. Flugzeit: IV–IX. Eine Generation im Jahr.

Selbstgegrabene Nester im Boden an ebenen bis stark geneigten, lückig bis dicht kurzrasig bewachsenen Stellen. Die vertikal orientierten Brutzellen liegen bei den wenigen bisher näher untersuchten Arten einzeln am Ende von kurzen Seitengängen, die abwechselnd links und rechts vom Hauptgang abzweigen, oder sie sind zu einem bis dreien in Abständen von einigen Zentimetern unterhalb längerer Seitengänge angeordnet, die zu mehreren vom Hauptgang abzweigen. Die Seitengänge werden nach Verschluss der Brutzelle(n) mit Erde gefüllt. Der Larvenproviant wird nicht zu einer Kugel geformt, sondern in der unteren Hälfte der Brutzelle aufgehäuft. Die Larven spinnen einen Kokon. Nester bisweilen in großen Kolonien. Solitäre Nistweise, *E. longicornis* jedoch gelegentlich kommunal mit zwei Weibchen pro Nest.

Pollentransporteinrichtung: Haarbürste an Hinterschiene und -ferse. Mehrere Arten sind Feuchtsammler. Alle bisher näher untersuchten Arten sind oligolektisch, wobei die Blütenpräferenzen mehrerer im östlichen Mitteleuropa vorkommender Langhornbienen noch unbekannt sind. *E. parvicornis* kratzt mit kräftigen, hakig gebogenen Borsten auf dem Rüssel den Pollen aus den engröhrigen Blüten von Ochsenzunge *(Anchusa)* und Mönchskraut *(Nonea)* heraus.

Die Männchen patrouillieren Nistplätze und Futterpflanzen der Weibchen auf zum Teil festgelegten, duftmarkierten Flugbahnen ab. Während der Nacht oder bei ungünstiger Witterung am Tag ruhen sie, zum Teil gesellig, auf Blüten, oder sie klammern bzw. beißen sich an Pflanzenteilen fest.

Die Wespenbiene *Nomada sexfasciata* und *Epeolus tristis* sind Brutparasiten verschiedener *Eucera*-Arten, und die Kegelbiene *Coelioxys polycentris* wurde aus den Nestern von *E. nana* gezogen.

[1] *E. longicornis*, Männchen auf Blüte von *Ophrys holosericea*, Flaach (ZH)

[1]

Eucera dentata
Germar 1839
(= *Tetralonia dentata*)

Vorkommen:	sehr selten
Flugzeit:	VII VIII

Kennzeichen:
12–15 mm. Weibchen durch die folgende Merkmalskombination von den anderen mitteleuropäischen Langhornbienen zu unterscheiden: Brustoberseite fuchsrot behaart; Basis der Hinterleibstergite 2–3 mit schmalen weißen Binden; Tergit 4 vollständig weiß befilzt; Kopfschild gelb gefleckt; spezialisierter Blütenbesuch.

Vorkommen:
Sehr selten. D: Thüringen, Sachsen-Anhalt, Brandenburg; A: Burgenland, Niederösterreich; CH: Wallis, Tessin, bis 1400 m ü. M.

Biologische Angaben:
Flugzeit: VII–VIII. Oligolektisch, auf Flockenblumen und Disteln (Cardueae) spezialisiert. Kuckucksbiene: wahrscheinlich *Epeolus tristis*.

Eucera longicornis
(Linnaeus 1758)

Vorkommen:	verbreitet
Flugzeit:	IV V VI VII VIII

Kennzeichen:
12–15 mm. Im Feld nicht von der sehr ähnlichen *Eucera nigrescens* zu unterscheiden.

Vorkommen:
Verbreitet. Im Gebiet keine Verbreitungsgrenze, meist unterhalb von 1000 m ü. M.

Biologische Angaben:
Flugzeit: IV–VIII. Die Männchen werden vom Duft der Blüten von *Ophrys holoserica*, der ähnlich dem Sexualpheromon ihrer Weibchen ist, angelockt und zu Paarungsversuchen angeregt. Dadurch sind die Männchen die Hauptbestäuber dieser Orchidee. Oligolektisch auf Schmetterlingsblütler (Fabaceae).

[2] *E. dentata*, Weibchen auf *Centaurea* sp., Cevennen (Frankreich)
[3] *E. longicornis*, Männchen, Vauffelin (BE)

[2]

[3]

Eucera nigrescens

Perez 1879

(= *E. tuberculata*)

Vorkommen:	häufig												
Flugzeit:				IV	V	VI							

Kennzeichen:
13–15 mm. Im Feld nicht sicher von anderen Schmetterlingsblütler besuchenden *Eucera*-Arten zu unterscheiden. Allenfalls bietet die frühe Flugzeit einen schwachen Hinweis auf die Artzugehörigkeit (s. unten).

Vorkommen: Häufig. Im Gebiet keine Verbreitungsgrenze, im nördlichen Deutschland jedoch nur vereinzelt.

Biologische Angaben:
Flugzeit: IV–VI. In tieferen Lagen erscheint die Art bereits Mitte April und fliegt damit 2–3 Wochen früher als die ebenfalls weit verbreitete, jedoch seltenere *E. longicornis*. Oligolektisch, auf Schmetterlingsblütler (Fabaceae) spezialisiert. Bevorzugte Pollenpflanzen: Wicke *(Vicia)*, Platterbse *(Lathyrus)*, Wundklee *(Anthyllis)*. In weiten Teilen Mitteleuropas ist die Zaunwicke *(Vicia sepium)* die wichtigste Pollenquelle. Kuckucksbiene: *Nomada sexfasciata*.

Eucera salicariae

(Lepeletier 1841)

(= *Tetralonia salicariae*)

Vorkommen:	selten												
Flugzeit:							VII	VIII	IX				

Kennzeichen:
9–10 mm. Weibchen durch spezialisierten Blütenbesuch, geringe Größe sowie breite, cremefarbene Filzbinden an der Basis der Hinterleibstergite unverkennbar.

Vorkommen: Selten. D: Baden-Württemberg, Bayern, Rheinland-Pfalz, Brandenburg; A: Burgenland, Kärnten, Niederösterreich, Vorarlberg; CH: Wallis, Tessin, bis 650 m ü. M.

Biologische Angaben:
Flugzeit: VII–IX. Polylektisch, bevorzugt Blutweiderich *(Lythrum salicariae)*. Kuckucksbiene: wahrscheinlich *Epeolus tristis*.

[4] *E. nigrescens*, Weibchen auf *Vicia sepium*, Balm b/M (SO)
[5] *E. salicariae*, Männchen auf *Lythrum salicaria*, Lalden (VS)
[6] *E. salicariae*, Weibchen auf *Lythrum salicaria*, Lalden (VS)

[4]

[5]

[6]

Halictus – Furchenbienen

Halictus wird in Europa meist in zwei Gattungen *Halictus* und *Lasioglossum* aufgespalten.

111 Arten im Gebiet (D: 89; A:100; CH: 95).

4–15 mm. Von schwarzbrauner oder metallischer, selten schwarzroter Körpergrundfarbe. Im weiblichen Geschlecht durch eine schmale Längsrinne («Furche») auf dem letzten Hinterleibstergit unverkennbar. Im männlichen Geschlecht durch lang gestreckten und schmalen Körper, lange Fühler sowie meist hell gefleckten Kopfschild ausgezeichnet. Mit Ausnahme einiger großer Arten können Furchenbienen im Feld nicht bis auf die Art bestimmt werden.

Flugzeit: III–X. Aufgrund ihres speziellen Lebenszyklus können die einzelnen Arten während eines Großteiles des Sommerhalbjahres als Imagines angetroffen werden. Die Weibchen beginnen im Frühling nach der Überwinterung mit dem Brutgeschäft. Geschlechtsreife Weibchen und Männchen schlüpfen bereits im Sommer oder Spätsommer des gleichen Jahres aus den Nestern und verpaaren sich. Während die Männchen noch vor Einbruch des Winters sterben, überwintern die begatteten Weibchen an einem geschützten Ort wie zum Beispiel in Erdspalten, in selbstgegrabenen Löchern oder im Geburtsnest. In der Regel nur eine Generation im Jahr, vereinzelte Arten mit zwei Generationen. Wenige mitteleuropäische Arten haben einen abweichenden Lebenszyklus.

Selbstgegrabene, 5–60 cm tiefe Nester im Boden an ebenen bis stark geneigten, vegetationslosen bis lückig bewachsenen Stellen. Einige Arten nisten bevorzugt in lockerem Sand. Die mehr oder weniger horizontal orientierten Brutzellen liegen je nach Art entweder einzeln am Ende von Seitengängen, die rechtwinklig von einem senkrechten Hauptgang abzweigen, münden direkt in den gelegentlich verzweigten Hauptgang oder sind zu mehreren dicht gedrängt in einer Wabe angeordnet, welche oft von einem Hohlraum umgeben und nur mit dünnen, erdigen Stützpfeilern mit dem angrenzenden Bodensubstrat verbunden ist. Der Hohlraum rund um die Wabe schützt die Brutzellen wahrscheinlich vor eindringender Feuchtigkeit. Die starke Verengung des Nesteinganges sowie der sich bis weit unter das Niveau der untersten Brutzelle fortsetzende Hauptgang sind charakteristische Merkmale von Furchenbienennestern. Bei Regenwetter wird oft das Aushubmaterial weggeschwemmt. Der mit Sekreten gehärtete Gang bleibt dabei oft als Schornstein erhalten. Die Larven spinnen keinen Kokon. An geeigneten Stellen werden oft Nester in großer Zahl angetroffen. Innerhalb der Gattungen gibt es sowohl solitäre als auch soziale Arten, wobei die Sozialstruktur zahlreicher mitteleuropäischer Arten noch völlig unbekannt ist. Während

[1] *H. scabiosae*, Weibchen auf *Cirsium vulgare*, Unterstammheim (ZH)

[1]

eine kommunale Nistweise bisher nur bei *H. sexcinctus* und *H. villosulus* nachgewiesen wurde und eine semisoziale Lebensweise bei mitteleuropäischen Furchenbienen nur als Übergangsstadium auftritt, ist die Mehrheit der sozialen *Halictus*-Arten Mitteleuropas primitiv eusozial. Ihre Staaten sind einjährig und bestehen auch auf dem Höhepunkt der Kolonieentwicklung in der Regel höchstens aus der Königin und wenigen Dutzend Arbeiterinnen. Die morphologischen Kastenunterschiede zwischen Königin und Arbeiterinnen sind gering. Bei den primitiv eusozialen Arten verproviantiert und bestiftet das überwinterte und begattete Weibchen (Königin) im Frühling mehrere Brutzellen, verschließt danach das Nest von innen und wartet das Schlüpfen der ersten Nachkommen ab, bei denen es sich ausschließlich oder größtenteils um Weibchen handelt. Während die unbegatteten Töchter (Arbeiterinnen) nach ihrem Schlüpfen gemeinsam neue Zellen für die zweite Brut ausschachten, Pollen und Nektar sammeln und bei einigen Arten den Nesteingang bewachen, belegt die Königin, die das Nest fortan nicht mehr verlässt, die vorbereiteten Brutzellen mit Eiern. Danach wird das Nest erneut verschlossen, bis im Sommer desselben Jahres geschlechtsreife Weibchen und Männchen schlüpfen und sich verpaaren. Je nach Art und geografischer Lage können vor der Erzeugung der Geschlechtstiere im Spätsommer noch eine oder zwei weitere Arbeiterinnenbruten produziert werden. Andererseits können normalerweise primitiv eusoziale Arten in Gebieten mit kurzen Sommern zu einer solitären Nistweise übergehen. Bei sozialen Arten, bei denen die begatteten Weibchen im Geburtsnest überwintern, kommt es häufig zu einer Nestgründung durch mehrere Weibchen (Polygynie), wobei sich auch hier stets eine Arbeitsteilung zwischen einer dominanten Königin und einem oder mehreren Hilfsweibchen entwickelt. Eine derartige semisoziale Struktur tritt bei den mitteleuropäischen Arten jedoch stets nur als Übergangsstadium auf; spätestens wenn die ersten Arbeiterinnen schlüpfen, tritt die Gemeinschaft in das primitiv eusoziale Stadium über. Die Ovarienentwicklung bei Arbeiterinnen und Hilfsweibchen wird bei den Furchenbienen möglicherweise nicht wie bei den Hummeln und der Honigbiene durch Pheromone, sondern durch aggressives Verhalten der Königin unterdrückt. Die Brutzellen werden bei einigen sozialen Furchenbienenarten wiederholt geöffnet oder bleiben bis zur Verpuppung der Larven ständig offen und werden regelmäßig von Kot und Unrat gesäubert. Bei den primitiv eusozialen Arten lebt eine Königin gut ein Jahr, eine Arbeiterin einige Wochen. Einzigartig ist die Sozialstruktur der Furchenbiene *H. marginatus*, welche als weltweit einzige bekannte Furchenbiene mehrjährige Staaten bildet.

Pollentransporteinrichtung: Haarbürste an Hinterschiene und -ferse sowie Körbchen auf der Unterseite des Hinterschenkels. Ein Teil des Pollens wird zusätzlich an den Seiten des Mittelsegmentes sowie auf der oft stark behaarten Unterseite des Hinter-

[2] *H. scabiosae*, Weibchen mit der typischen Furche am Hinterleibsende, Solothurn
[3] *H. costulatus*, Weibchen auf *Campanula glomerata*, Hohtenn (VS)
[4] *H. sexcinctus*, Zelle mit Larve und aufsitzenden Milben, Pfynwald (VS)

[2]

[3]

[4]

leibes transportiert. Die mitteleuropäischen Arten sind, soweit bekannt, alle polylektisch. *H. clypearis, H. convexiusculus* und *H. costulatus* zeigen allerdings eine ausgeprägte Vorliebe für bestimmte Pflanzen. Die Männchen schwärmen auf der Suche nach paarungswilligen Weibchen an Nistplätzen und um Pflanzen. Sie schlafen einzeln oder in kleinen Gruppen in Erdspalten, in verlassenen Nestgängen oder frei auf Pflanzenteilen.

Brutparasiten sind Kuckucksbienen der Gattung *Sphecodes* sowie gewisse *Nomada*-Arten.

Halictus calceatus

(Scopoli 1763)
(= *Lasioglossum calceatum*)

Vorkommen:	häufig
Flugzeit:	III IV V VI VII VIII IX X

Kennzeichen:
8–10 mm. Im Feld nicht von ähnlichen *Halictus*-Arten zu unterscheiden.

Vorkommen:
Häufig. Im Gebiet keine Verbreitungsgrenze, meist unterhalb von 1000 m ü. M.

Biologische Angaben:
Nistet vorwiegend auf ebenen, vegetationsarmen Flächen. Die Brutzellen sind in Waben angeordnet, die von einem Hohlraum umgeben und über einen waagrechten Gang mit dem senkrechten Hauptgang verbunden sind. Primitiv eusozial mit polygyner Nestgründung und einer Arbeiterinnenbrut, deren Männchenanteil 0–18 % beträgt. Pro Nest werden 20–50 Geschlechtstiere erzeugt. Königin deutlich größer als die Arbeiterinnen. Bereits verschlossene Brutzellen werden von Königin und Arbeiterinnen zwecks Kontrolle wiederholt geöffnet. Nester in der Regel mit Wächterin. In hohen Lagen mit kurzen Sommern geht die Art zu einer solitären Nistweise über. Die Männchen paaren sich mit den Weibchen innerhalb der Nester. Kuckucksbiene: *Sphecodes monilicornis.*

[5] *H. calceatus*, Weibchen auf *Tussilago farfara*, Attisholz (SO)
[6] *H. calceatus*, Männchen auf *Senecio erucifolius*, Merishausen (SH)

[5]

[6]

Halictus clypearis

Schenck 1853

(= *Lasioglossum clypeare*)

Vorkommen:	sehr selten
Flugzeit:	III IV V VI VII VIII IX X

Kennzeichen:

6–7 mm. Weibchen im Feld nicht von der nah verwandten Art *H. buccale* zu unterscheiden, die im weiblichen Geschlecht ebenfalls einen außergewöhnlich schmalen und stark verlängerten Kopf aufweist. Männchen im Gelände ebenfalls nicht anzusprechen.

Vorkommen:

Sehr selten. D: Baden-Württemberg, Bayern, Rheinland-Pfalz, Hessen, Thüringen, Sachsen-Anhalt; A: Burgenland, Steiermark, Niederösterreich; CH: Westschweiz, Wallis, bis 1350 m ü. M.

Biologische Angaben:

Besucht für die Nektar- und Pollenaufnahme vorwiegend Lippenblütler (Lamiaceae), z. B. Ziest *(Stachys)* oder Schwarznessel *(Ballota)*. Wahrscheinlich stellt die spezielle Kopfform eine Anpassung an die tiefe Nektarbergung am Grund der Lamiaceae-Blüten dar. Zur Pollenaufnahme klettern die Weibchen die Oberlippe der Blüten hoch und entnehmen die Pollenkörner mit den Vorderbeinen direkt aus den Staubbeuteln, während sie in Rückenlage unter der Oberlippe hängen.

[7] *H. clypearis*, Weibchen auf *Stachys recta*, Hohtenn (VS)

[7]

Halictus confusus
Smith 1853

Vorkommen:	verbreitet
Flugzeit:	III IV V VI VII VIII IX X

Kennzeichen:
6–9 mm. Metallisch grünbraun schimmernd mit breiten Haarbinden am Ende der Tergite. Beide Geschlechter sehr ähnlich *Halictus tumulorum*, der nur schmale Binden hat.

Vorkommen:
Verbreitet im ganzen Gebiet, bis 1600 m ü. M.

Biologische Angaben:
Polylektisch. Bevorzugt blütenreiche Sandgebiete. Kuckucksbiene: möglicherweise *Sphecodes cristatus*.

Halictus costulatus
Kriechbaumer 1873 (= *Lasioglossum costulatum*)

Vorkommen:	selten
Flugzeit:	III IV V VI VII VIII IX X

Kennzeichen:
10 mm. Weibchen durch einheitlich schwarz gefärbten, spärlich hell behaarten Körper, kleine weiße Seitenflecke an der Basis der Tergite 2–3, weiße Basalbinde auf Tergit 4 sowie charakteristischen Blütenbesuch bereits im Feld zu bestimmen, Männchen dagegen im Gelände nicht sicher anzusprechen.

Vorkommen:
Selten. Die nördliche Verbreitungsgrenze verläuft vom nördlichen Ostdeutschland in südwestlicher Richtung durch das mittlere Westdeutschland, bis 2000 m ü. M.

Biologische Angaben:
Solitär. Besucht für die Pollen- und Nektaraufnahme hauptsächlich Glockenblumen *(Campanula)*.

[8] *H. confusus*, Weibchen auf *Senecio erucifolius*, Roggwil (BE)
[9] *H. costulatus*, Weibchen auf *Campanula rapunculus*, Viala du Tarn (AV)

[8]

[9]

Halictus leucozonius

(Schrank 1781)
(= *Lasioglossum leucozonium*)

Vorkommen:	häufig											
Flugzeit:			III	IV	V	VI	VII	VIII	IX	X		

Kennzeichen:
8–10 mm. Im Feld nicht von ähnlichen *Halictus*-Arten zu unterscheiden.

Vorkommen:
Häufig. Im Gebiet keine Verbreitungsgrenze, meist unterhalb von 1000 m ü. M.

Lebensweise:
Nistet an meist ebenen, vegetationsarmen Stellen, gelegentlich in kleineren Kolonien. Die Brutzellen liegen einzeln am Ende von 2–4 cm langen Seitengängen. Solitär. Kuckucksbiene: *Sphecodes ephippius*.

[10] *H. leucozunius*, Weibchen auf *Knautia sp.*, Erschmatt (VS)
[11] Lebensraum von *H. marginatus*, Flaach (ZH)

[10]

[11]

Halictus malachurus

(Kirby 1802)
(= *Lasioglossum malachurum*)

Vorkommen:	häufig										
Flugzeit:			III	IV	V	VI	VII	VIII	IX	X	

Kennzeichen:
7–10 mm. Im Feld nicht von ähnlichen *Halictus*-Arten zu unterscheiden.

Vorkommen:
Häufig. Im Gebiet keine Verbreitungsgrenze, meist unterhalb von 800 m ü. M.

Biologische Angaben:
Nistet an ebenen, vegetationsarmen Stellen, oft in größeren Kolonien. Bevorzugt verfestigte, lehmige Böden. Die mit dem Hauptgang in Verbindung stehenden Brutzellen der ersten Arbeiterinnenbrut sind zu einer Wabe gruppiert, die – vermutlich abhängig von den Feuchtigkeitsverhältnissen im Boden – von einem Hohlraum umgeben sein kann. Zellen der späteren Bruten münden einzeln in den teilweise gegabelten Hauptgang. Primitiv eusozial. Im Norden mit einer, in Zentraleuropa mit zwei und im Süden mit drei bis vier Arbeiterinnenbruten. Männchenanteil in der ersten Arbeiterinnenbrut 0 %, in den nachfolgenden Arbeiterinnenbruten sehr gering. Pro Nest werden in Abhängigkeit von der Zahl Arbeiterinnenbruten 20–250 Geschlechtstiere erzeugt. Beträchtlicher Größenunterschied zwischen Königin und Arbeiterinnen. Die Brutzellen bleiben bis zur Verpuppung offen und werden von Unrat gereinigt. Nester mit Wächterin. Die Männchen patrouillieren auf der Suche nach paarungswilligen Weibchen dicht über den Nistplätzen. Sie können unbegattete Weibchen, begattete Weibchen und Arbeiterinnen aufgrund ihrer unterschiedlichen Duftbouquets voneinander unterscheiden. Nur Erstere sind für sie attraktiv. Indem sich die Männchen bevorzugt mit Weibchen einer fremden Nestkolonie paaren, vermeiden sie Inzucht. Kuckucksbiene: *Sphecodes monilicornis*.

[12] *H. malachurus*, Nestwabe, Konstanz (BW)
[13] *H. malachurus*, Wächterin am Nesteingang, Osterfingen (SH)
[14] *H. malachurus*, Weibchen am Nest, Osterfingen (SH)

[12]

[13]

[14]

Halictus marginatus

Brullé 1832

(= *Lasioglossum marginatum*)

Vorkommen:	sehr selten
Flugzeit:	III IV V VI VII VIII IX X

Kennzeichen:

8–9 mm. Im Feld nicht von ähnlichen *Halictus*-Arten zu unterscheiden.

Vorkommen:

Sehr selten, an geeigneten Stellen jedoch oft in riesigen Kolonien. D: Baden-Württemberg; A: Burgenland, Nieder- und Oberösterreich; CH: Nordschweiz, Graubünden, Wallis, bis 1000 m ü. M.

Biologische Angaben:

Nistet bevorzugt an ebenen und lückig bewachsenen Stellen, meist in Kolonien. Der Nesteingang wird wie die übrigen Gänge durch Drüsensekrete verfestigt. Bei Regen kann das Aushubmaterial weggeschwemmt werden, sodass nur noch der Eingang als Schornstein über den Boden hinausragt. Die Brutzellen münden direkt in den teilweise vielfach gegabelten Hauptgang. Primitiv eusoziale Art mit fünf Arbeiterinnenbruten, zwischen denen im Unterschied zu anderen sozialen Furchenbienen bedeutend längere, fast ein Jahr dauernde Ruhephasen eingeschaltet sind, sodass Staaten mit einem 6-jährigen Zyklus entstehen. Ein überwintertes und begattetes Weibchen, die spätere Königin, gründet im Frühling ein Nest, versorgt 2–6 Brutzellen und verschließt das Nest bereits im Mai. Die Arbeiterinnen dieser ersten Brut schlüpfen noch im Sommer, bleiben aber zusammen mit der Königin im verschlossenen Nest. Erst im folgenden Frühjahr wird das Nest geöffnet. Die nun fast ein Jahr alten Arbeiterinnen verproviantieren 6–18 Brutzellen, bevor das Nest noch im gleichen Frühling erneut für fast ein Jahr geschlossen wird und die Arbeiterinnen der ersten Brut sterben. Dies wiederholt sich, bis im sechsten Jahr 500–1500 Geschlechtstiere erzeugt werden. Noch im Herbst des sechsten Jahres wird das Nest geöffnet. Die Männchen verlassen es, dringen in andere offene und damit gleichaltrige Nester ein und begatten dort die Weibchen. Letztere verpaaren sich mit mehreren Männchen und erhalten so genügend Spermien,

[15] *H. marginatus*, zwei Arbeiterinnen am Nest, Flaach (ZH)

[15]

um die Eier, die sie während ihres sechs Jahre dauernden Lebens produzieren, befruchten zu können. Die hoch ausgebildete Sozialstruktur von *H. marginatus* zeigt sich darin, dass in den ersten fünf Bruten keine Männchen produziert werden, die Zellen dauernd geöffnet bleiben und die Eiablage erst stattfindet, wenn alle Zellen mit Pollen und Nektar versorgt sind. Überraschenderweise gibt es jedoch keine Größenunterschiede zwischen Königin und Arbeiterinnen, und die Nesteingänge werden nicht durch Wächterbienen bewacht. Kuckucksbiene: möglicherweise *Sphecodes ruficrus*.

Halictus pallens

Brullé 1832
(= *Lasioglossum pallens*)

Vorkommen:	selten
Flugzeit:	III IV V

Kennzeichen:
7–8 mm. Während das Weibchen im Feld unbestimmbar ist, kann das Männchen dank seiner Flugzeit im Frühling zuverlässig angesprochen werden.

Vorkommen:
Selten. Die nördliche Verbreitungsgrenze verläuft vom nördlichen Ostdeutschland in südwestlicher Richtung durch das mittlere Westdeutschland.

Biologische Angaben:
Flugzeit: III–V. Als Ausnahme unter den mitteleuropäischen *Halictus*-Arten überwintern Weibchen und Männchen als Imagines in den Brutzellen und schlüpfen erst im Frühling aus den Nestern aus, um sich kurz danach zu verpaaren. Solitär. Kuckucksbiene: *Sphecodes majalis*, bei dem ebenfalls beide Geschlechter im Frühling fliegen.

[16] *H. pallens*, Männchen auf *Potentilla* sp., Onnens (VD)

[16]

Halictus pollinosus
Sichel 1860

Vorkommen:	selten
Flugzeit:	III IV V VI VII VIII IX X

Kennzeichen:
8–9 mm. Durch die filzig graugelbe Behaarung des Hinterleibes, welche beim Weibchen den gesamten Hinterleib einnimmt, beim Männchen dagegen nur auf den apikalen und basalen Tergiträndern ausgebildet ist, einzig mit *H. tectus* zu verwechseln. Letztere Art ist mit einer Körperlänge von 7 mm jedoch deutlich kleiner und kommt im Gebiet nur im östlichen Österreich und im Wallis vor.

Vorkommen:
Selten, kann an günstigen Stellen jedoch höhere Populationsdichten erreichen. D: Rheinland-Pfalz; A: Burgenland, Niederösterreich. Die Art befindet sich momentan stark in Ausbreitung und hat vermutlich erst vor wenigen Jahren von Westen her Rheinland-Pfalz erreicht.

Biologische Angaben:
Besucht für die Pollen- und Nektaraufnahme sehr gerne Korbblütler (Asteraceae).

[17] *H. pollinosus*, Weibchen auf *Centaurea scabiosa*, Quart (AO)
[18] *H. pollinosus*, Männchen auf *Thymus* sp., St Pierre (AO)

[17]

[18]

Halictus quadricinctus
(Fabricius 1776)

Vorkommen:	selten
Flugzeit:	III IV V VI VII VIII IX X

Kennzeichen:
13–16 mm. Weibchen durch Größe sowie die in der Mitte deutlich verschmälerten bis unterbrochenen Hinterleibsbinden unverwechselbar. Männchen dank dem nach hinten auffällig breiter werdenden Hinterleib einzig mit der nur im östlichen Österreich vorkommenden Art *H. brunnescens* zu verwechseln.

Vorkommen:
Selten. Im Gebiet keine Verbreitungsgrenze.

Biologische Angaben:
Nistet bevorzugt in Steilwänden und Abbruchkanten, oft in kleinen bis größeren Kolonien. Die Brutzellen sind zu 5–20 dicht nebeneinander in einer Wabe angeordnet, welche von einem Hohlraum umgeben und fast am Ende eines Hauptganges angelegt ist. Solitär. Weibchen sind langlebig, bewachen das Nest bis zum Schlüpfen ihrer Nachkommen und leben danach einige Wochen mit ihnen zusammen. Obwohl polylektisch, besucht die Art bevorzugt Korbblütler (Asteraceae). Kuckucksbiene: wahrscheinlich *Sphecodes gibbus*.

[19] *H. quadricinctus*, Weibchen auf *Centaurea scabiosa*, Erschmatt (VS)
[20] *H. quadricinctus*, Nestwabe, eine Zelle geöffnet, Scheid (GR)

[19]

[20]

Halictus rubicundus
(Christ 1791)

Vorkommen:	verbreitet
Flugzeit:	III IV V VI VII VIII IX X

Kennzeichen:
8–11 mm. Weibchen durch rotbraun behaarte Brust, linienschmale weiße Hinterleibsbinden sowie rotgelb gefärbte Hinterschienen und -tarsen bereits im Feld leicht kenntlich. Männchen im Gelände kaum von ähnlichen Arten zu unterscheiden.

Vorkommen:
Verbreitet. Im Gebiet keine Verbreitungsgrenze, kommt vom Tiefland bis in die alpine Stufe vor.

Biologische Angaben:
Nistet sowohl in Steilwänden als auch an ebenen, vegetationsarmen Stellen, oft in kleineren Kolonien. Die Brutzellen münden direkt in den Hauptgang. Primitiv eusozial mit einer Arbeiterinnenbrut. Nester in der Regel mit Wächterin. In hohen Lagen mit kurzen Sommern geht die Art zu einer solitären Nistweise über. Kuckucksbiene: *Sphecodes gibbus*.

[21] *H. rubicundus*, Weibchen auf *Cichorium intybus*, Agasul (ZH)
[22] *H. rubicundus*, Weibchen beim Graben, Agasul (ZH)

[21]

[22]

Halictus scabiosae
(Rossi 1790)

Vorkommen:	verbreitet
Flugzeit:	III IV V VI VII VIII IX X

Kennzeichen:
12–15 mm. Weibchen und Männchen unterscheiden sich im frischen Zustand von *H. sexcinctus* und ähnlich großen Arten durch ockergelbe Hinterleibsbinden und eine auffällige Filzbehaarung an der Basis der Tergite. Im abgeflogenen Zustand dagegen im Feld nicht sicher zu bestimmen.

Vorkommen:
Verbreitet. Breitet sich in den letzten Jahren stark aus. D: Baden-Württemberg, Bayern, Rheinland-Pfalz; A: Burgenland, Steiermark; CH: in allen Landesteilen.

Biologische Angaben:
Nistet bevorzugt an ebenen bis schwach geneigten, vegetationsarmen Stellen, teilweise in größeren Kolonien. Die Brutzellen münden direkt in den Hauptgang. Primitiv eusozial mit polygyner Nestgründung und, je nach geografischer Lage, zwei oder mehr Arbeiterinnenbruten. Die Königin vertreibt die Hilfsweibchen vor dem Schlüpfen der Arbeiterinnen. Nester in der Regel mit Wächterin. Besucht mit Vorliebe Korbblütler (Asteraceae).

[23] *H. scabiosae*, Weibchen auf *Centaurea scabiosa*, Solothurn
[24] *H. scabiosae*, Männchen auf *Scabiosa columbaria*, Solothurn

[23]

[24]

Halictus sexcinctus
(Fabricius 1775)

Vorkommen:	verbreitet
Flugzeit:	III IV V VI VII VIII IX X

Kennzeichen:
13–16 mm. Im Gebiet mit Ausnahme des östlichen Österreichs, wo weitere ähnlich große Arten mit durchgehend gleich breiten Tergitendbinden vorkommen, nur mit *H. scabiosae* zu verwechseln. Von letzterer Art im frischen Zustand durch weißlich gelb gefärbte Hinterleibsbinden sowie nur schwach ausgeprägte Filzbehaarung an der Basis der Tergite zu unterscheiden.

Vorkommen:
Verbreitet. Im Gebiet keine Verbreitungsgrenze, bevorzugt aber sandigen Boden, bis 2000 m ü. M.

Biologische Angaben:
Nistet sowohl in Steilwänden als auch an ebenen, vegetationsarmen Stellen, oft in Kolonien. Die Brutzellen liegen einzeln am Ende von 1–2 cm langen Seitengängen. Solitär, gelegentlich kommunal. Weibchen sind langlebig und erleben das Schlüpfen ihrer Nachkommen. Sammelt Pollen und Nektar häufig auf Korbblütlern (Asteraceae). Kuckucksbienen: wahrscheinlich *Sphecodes gibbus*, eventuell auch *S. albilabris*.

[25] *H. sexcinctus*, Weibchen am Nest, Zeneggen (VS)
[26] *H. sexcinctus*, Nest in Steilwand, in der Mitte der Hauptgang, Zellen an seitlichen Nebengängen, St. Rome du Tarn (AV)

[25]

[26]

Halictus subauratus
(Rossi 1792)

Vorkommen:	verbreitet
Flugzeit:	III IV V VI VII VIII IX X

Kennzeichen:
7–8 mm. Im Feld nicht mit Sicherheit von anderen metallisch glänzenden *Halictus*-Arten zu unterscheiden. Bei einer mittelgroßen, ausgeprägt goldig schimmernden *Halictus*-Art mit grünen Augen dürfte es sich jedoch meist um *H. subauratus* handeln.

Vorkommen:
Verbreitet. Die nördliche Verbreitungsgrenze verläuft von der Ostseeküste in südwestlicher Richtung durch das mittlere Westdeutschland, bis 1500 m ü. M.

Biologische Angaben:
Nistet meist in kleineren Kolonien vorwiegend an ebenen und vegetationsarmen, oft sandigen Stellen. Die direkt mit dem Hauptgang in Verbindung stehenden Brutzellen werden wabenartig gruppiert und in feuchtem Boden durch einen Hohlraum vom angrenzenden Substrat getrennt. Primitiv eusozial mit einer Arbeiterinnenbrut. Kuckucksbiene: *Sphecodes cristatus*.

[27] *H. subauratus*, Weibchen auf *Centaurea vallesiaca*, Susten (VS)

Halictus xanthopus

Kirby 1802
(= *Lasioglossum xanthopus*)

Vorkommen:	verbreitet
Flugzeit:	III IV V VI VII VIII IX X

Kennzeichen:
11–12 mm. Beide Geschlechter dank Größe, rotbraun behaarter Brust, auffallend breiten weißen Basalbinden auf den Tergiten 2–4 sowie rotgelb gefärbten Hinterschienen und -tarsen bereits im Feld zuverlässig zu bestimmen.

Vorkommen:
Verbreitet. Im Gebiet keine Verbreitungsgrenze, bis 1700 m ü. M.

Biologische Angaben:
Solitär. Obwohl polylektisch, kann die Art regelmäßig auf Wiesensalbei *(Salvia pratensis)* angetroffen werden. Kuckucksbiene: *Sphecodes spinulosus*.

[28] *H. xanthopus*, Weibchen auf *Centaurea* sp., Erschmatt (VS)

[28]

Hylaeus – Maskenbienen

45 Arten im Gebiet (D: 36; A: 38; CH: 38), die bei älteren Autoren unter der Gattung *Prosopis* aufgeführt sind.

4–9 mm. Durch die gelbe oder weiße Gesichtsmaske und die kurze, 2-lappige Zunge, welche die Maskenbienen mit *Colletes* gemeinsam haben, eindeutig charakterisiert. Bei den Weibchen ist die Maske zu seitlichen Punkten oder schmalen Streifen am Innenrand der Komplexaugen reduziert oder fehlt bei vereinzelten Arten ganz. Bei den Männchen erstreckt sich die helle Kopffärbung in der Regel über die ganze untere Gesichtshälfte und nimmt zum Teil zusätzlich auch den Fühlerschaft ein, der bei einigen Arten auffallend stark verbreitert ist. Abgesehen von der Gesichtsfärbung und kleinen hellen Flecken an Brust und Beinen sind die nahezu unbehaarten Maskenbienen bis auf drei Arten mit roter Hinterleibsbasis einheitlich schwarz gefärbt. Sie sind in der Regel im Feld nicht bis auf Artniveau ansprechbar. Eine Ausnahme bilden einige wenige Arten, die anhand einer charakteristischen Ausbildung der Gesichtszeichnung, dank speziellen morphologischen Strukturen oder aufgrund ihres typischen Blütenbesuchs erkannt werden können. Flugzeit: V–X. Meist nur eine Generation im Jahr, mehrere Arten jedoch zumindest partiell mit zwei Generationen. *H. nivalis* steigt in den Bergen bis weit über die Waldgrenze.

Nester meist in vorgefundenen Hohlräumen wie Käferfraßgängen, Pflanzengallen, verlassenen Nestern von boden-, steilwand- oder frei nistenden Stechimmen, Gesteins- und Erdspalten, zwischen Steinen und in Nisthilfen. Mehrere Arten sind in der Lage, ihre Nestgänge im Mark dürrer Pflanzenstängel selbst auszunagen; oft ist der Gang dabei auffällig geschlängelt. Die meisten Arten sind in der Wahl ihres Nistplatzes recht flexibel. Ausnahmen bilden *H. pectoralis*, die ausschließlich in alten Schilfgallen von *Lipara*-Fliegen nistet, *H. moricei* und *H. pfankuchi*, welche ihre Brutzellen mit großer Wahrscheinlichkeit nur in Schilfhalmen anlegen, sowie *H. nigritus* und *H. variegatus*, die in vorhandenen Hohlräumen im Boden oder zwischen Steinen ihr Nest anlegen. Während in linearen Hohlräumen die Brutzellen eine gleichmäßige zylindrische Form aufweisen und häufig dicht hintereinander liegen, sind sie in nicht linearen Hohlräumen oft unregelmäßig geformt und zum Teil verstreut angeordnet. Diese Flexibilität in der Ausnutzung unterschiedlich geformter, nicht linearer Hohlräume ist bei den Maskenbienen dank der Plastizität in der Form ihrer Brutzellen möglich, die einem zellophanartigen, durchsichtigen Tütchen gleichen und aus Sekreten der Labialdrüse und, wahrscheinlich in geringerem Maß, auch der Dufourdrüse bestehen. Wie bei *Colletes* wird für die Verarbeitung der Drüsensekrete auch hier die speziell geformte Zunge verwendet. Bei einigen Arten ist während der ganzen Bau- und Verproviantierungsphase nahe der Nestmündung ein provisorisches Schutzhäutchen angelegt. Dieses besteht aus Sekretbändern, die radial vom Rand der Nestöffnung

[1] *H. difformis*, Paarung, Agasul (ZH)

[1]

zum Zentrum führen. Da sie zentral nicht verbunden sind, ermöglichen sie der Nestbesitzerin den Zugang wie durch ein «Katzentürchen». Pollen-Nektar-Vorrat sehr feucht bis halbflüssig. Die Larven spinnen keinen Kokon. Nester in linearen Hohlräumen werden nach der Fertigstellung der letzten Brutzelle mit einer Wand aus Drüsensekreten verschlossen. Alle Arten nisten solitär. Weibchen und Männchen sondern bei Gefahr aus ihren großen Mandibulardrüsen einen auch für die menschliche Nase gut wahrnehmbaren, zitronenartig duftenden Stoff ab, dessen genaue Funktion noch unklar ist.

Keine äußere Pollentransporteinrichtung. Der Pollen wird mit einem speziellen Borstenkamm auf der Galea der Unterkiefer von den Vorderbeinen abgenommen, verschluckt und im Kropf in das Nest transportiert, wo er zusammen mit dem Nektar ausgewürgt wird. Drei der bisher näher untersuchten mitteleuropäischen Arten sind oligolektisch. Die meisten übrigen Arten dürften polylektisch sein. Allerdings ist die Bestimmung der Blütenpräferenzen bei Maskenbienen erschwert, da der gesammelte Pollen wegen seines Transportes im Körperinnern für die mikroskopische Untersuchung ohne Abtöten der Tiere nur durch Proben des Inhalts frischer Zellen möglich ist. Das Weibchen von *H. cornutus* hat einen eingesattelten, oben und unten durch zahnartige Vorsprünge begrenzten Kopfschild. Möglicherweise steht diese seltsame Struktur mit dem Pollensammeln in Zusammenhang.

Die Männchen schwärmen an Nistplätzen und Blüten. Sie schlafen einzeln oder gruppenweise in verschiedenen Hohlräumen oder gelegentlich offen auf Pflanzenstängeln.

Typische Brutparasiten der Maskenbienen sind Schmalbauchwespen (Gasteruptionidae).

Hylaeus communis

Nylander 1852

Vorkommen:	häufig											
Flugzeit:					V	VI	VII	VIII	IX	X		

Kennzeichen:
4–7 mm. Im Freiland nicht von anderen *Hylaeus*-Arten zu unterscheiden.

Vorkommen:
Häufig im ganzen Gebiet, bis 1600 m ü. M.

Biologische Angaben:
Flugzeit: V–X. Nest in vorhandenen Hohlräumen. Polylektisch.

[2] *H. punctulatissimus*, Nesteingang mit Schutzvorhang, Zürich
[3] *H. punctulatissimus*, Weibchen beim Verlassen des Nestes, Zürich
[4] *H. communis*, Nest in Nisthilfe, Dornach (SO)

[2]

[3]

[4]

Hylaeus difformis
(Eversmann, 1852)

Vorkommen:	verbreitet	
Flugzeit:		V VI VII VIII

Kennzeichen:
6–8 mm. Im Freiland nicht von anderen *Hylaeus*-Arten zu unterscheiden.

Vorkommen:
Verbreitet im ganzen Gebiet, bis 1550 m ü. M.

Biologische Angaben:
Flugzeit: V–VIII. Nest in vorhandenen Hohlräumen. Polylektisch.

Hylaeus nigritus
(Fabricius 1798)

Vorkommen:	häufig	
Flugzeit:		VI VII VIII

Kennzeichen:
7–9 mm. Im Feld nicht sicher von polylektischen *Hylaeus*-Arten zu unterscheiden, die ebenfalls Korbblütler besuchen. Allenfalls bieten neben dem spezialisierten Blütenbesuch die Größe und der glänzend elfenbeinweiß gefärbte Kopfschild des Männchens Hinweise auf die Artzugehörigkeit.

Vorkommen:
Häufig. Im Gebiet keine Verbreitungsgrenze, bis 2100 m ü. M.

Biologische Angaben:
Flugzeit: VI–VIII. Brutzellen liegen in einer Ebene dicht nebeneinander in Gesteinsritzen, Erdspalten oder zwischen aufgeschichteten Steinen. Oligolektische, auf Korbblütler (Asteraceae) spezialisierte Art.

[5] *H. difformis*, Weibchen auf *Geranium pratense*, Agasul (ZH)
[6] *H. nigritus*, Weibchen beim Pollensammeln auf *Centaurea scabiosa*, Agasul (ZH)

[5]

[6]

Hylaeus pectoralis
Förster 1871

Vorkommen:	selten
Flugzeit:	V VI VII VIII IX

Kennzeichen:
6–8 mm. Im Feld nicht von anderen *Hylaeus*-Arten zu unterscheiden.

Vorkommen:
Selten. An Stellen mit lockerem Schilfröhricht.

Biologische Angaben:
Flugzeit: V–IX. Nistet vor allem in alten Schilfgallen von *Lipara*-Fliegen, seltener in Schilfrohr. Polylektisch.

Hylaeus punctulatissimus
Smith 1842

Vorkommen:	verbreitet
Flugzeit:	VI VII VIII

Kennzeichen:
6–9 mm. Im Feld nicht sicher von polylektischen *Hylaeus*-Arten zu unterscheiden, die ebenfalls Lauch besuchen.

Vorkommen:
Verbreitet. Im Gebiet keine Verbreitungsgrenze. Lebt, bedingt durch die Blütenspezialisierung, sowohl an Trockenhängen, an denen Kugellauch *(Allium sphaerocephalon)* wächst, als auch in Gärten mit Schnittlauch, bis 1700 m ü. M.

Biologische Angaben:
Flugzeit: VI–VIII. Oligolektisch, auf im Sommer blühende Laucharten *(Allium)* spezialisiert.

[7] Schilfgallen der *Lipara*-Fliege, Erlach (BE)
[8] *H. pectoralis*, Nest in Schilfgalle, Villeneuve (VD)
[9] *H. punctulatissimus*, Weibchen auf *Allium sphaerocephalon*, Erschmatt (VS)

[7]

[8]

[9]

Hylaeus signatus
(Panzer 1798)

Vorkommen:	häufig
Flugzeit:	V VI VII VIII

Kennzeichen:
7–9 mm. Im Feld nicht sicher von polylektischen *Hylaeus*-Arten zu unterscheiden, die ebenfalls Resede besuchen.

Vorkommen:
Häufig. Im Gebiet keine Verbreitungsgrenze, bis 1500 m ü. M.

Biologische Angaben:
Flugzeit: V–VIII. Oligolektisch, auf Resede *(Reseda)* spezialisiert.

Hylaeus variegatus
(Fabricius 1798)

Vorkommen:	verbreitet
Flugzeit:	VI VII VIII IX

Kennzeichen:
6–8 mm. Weibchen in Mitteleuropa dank der rot gefärbten Hinterleibsbasis nur mit den beiden sehr seltenen *H. bifasciatus* und *H. meridionalis* zu verwechseln. Erstere Art ist im Gebiet einzig durch alte Nachweise aus der Westschweiz belegt, von letzterer Art liegen sichere Nachweise nur aus dem östlichen Österreich vor. Männchen mit schwarz gefärbtem Hinterleib, im Gelände nicht zuverlässig ansprechbar.

Vorkommen:
Verbreitet. Im Gebiet keine Verbreitungsgrenze, bis 1550 m ü. M.

Biologische Angaben:
Flugzeit: VI–IX. In wärmebegünstigten Gebieten teilweise mit zwei Generationen. Brutzellen werden ausschließlich in verlassenen Nestgängen von bodennistenden Stechimmen angelegt.

[10] *H. signatus*, Weibchen auf *Reseda lutea*, Glattfelden (ZH)
[11] *H. variegatus*, Weibchen auf *Cirsium arvense*, Quart (AO)

[10]

[11]

Lithurgus – Steinbienen

Zwei Arten im Gebiet (D: 1; A: 2; CH: 1).

Die Weibchen fallen durch einen querliegenden Stirnhöcker auf, die Männchen durch ein dornartig ausgezogenes Hinterleibsende. Sonst ähnlich den Blattschneiderbienen.

Bauchsammler. Flugzeit VII–VIII Nest in selbstgenagten Gängen in Totholz.

Lithurgus chrysurus

Fonscolombe 1834

Vorkommen:	sehr selten
Flugzeit:	VII VIII

Kennzeichen:
10–14 mm. Weibchen durch schwarz glänzenden Hinterleib, der – abgesehen von schmalen weißen Seitenfransen – nahezu kahl ist, leuchtend orangerot behaartes Endtergit, auffallenden Stirnhöcker sowie spezialisierten Blütenbesuch unverwechselbar. Männchen mit stärker behaartem, durchgehend hell befranstem Hinterleib und charakteristisch dornartig ausgezogenem Endtergit, das deutlich über den Rand des Hinterleibes vorragt.

Vorkommen:
Sehr selten. D: Rheinland-Pfalz; A: Burgenland, Niederösterreich; CH: Tessin, 300 m ü. M.

Biologische Angaben:
Flugzeit: VII–VIII. Eine Generation im Jahr. Nest in selbstgenagten Gängen in Totholz. Die Brutzellen liegen einzeln oder zu mehreren dicht hintereinander in Seitengängen, die am Ende eines wenige Zentimeter langen Hauptganges fingerförmig meist in Richtung der Holzfasern nach oben oder unten abzweigen. Die Seitengänge werden bei ihrer Einmündung in den Hauptgang mit Holzspänen verschlossen; der Hauptgang bleibt offen. Eiablage zu Beginn der Verproviantierungsarbeiten. Bei mehrzelligen Seitengängen sind die Brutzellen höchstens durch eine schwache Wand aus Holzspänen voneinander

[1] *L. chrysurus*, Weibchen auf *Centaurea scabiosa*, Trois Villes (AO)

[1]

abgegrenzt. Vorjährige Nester werden nach ihrer Reinigung oft wiederbenutzt. Die Larven spinnen einen Kokon. Pollentransporteinrichtung: Haarbürste auf der Unterseite des Hinterleibes. Oligolektisch, auf Korbblütler (Asteraceae) spezialisiert, bevorzugt auf Flockenblumen (Centaurea) und Disteln (Cardueae). Die Männchen patrouillieren Nistplätze und Blütenstände von Korbblütlern auf der Suche nach Weibchen ab.
Kuckucksbiene: *Stelis simillima*.

[2] *L. chrysurus*, Männchen auf *Centaurea scabiosa*, Quart (AO)
[3] *L. chrysurus*, Weibchen, Kopf, Quart (AO)

[2]

[3]

Macropis – Schenkelbienen

Zwei Arten im Gebiet (D: 2; A: 2; CH: 2).

8–10 mm. Schwarz gefärbte, schwach behaarte Bienen, die durch das Pollensammeln auf Gilbweiderich *(Lysimachia)* auffallen. Der auffällig glänzende, nahezu kahle Hinterleib trägt schmale weiße Haarbinden an den Tergitendrändern. Die Männchen sind zusätzlich durch gelb gefärbtes Gesicht sowie keulenartig verdickte Hinterschenkel und -schienen ausgezeichnet. Weibchen strecken beim Blütenbesuch häufig ihre Hinterbeine auf charakteristische Art steil in die Höhe. Während die Männchen der beiden mitteleuropäischen Arten im Feld nicht auseinandergehalten werden können, unterscheiden sich die Weibchen durch eine unterschiedliche Färbung der Beinbürste, was jedoch bereits bei schwacher Füllung mit Pollen und Blütenöl nicht mehr erkennbar ist. Flugzeit: VI–IX. Eine Generation im Jahr.

Selbstgegrabene Nester im Boden an teilweise schattigen und eher feuchten, ebenen bis stark geneigten und gelegentlich dicht bewachsenen Stellen. Die horizontal orientierten Brutzellen liegen nur wenige Zentimeter unter der Erdoberfläche. Sie sind einzeln oder häufiger zu zweit (selten zu dreien bis vieren) dicht hintereinander am Ende von bis zu vier kurzen Seitengängen angeordnet, die von einem schräg in das Erdreich führenden Hauptgang waagrecht abzweigen. Die Seitengänge werden nach Verschluss der Brutzelle(n) mit Erde gefüllt. Die imprägnierende Auskleidung der Brutzellen besteht wahrscheinlich nicht wie bei den meisten anderen Bodennistern aus Sekreten der Dufourdrüse, die bei *Macropis* nur schwach entwickelt ist, sondern aus dem Blütenöl von *Lysimachia*. Die Larven spinnen einen Kokon. Nester einzeln oder in kleinen Kolonien. Solitäre Nistweise.

Pollentransporteinrichtung: Haarbürste an Hinterschiene und -ferse. Streng oligolektische, auf Öl sezernierende *Lysimachia*-Arten spezialisierte Bienen. Der Pollen wird durch Aufdrücken des Hinterleibes auf den Staubbeutelkranz vorerst in eine besondere Behaarung der Körperunterseite gekämmt, bevor er im Flug an die Beinbürste übergeben wird. Die drei Gilbweidericharten *L. nummularia*, *L. punctata* und *L. vulgaris* sondern aus dichtstehenden Drüsenhaaren, die auf der verwachsenen Staubfadenröhre ihrer Blüten lokalisiert sind, ein fettes Öl ab. Dieses Öl tupfen die Weibchen mit speziellen Saugpolstern an der Innenseite von Vorder- und Mittelbeintarsen auf und überführen es in die Beinbürste der Hinterbeine, wo es mit Pollen vermischt und in Form eines mächtigen Klumpens, der die Hinterbeine ringförmig umgibt, in das Nest transportiert wird. Die Saugpolster bestehen aus dicht stehenden und geweihartig verzweigten Härchen, die eine beträchtliche Kapillarwirkung entfalten. Eine ähnliche Filzbehaarung, die von langen und steifen «Armierungsborsten» überragt wird, sorgt in der Beinbürste für den Rückhalt der gesammelten Blüten-

[1] *M. europaea*, Männchen auf *Cirsium arvense*, Agasul (ZH)

[1]

produkte. Die Larvennahrung besteht aus einem Gemisch aus Pollen und Blütenöl, das geringe Beimengungen von Nektar enthalten kann. Nektar wird jedoch vorwiegend für die Eigenversorgung aufgenommen. Da die *Lysimachia*-Blüten keinen Nektar produzieren, müssen die Schenkelbienen ihren Nektarbedarf auf anderen Pflanzen decken.

Die Männchen patrouillieren vorwiegend *Lysimachia*-Blüten auf der Suche nach Weibchen ab, teilweise kontrollieren sie jedoch auch die Nistplätze sowie die Nektarquellen der Weibchen. Sie schlafen häufig gruppenweise auf *Lysimachia*-Blütenständen oder auf anderen Pflanzen. Das charakteristische Emporstrecken der Hinterbeine durch blütenbesuchende Weibchen wird als Signal gedeutet, das patrouillierenden Männchen die Paarungsunwilligkeit der Weibchen anzeigt. Möglicherweise verhindert es jedoch einfach das Abstreifen der Pollen-Öl-Fracht an den Kronblättern.

Die Kuckucksbiene *Epeoloides coecutiens* lebt als Brutparasit bei *Macropis*.

Macropis europaea

Warncke 1973
(= *M. labiata*)

Vorkommen:	verbreitet
Flugzeit:	VI VII VIII IX

Kennzeichen:
8–9 mm. Im Gegensatz zu *M. fulvipes* kontrastiert beim Weibchen die schneeweiß gefärbte Behaarung der Hinterschienen auffällig mit den tiefschwarz behaarten Fersen.

Vorkommen:
Verbreitet. Im Gebiet keine Verbreitungsgrenze, bis 1050 m ü. M. An Ufern, Gräben und in Feuchtwiesen, wo *Lysimachia vulgaris* wächst, seltener in Gärten an *L. punctata*.

Biologische Angaben:
Für die Nektaraufnahme werden die unterschiedlichsten Blüten besucht.

[2] Lebensraum von *Macropis*, Hinwil (ZH)
[3] *M. europaea*, Weibchen auf *Lysimachia vulgaris* mit typischer Beinhaltung, Agasul (ZH)

[2]

[3]

Macropis fulvipes
(Fabricius 1804)

Vorkommen:	verbreitet
Flugzeit:	VI VII VIII IX

Kennzeichen:
9–10 mm. Im Unterschied zu *M. europaea* heben sich die gelbbraun behaarten Hinterschienen des Weibchens nur wenig von den mit hellen und dunklen Haaren bestandenen Fersen ab.

Vorkommen:
Verbreitet, wenn auch meist deutlich seltener als *M. europaea*, bis 1250 m ü. M. Im Gebiet keine Verbreitungsgrenze. Im Vergleich zu *M. europaea* eher an Waldgebiete gebunden, oft fliegen aber beide Arten zusammen an den gleichen *Lysimachia vulgaris*-Beständen. Besucht auch *L. nummularia* und tritt häufiger als *M. europaea* in Gärten mit Beständen von *L. punctata* auf.

Biologische Angaben:
Fliegt in tieferen Lagen bereits ab Ende Juni und erscheint damit bei gleicher geografischer Lage rund zwei Wochen früher als *M. europaea*.

[4] *M. europaea*, Weibchen auf *Solidago graminifolia* beim Nektarsaugen, Flaach (ZH)
[5] *M. fulvipes*, Weibchen auf *Thymus* sp. beim Nektarsaugen, Agasul (ZH)

[4]

[5]

Megachile – Mörtel- und Blattschneiderbienen

Verschiedene Autoren betrachteten die drei mitteleuropäischen Arten, die keine Blattstücke, sondern mineralischen Mörtel als Nestbaumaterial verwenden, als Vertreterinnen einer eigenen Gattung, *Chalicodoma*. 26 Arten im Gebiet (D: 20; A: 25; CH: 23).

7–17 mm. Dunkel gefärbte Bienen mit entweder stärker behaartem Hinterleib ohne erkennbare Haarbinden am Ende der Tergite oder schwach behaartem Hinterleib mit deutlichen hellen Tergitbinden. Der abgeflachte Hinterleib sowie die Form des ersten Tergites, dessen horizontale Fläche seitlich deutlich stärker vorgezogen ist als in der Mitte, bedingt den typischen *Megachile*-Habitus, den die Mörtel- und Blattschneiderbienen mit *Lithurgus* gemeinsam haben. Gemeinsam ist den drei Gattungen auch die Haltung des Hinterleibes, der beim Blütenbesuch meist auf eine charakteristische Weise schräg in die Höhe gestreckt wird. Die Endsegmente der Männchen sind leicht einwärts gekrümmt und meist gezähnelt oder gekerbt. Die Männchen mehrerer Arten zusätzlich mit stark verbreiterten, hell gefärbten und lang gefransten Vorderbeintarsen. Während die drei Mörtelbienenarten im Feld gut erkannt werden können, ist höchstens ein Drittel der mitteleuropäischen Blattschneiderbienen draußen sicher bis auf die Art anzusprechen. Flugzeit: V–IX. Eine Generation im Jahr, vereinzelte Arten mit partieller zweiter Generation. *M. analis* steigt in den Bergen bis zur Waldgrenze.

Die Mörtelbienen verwenden für den Bau der Brutzellen, die sie entweder frei an einer Unterlage *(M. parietina, M. pyrenaica)* oder in vorhandenen Hohlräumen *(M. ericetorum)* anlegen, mit Speichel aus den Labialdrüsen versetzte Erde und Steinchen. Vorjährige Mörtelbienennester werden regelmäßig von Kot, Pollen und Kokonresten gesäubert und wiederbenutzt. Die Blattschneiderbienen bauen ihre Brutzellen aus Blattstücken, die sie mithilfe ihrer gezähnten Oberkiefer aus Laubblättern von Bäumen, Sträuchern und Kräutern ausschneiden, wobei ein und dieselbe Art ganz unterschiedliche Pflanzenarten nutzen kann. Gelegentlich werden auch Blütenblätter verwendet. Für den Bau der seitlichen Zellwände werden länglich ovale, für die Herstellung des Zellbodens, des Zelldeckels und des oft mehrschichtigen Verschlusspfropfens kreisrunde Blattstücke ausgeschnitten. Die Blattstücke, die in mehreren Schichten übereinanderliegen, werden durch den Saft, der beim Zerkauen der Blattränder unter Zugabe von Speichel entsteht, an die Nestwandung bzw. die anderen Blattstücke gekittet. *M. apicalis* benutzt für das Festkleben der Blattstücke nachgewiesenermaßen Nektar. Einige Arten verschließen ihr Nest zusätzlich zu einer Lage lose hintereinander geschichteter, rundlicher Blattstücke mit einer Wand aus Pflanzenmörtel. In der Wahl des Nistplatzes scheinen die meisten Arten recht flexibel zu sein. Ihre fingerhutförmigen Brutzellen, die meist linienförmig direkt hintereinander liegen, werden in Hohlräumen (Käferfraßgängen, hohlen Pflanzenstängeln, verlassenen Nestern anderer Stechimmen, Erd-, Fels- und Mauerspalten, Nisthilfen, unter

[1] *M. ligniseca*, Weibchen beim Blattschneiden an *Prunus persica*, Solothurn

[1]

Steinen), in selbstgegrabenen Gängen im Boden oder in selbst ausgenagten Gängen in Totholz bzw. Stängelmark angelegt. Der Pollen-Nektar-Vorrat ist oft sehr feucht bis halbflüssig. Die Larven spinnen einen Kokon. Meist solitäre Nistweise, vereinzelte Arten sind zum Teil kommunal, die Mörtelbienen gelegentlich ansatzweise quasisozial (mehrere Weibchen bauen gemeinsam an einem Nest und jedes Weibchen legt Eier).

Pollentransporteinrichtung: Haarbürste auf der Unterseite des Hinterleibes. Die meisten bisher näher untersuchten mitteleuropäischen *Megachile*-Arten sind polylektisch. Ausnahmen bilden *M. ericetorum* und *M. nigriventris*, die beide auf Schmetterlingsblütler (Fabaceae) spezialisiert sind, und *M. lapponica*, die Pollen wahrscheinlich einzig auf Weidenröschen *(Epilobium)* sammelt. *M. rotundata* wird hauptsächlich in Nordamerika, aber auch in einigen europäischen Ländern, als guter Bestäuber der Luzerne *(Medicago sativa)* zur Steigerung der Saatguterträge gewerbsmäßig gezüchtet. Die Männchen patrouillieren die Pollen- und Nektarquellen der Weibchen und/oder die Nistplätze auf zum Teil festgelegten und duftmarkierten Flugbahnen ab. Die bei den Männchen gewisser Arten mächtig verbreiterten und befransten, weißgelb gefärbten Vorderbeintarsen werden bei der Paarung derart über Vorderkopf und Augen des Weibchens gelegt, dass die mit Drüsen ausgestattete Beininnenseite mit dessen Fühlern, dem Sitz der Geruchsorgane, in Kontakt kommt. Die Funktion der bei der Paarung abgesonderten männlichen Duftstoffe ist noch rätselhaft. Die Männchen schlafen einzeln oder in kleinen Gruppen in unterschiedlichen Hohlräumen.
In den Nestern der Mörtelbienen entwickeln sich Kuckucksbienen der Gattungen *Dioxys* und *Stelis*, in den Nestern von Blattschneiderbienen *Coelioxys*-Arten. Weitere wichtige Brutparasiten sind Buntkäfer der Gattung *Trichodes* (Cleridae), Wollschweber (Bombyliidae), die Erzwespen *Melittobia acasta* (Eulophidae), *Pteromalus* spp. (Pteromalidae), *Monodontomerus* spp. (Torymidae) und *Leucospis* spp. (Leucospididae). Zwei Vertreter der beiden letzten Gattungen parasitieren die Brutzellen der Mörtelbienen, indem sie mit ihrem Legebohrer die steinharte Nestwand durchbohren.

[2] Zweig von *Symphoricarpos albus*, dessen Blätter von *Megachile* sp. ausgeschnitten wurden, Solothurn

[2]

Megachile alpicola
Alfken 1924

Vorkommen:	verbreitet
Flugzeit:	VI VII VIII IX

Kennzeichen:
7–10 mm. Im Feld nicht zuverlässig von ähnlichen *Megachile*-Arten zu unterscheiden, die im weiblichen Geschlecht ebenfalls eine orangerot gefärbte Bauchbürste besitzen.

Vorkommen: Verbreitet. Im Gebiet keine Verbreitungsgrenze.

Biologische Angaben:
Flugzeit: VI–IX. Mit partieller zweiter Generation. Legt die Brutzellen vorwiegend in Käferfraßgängen in Totholz und markhaltigen Stängeln an, besiedelt auch Nisthilfen. Nestverschluss innen aus mehreren Lagen runder Blattstücke, außen aus einer Wand aus Pflanzenmörtel. Kuckucksbiene: *Coelioxys inermis*.

Megachile analis
Nylander 1852

Vorkommen:	selten
Flugzeit:	VII VIII

Kennzeichen:
10–12 mm. Weibchen dank weiß filzig behaartem Endtergit und Fehlen von deutlichen Tergitbinden unverwechselbar. Männchen im Feld nicht sicher bestimmbar.

Vorkommen:
Selten. Boreoalpin verbreitete Art, die im mitteleuropäischen Raum im nordwestdeutschen Flachland und in den Alpen, stellenweise auch in den Mittelgebirgen vorkommt, bis 2300 m ü. M.

Biologische Angaben:
Flugzeit: VII–VIII. Legt die Brutzellen in selbstgegrabenen Gängen im Boden an. Obwohl polylektisch, besucht die Art in den Alpen bevorzugt Glockenblumen *(Campanula)* und Teufelskralle *(Phyteuma)*.

[3] *M. alpicola*, verschließt Nesteingang mit Blattstücken, Agasul (ZH)
[4] *M. analis*, Weibchen, typisch: weiße Hinterleibsspitze, Mazembroz (VS)

[3]

[4]

Megachile centuncularis
(Linnaeus 1758)

Vorkommen:	verbreitet
Flugzeit:	V VI VII VIII IX

Kennzeichen:
9–12 mm. Im Feld nicht von ähnlichen Arten zu unterscheiden.

Vorkommen: Verbreitet, 1600 m ü. M.

Biologische Angaben:
Flugzeit: V–IX. Brutzellen in Hohlräumen von Pflanzenstängeln, unter Rinde, in Bohrlöchern von Holzkäfern. In günstigen Jahren zwei Generationen. Polylektisch. Kuckucksbienen: *Coelioxys inermis*, möglicherweise auch andere *Coelioxys*-Arten.

Megachile ericetorum
Lepeletier 1841
(= *Chalicodoma ericetorum*)

Vorkommen:	verbreitet
Flugzeit:	VI VII VIII

Kennzeichen:
10–14 mm. In beiden Geschlechtern dank Größe und nicht unterbrochenen, hellen Haarbinden auf den Tergiten 2–5 bereits im Feld leicht kenntlich.

Vorkommen:
Verbreitet. Im Gebiet keine Verbreitungsgrenze, bis 1100 m ü. M.

Biologische Angaben:
Flugzeit: VI–VIII. Die Brutzellen werden aus Mörtel gebaut und sind innen mit einer Harzschicht ausgekleidet. Sie werden in unterschiedlichen Hohlräumen wie Erd-, Fels- und Mauerspalten, verlassenen Stechimmennestern oder hohlen Pflanzenstängeln untergebracht. Oligolektisch, auf Schmetterlingsblütler (Fabaceae) spezialisiert. Für die Nektaraufnahme werden regelmäßig auch Lippenblütler (Lamiaceae) genutzt. Wahrscheinlich in Abhängigkeit von der Dichte der Nahrungspflanzen der Weibchen patrouillieren die Männchen entweder Blüten ab oder verteidigen im Bereich der Nahrungspflanzen kleine Territorien. Kuckucksbiene: *Coelioxys aurolimbata*.

[5] *M. centuncularis*, Weibchen auf *Lotus corniculatus*, typisch: die ganz rote Bauchbürste, Portalban (FR)
[6] *M. ericetorum*, Weibchen auf *Lathyrus latifolius*, Agasul (ZH)

[5]

[6]

Megachile nigriventris
Schenck 1870

Vorkommen:	verbreitet
Flugzeit:	VI VII VIII

Kennzeichen:
12–16 mm. Weibchen dank Größe, gelbbrauner Behaarung von Brust und Tergiten 1–2, fehlenden Tergitbinden sowie schwarz gefärbter Bauchbürste unverwechselbar. Männchen im Feld kaum von ähnlichen Arten zu unterscheiden.

Vorkommen:
Verbreitet. Im Gebiet keine Verbreitungsgrenze, bis 2100 m ü. M.

Biologische Angaben:
Flugzeit: VI–VIII. Legt die Brutzellen in selbstgenagten Gängen in morschem Totholz an. Gelegentlich kommunale Nistweise. Oligolektisch, auf Schmetterlingsblütler (Fabaceae) spezialisiert. Kuckucksbiene: *Coelioxys lanceolata*.

Megachile parietina
(Geoffroy 1785)
(= *Chalicodoma parietina*)

Vorkommen:	selten
Flugzeit:	V VI VII

Kennzeichen:
14–18 mm. Weibchen durch vollständig schwarz behaarten Körper und schwarzbraune Flügel einzig mit *Xylocopa*-Arten zu verwechseln. Von Letzteren jedoch durch das Vorhandensein einer schwarz gefärbten Bauchbürste, die in der Mitte rötlich aufgehellt ist, und schlankeren Körper bereits im Feld leicht zu unterscheiden. Männchen mit charakteristischem Färbungsmuster: Kopf, Brust und Tergite 1–3 rotbraun, Tergite 4–7 schwarz behaart. Im Gegensatz zum ähnlich gefärbten Männchen von *M. pyrenaica*, dessen Tarsen auffallend hellrot gefärbt sind, hat das Männchen von *M. parietina* schwarz- bis rötlich braune Tarsen.

[7] *M. nigriventris*, Weibchen auf *Colutea* sp., Agasul (ZH)
[8] *M. parietina*, Zellen aus Mörtel, Gimillan (AO)
[9] *M. parietina*, fertig gemauertes Nest, Pfynwald (VS)

[7]

[8]

[9]

Vorkommen:
Selten. Die nördliche Verbreitungsgrenze verläuft durch das mittlere Deutschland. Heute ist die Art jedoch aus Mangel an entsprechendem Blütenangebot aus weiten Teilen ihres früheren mitteleuropäischen Verbreitungsgebietes verschwunden. Nördlich der Alpen sind mittlerweile Kiesgruben die wichtigsten Habitate, bis 1600 m ü. M.

Biologische Angaben:
Flugzeit: V–VII, erscheint im Gegensatz zu den anderen mitteleuropäischen *Megachile*-Arten bereits Anfang bis Mitte Mai. Nördlich der Alpen mit teilweise 2-jähriger Entwicklung. Baut steinharte Freinester aus Mörtel in Vertiefungen und Unebenheiten von Steinen und Felsen, die aus meist 5–10, selten bis 16 Brutzellen bestehen. Die unmittelbar nebeneinanderliegenden und vertikal orientierten Zellen, in deren Wand gröbere Steinchen eingearbeitet sind, werden zum Schluss mit einer Schicht aus feinem Mörtel überdeckt, sodass das fertige Nest einem halbkugeligen, zufällig am Gestein klebenden Lehmballen ähnelt. Nisten zwei Weibchen in unmittelbarer Nachbarschaft, kann die schützende Mörtelschicht in gemeinsamer Arbeit über beide Zellkomplexe gezogen werden, was ansatzweise einem quasisozialen Verhalten entspricht. Wohl zum Schutz vor Brutparasiten erscheint das Weibchen zur Eiablage mit einem Ballen Baumaterial zwischen den Oberkiefern, mit welchem es die Zelle unmittelbar nach der Eiablage verdeckelt. Für die Anlage und Verproviantierung einer Brutzelle werden bei gutem Wetter zwei bis drei Tage benötigt. Obwohl polylektisch, nutzt die Art vorwiegend Schmetterlingsblütler (Fabaceae) und unter diesen besonders Hornklee *(Lotus corniculatus)* und Esparsette *(Onobrychis viciifolia)*.
Kuckucksbienen: *Dioxys cincta, D. tridentata, Stelis nasuta, S. punctulatissima.*

[10] *M. parietina*, Weibchen verproviantiert eine Zelle, Glattfelden (ZH)
[11] *M. parietina,* Weibchen bei der Eiablage, zwischen den Kiefern Mörtel für den Zellverschluss, Unterstammheim (ZH)
[12] *M. parietina*, Paarung, Unterstammheim (ZH)

[10]

[11]

[12]

Megachile pilidens
Alfken 1924

Vorkommen:	verbreitet
Flugzeit:	VI VII VIII IX

Kennzeichen:
9–11 mm. Weibchen im Feld nicht von ähnlichen *Megachile*-Arten zu unterscheiden, welche ebenfalls durch geringe Größe, hohen Flugton, vorwiegend weiß gefärbte Bauchbürste sowie weiß filzig geflecktes Endtergit ausgezeichnet sind. Männchen im Gelände ebenfalls nicht bestimmbar.

Vorkommen:
Verbreitet. Die nördliche Verbreitungsgrenze verläuft vom nördlichen Ostdeutschland in südwestlicher Richtung durch das mittlere Westdeutschland, bis 1500 m ü. M.

Biologische Angaben:
Flugzeit: VI–IX. Legt die Brutzellen in Hohlräumen unter Steinen, in Fels- und Mauerspalten oder in Erdlöchern, aber auch in selbstgegrabenen Gängen im Erdboden an. Obwohl polylektisch, besucht die Art bevorzugt Schmetterlingsblütler (Fabaceae). Wärmeliebend. Kuckucksbiene: *Coelioxys afra*.

Megachile pyrenaica
Lepeletier 1841
(= *Chalicodoma pyrenaica*)

Vorkommen:	selten
Flugzeit:	V VI VII

Kennzeichen:
13–16 mm. Weibchen durch rauchbraune Flügel, auffallend hellrot gefärbte Tarsen, gelbbraun behaarten und mit lockeren hellen Binden versehenen Hinterleib sowie meist schwarzer Querbinde auf der Brustoberseite im Gelände gut kenntlich. Männchen unterscheidet sich von *M. parietina* durch die hellrote Färbung der Tarsen.

Vorkommen:
Selten. Im Gebiet nur im schweizerischen Alpenraum und Jura sicher belegt. An wärmebegünstigten, felsdurchsetzten Trockenhängen.

[13] *M. pilidens*, Weibchen auf *Medicago sativa*, Basel
[14] *M. pyrenaica*, Weibchen sammelt Baumaterial, Jeizinen (VS)
[15] *M. willughbiella*, geöffnete Zelle, Flaach (ZH)

[13]

[14]

[15]

Biologische Angaben:
Flugzeit: V–VII. Ähnliche Nistweise wie *M. parietina*, legt die Nester jedoch auch auf der Unterseite von Fels- und Dachvorsprüngen oder in vorhandenen Hohlräumen an und nistet öfters kolonieweise. Besucht hauptsächlich Schmetterlingsblütler (Fabaceae). Männchen schlafen gerne gruppenweise in Felsspalten. Kuckucksbienen: *Dioxys cincta*, *Stelis nasuta*, wahrscheinlich auch *Dioxys tridentata*.

Megachile willughbiella
(Kirby 1802)

Vorkommen:	häufig
Flugzeit:	VI VII VIII IX

Kennzeichen:
12–16 mm. Im Feld nicht sicher von ähnlich großen, mit schmalen Tergitbinden gezierten *Megachile*-Arten zu unterscheiden, die im weiblichen Geschlecht ebenfalls über eine orangerot gefärbte Bauchbürste und im männlichen Geschlecht über verbreiterte Vorderbeintarsen verfügen.

Vorkommen:
Häufig. Im Gebiet keine Verbreitungsgrenze, bis 2000 m ü. M.

Biologische Angaben:
Flugzeit: VI–IX. Mit partieller zweiter Generation. Legt die Brutzellen in unterschiedlichen Hohlräumen wie Käferfraßgängen, Nisthilfen, Mauerspalten oder verlassenen Stechimmennestern an, kann Nestgänge jedoch auch in morschem Totholz selbst ausnagen. Gelegentlich kommunale Nistweise. Die polylektische Art sammelt Pollen mit Vorliebe auf Schmetterlingsblütlern (Fabaceae), Glockenblumen *(Campanula)* und Weidenröschen *(Epilobium)*. Sie ist als eine der wenigen Arten innerhalb der Megachilinae in der Lage, durch Vibration der indirekten Flügelmuskulatur *(buzzing)* Pollen z. B. aus den Blüten des Klappertopfes *(Rhinanthus)* zu gewinnen. Kuckucksbiene: *Coelioxys quadridentata*.

[16] *M. willughbiella*, Weibchen im Anflug ans Nest, Flaach (ZH)
[17] *M. willughbiella*, Männchen, Solothurn

[16]

[17]

Melecta – Trauerbienen

M. obscura, die im Gebiet nur im östlichen Österreich vorkommt, wird gelegentlich in die Gattung *Eupavlovskia* gestellt. Vier Arten im Gebiet (D: 2; A: 3; CH: 3).

12–17 mm. Große, mit Ausnahme von *M. albifrons*, schwarz behaarte Bienen mit hellen Haarflecken auf Kopf, Brust, Beinen und Hinterleib. Im Feld nur mit Arten der Gattung *Thyreus* zu verwechseln, von diesen aber durch das abgerundete, beidseits bedornte und einheitlich schwarz bis braun behaarte Schildchen zu unterscheiden. *M. albifrons* ist bereits im Feld leicht kenntlich (s. unten), während die übrigen drei Arten im Gelände nicht voneinander unterschieden werden können. Flugzeit: IV–VII. Eine Generation im Jahr.

Brutparasiten bei *Anthophora*. Anders als die meisten übrigen Kuckucksbienen legen die Weibchen ihr Ei in eine bereits verschlossene Wirtszelle. Sie bohren zu diesem Zweck eine Öffnung durch den erdigen Zelldeckel, führen die Hinterleibsspitze durch das Loch und kleben das Ei an die Innenseite des Zelldeckels bzw. an die obere Zellwandpartie. Danach mörteln sie die Aufbruchstelle wieder mit Erde zu. Trauerbienen graben gelegentlich bereits verschlossene Wirtsnester auf und verschließen sie nach der Parasitierung der obersten Brutzelle wieder mit Erde. Die Larven spinnen einen lockeren Kokon.

Trauerbienen besuchen für die Nektaraufnahme häufig Lippenblütler (Lamiaceae). Sie beißen sich zum Schlafen gerne mit ihren Oberkiefern an Pflanzenteilen fest.

Melecta albifrons

Forster 1771
(= *M. armata*, *M. punctata*)

Vorkommen:	häufig
Flugzeit:	III IV V VI VII

Kennzeichen:
12–17 mm. Im Gelände durch die braungelbe Behaarung von Kopf und Brust und die beigen Tergitflecke sofort von den anderen mitteleuropäischen *Melecta*-Arten abzugrenzen.

Vorkommen:
Häufig. Im Gebiet keine Verbreitungsgrenze, bis 1300 m ü. M.

Biologische Angaben:
Flugzeit: III–VII. Brutparasit bei *Anthophora plumipes* und anderen *Anthophora*-Arten.

[1] *M. albifrons*, Weibchen am Nesteingang von *Anthophora plumipes*, Agasul (ZH)

[1]

Melecta luctuosa
(Scopoli 1770)

Vorkommen:	selten
Flugzeit:	IV V VI VII

Kennzeichen:
14–16 mm. Unterscheidet sich durch die kontrastreiche schwarz-weiße Körperfärbung von *M. albifrons*. Die beiden ähnlichen, aber sehr seltenen Arten *M. festiva* und *M. obscura* kommen im Gebiet nur im Wallis bzw. im östlichen Österreich vor.

Vorkommen:
Selten. Im Gebiet keine Verbreitungsgrenze, aber deutlich zerstreuter auftretend als *M. albifrons*, bis 1500 m ü. M.

Biologische Angaben:
Flugzeit: IV–VII. Brutparasit bei *Anthophora aestivalis* und anderen *Anthophora*-Arten.

[2] *M. albifrons*, Männchen, Attisholz (SO)
[3] *M. luctuosa*, Weibchen, Zeneggen (VS)

[2]

[3]

Melitta – Sägehornbienen

Sechs Arten im Gebiet (D: 6; A: 5; CH: 5).

10–14 mm. Dunkel gefärbte Bienen mit unauffällig schmalen bis auffallend breiten, hellen Haarbinden an den Endrändern der Hinterleibstergite. In beiden Geschlechtern leicht mit *Andrena*-Arten zu verwechseln. Die Weibchen unterscheiden sich von diesen durch die Art des Pollentransportes und ihren spezifischen Blütenbesuch. Eine wichtige Hilfe bei der Erkennung der Männchen, die im Feld rein nach äußeren Merkmalen kaum von *Andrena* und *Dasypoda* abgegrenzt werden können, sind die auf ihren Bahnflügen abpatrouillierten Pollenpflanzen der Weibchen. Die für die Männchen der meisten Arten charakteristischen, wenn auch oft nur schwach ausgeprägten Verdickungen («Sägung») der einzelnen Fühlerglieder sind ohne optische Hilfsmittel kaum erkennbar. Unter Berücksichtigung der spezifischen Pollenpflanzen können pollensammelnde Weibchen und patrouillierende Männchen der mitteleuropäischen Sägehornbienen bereits im Gelände bis auf Artniveau bestimmt werden. Flugzeit: V–IX. Eine Generation im Jahr.

Selbstgegrabene Nester im Boden an ebenen bis geneigten, oft dicht bewachsenen Stellen. Nestarchitektur noch weitgehend unbekannt. Die Larven spinnen einen Kokon. Nester einzeln, Nestkolonien wurden noch nicht bekannt. Solitäre Nistweise.

Pollentransporteinrichtung: Haarbürste an Hinterschiene und -ferse, Feuchtsammler. Alle untersuchten Arten sind streng oligolektisch. Die Blütenpräferenzen der im Gebiet nur im östlichen Deutschland vorkommenden *M. wankowiczi* sind noch ungenügend bekannt, möglicherweise ist diese Art auf *Lythrum* spezialisiert.

Die Männchen patrouillieren die Pollenquellen der Weibchen ab. Sie schlafen einzeln oder zu mehreren dicht zusammengedrängt auf Blüten und anderen Pflanzenteilen.

Als Brutparasiten entwickeln sich in den Nestern der Sägehornbienen die Kuckucksbienen *Nomada emarginata* und *N. flavopicta*. Die Kopfdrüsensekrete der Männchen von *N. flavopicta* weisen eine sehr ähnliche chemische Zusammensetzung auf wie die Dufourdrüsensekrete der *Melitta*-Weibchen (siehe Kapitel «Brutparasiten», S. 31 ff.).

[1] *M. nigricans*, Weibchen im Anflug an *Lythrum salicaria*, Flaach (ZH)

[1]

Melitta dimidiata
Morawitz 1876

Vorkommen:	sehr selten
Flugzeit:	V VI VII

Kennzeichen:
11–13 mm. Weibchen mit schmalen weißen Hinterleibsbinden und schwarzer Endfranse. Hinterleib des Männchens in der vorderen Hälfte dicht gelbbraun, in der hinteren Hälfte schwarz behaart, ohne deutlich abgegrenzte Hinterleibsbinden. Spezialisierter Blütenbesuch.

Vorkommen:
Sehr selten. D: Bayern; A: Burgenland, Nieder- und Oberösterreich; CH: Graubünden, Wallis, bis 1600 m ü. M.

Biologische Angaben:
Flugzeit: V–VII. Oligolektisch, auf Esparsette *(Onobrychis)* spezialisiert.

Melitta haemorrhoidalis
(Fabricius 1775)

Vorkommen:	häufig
Flugzeit:	VII VIII IX

Kennzeichen:
11–13 mm. Weibchen mit linienschmalen weißen Hinterleibsbinden und rotbrauner Endfranse. Während in weiten Teilen des Verbreitungsareals Kopf und Brust des Weibchens vorwiegend gelbbraun behaart sind, kommen in den Alpen vollständig schwarz behaarte Tiere mit rotbrauner Endfranse vor. Hinterleib des Männchens in der vorderen Hälfte gelbbraun, in der hinteren Hälfte schwarzbraun behaart, ohne deutlich abgesetzte Hinterleibsbinden. Spezialisierter Blütenbesuch.

Vorkommen:
Häufig, wenn auch meist einzeln. Im Gebiet keine Verbreitungsgrenze, bis 2100 m ü. M.

Biologische Angaben:
Flugzeit: VII–IX. Oligolektisch, auf Glockenblumen *(Campanula)* spezialisiert.

[2] *M. dimidiata*, Weibchen an *Onobrychis viciifolia*, Zeneggen (VS)
[3] *M. haemorrhoidalis*, Männchen auf *Campanula glomerata*, Trois Villes (AO)

[2]

[3]

Melitta leporina
(Panzer 1799)

Vorkommen:	verbreitet
Flugzeit:	VII VIII IX

Kennzeichen:
11–13 mm. In beiden Geschlechtern dank spezialisiertem Blütenbesuch und breiter, fast die Hälfte der Tergitbreite einnehmender, gelbbraun gefärbter Hinterleibsbinden mit keiner anderen mitteleuropäischen *Melitta*-Art zu verwechseln. Spezialisierter Blütenbesuch.

Vorkommen:
Verbreitet. Im Gebiet keine Verbreitungsgrenze, bis 1600 m ü. M.

Biologische Angaben:
Flugzeit: VII–IX. In den Nestern von *M. leporina* liegen die horizontal orientierten Brutzellen einzeln am Ende von rechtwinklig mit dem senkrechten Hauptgang verbundenen Seitengängen. Oligolektisch, auf Schmetterlingsblütler (Fabaceae) spezialisiert. Bevorzugte Pollenquelle in Mitteleuropa ist die Luzerne *(Medicago sativa)*.

[4] *M. haemorrhoidalis*, Weibchen auf *Campanula trachelium*, Sur En (GR)
[5] *M. leporina*, Weibchen an *Medicago sativa*, St. Pierre (AO)

[4]

[5]

Melitta nigricans
Alfken 1905

Vorkommen:	verbreitet
Flugzeit:	VII VIII

Kennzeichen:
10–12 mm. Beide Geschlechter mit schmalen weißen Hinterleibsbinden. Weibchen mit schwarzer Endfranse. Spezialisierter Blütenbesuch.

Vorkommen:
Verbreitet. Im Gebiet keine Verbreitungsgrenze, bis 700 m ü. M. Entlang von Flüssen und Gräben, an Seeufern und auf Feuchtwiesen, wo die Pollenpflanze größere Bestände bildet.

Biologische Angaben:
Flugzeit: VII–VIII. Oligolektisch, auf Blutweiderich *(Lythrum salicaria)* spezialisiert.

Melitta tricincta
Kirby 1802

Vorkommen:	verbreitet
Flugzeit:	VIII IX

Kennzeichen:
10–12 mm. Beide Geschlechter mit schmalen weißen Hinterleibsbinden. Weibchen mit schwarzer Endfranse. Spezialisierter Blütenbesuch.

Vorkommen:
Verbreitet. Im Gebiet keine Verbreitungsgrenze, bis 1800 m ü. M.

Biologische Angaben:
Flugzeit: VIII–IX. Oligolektisch, auf Zahntrost *(Odontites)* spezialisiert.

[6] *M. nigricans*, Weibchen auf *Lythrum salicaria*, Flaach (ZH)
[7] *M. tricincta*, Weibchen auf *Odontites lutea*, Hohtenn (VS)

[6]

[7]

Melitturga – Schwebebienen

Zwei Arten im Gebiet (D: 1; A: 2; CH: 1).

13–16 mm. Weibchen ähneln großen *Andrena*-Arten, unterscheiden sich aber durch die charakteristische Art des Pollentransportes sowie bei *M. clavicornis* durch den weiß gefleckten Kopfschild. Männchen durch die auffallend großen blauen Augen, die keulenförmigen Fühler und das gelb gefärbte Gesicht unverwechselbar. Die beiden mitteleuropäischen Arten können bereits im Feld voneinander unterschieden werden. Flugzeit: VI–VIII. Eine Generation im Jahr.

Selbstgegrabene Nester im Boden an meist ebenen und lückig bewachsenen Stellen. Die horizontal orientierten Brutzellen liegen in einer Tiefe von 5–35 cm einzeln am Ende von einem bis mehreren Zentimetern langen, rechtwinklig vom senkrechten Hauptgang abzweigenden Seitengängen, die nach Verschluss der Brutzelle mit Erde gefüllt werden. Die Larven spinnen keinen Kokon. Nester meist in kleineren Kolonien. In der Regel solitäre Nistweise, gelegentlich jedoch kommunal mit zwei Weibchen pro Nest. Pollentransporteinrichtung: Bürste aus locker stehenden, kurzen Haaren an Hinterschiene und -ferse. Feuchtsammler. Der nektarfeuchte Pollen wird auf eine sehr charakteristische Art in Form eines Ringes rund um die Hinterschienen transportiert. *M. clavicornis* ist auf Schmetterlingsblütler (Fabaceae) spezialisiert, die Blütenpräferenzen von *M. praestans* sind unbekannt.

Die Männchen schweben dicht über dem Erdboden oder in wenigen Metern Höhe in der Luft, überwachen mit ihren riesigen Augen den Luftraum über Nestkolonien oder vor Blüten und stürzen sich auf vorbeifliegende Weibchen. Sie klammern bzw. beißen sich zum Schlafen an Pflanzenhalmen fest und bilden dabei oft lockere Schlafgesellschaften.

Die Kuckucksbiene: *Ammobatoides abdominalis*.

[1] *M. clavicornis*, Männchen auf *Vicia cracca*, Hohtenn (VS)

[1]

Melitturga clavicornis
(Latreille 1806)

Vorkommen:	sehr selten
Flugzeit:	VI VII VIII

Kennzeichen:
13–15 mm. Die weiße Fleckung des Kopfschildes beim Weibchen und der hellgelb gefärbte Fühlerschaft beim Männchen unterscheiden *M. clavicornis* von der im östlichen Österreich nachgewiesenen *M. praestans*. Bei Letzterer sind der weibliche Kopfschild und der männliche Fühlerschaft schwarz.

Vorkommen:
Sehr selten. D: Baden-Württemberg, Thüringen, Sachsen, Sachsen-Anhalt, Brandenburg; A: Burgenland, Niederösterreich; CH: Nordschweiz, Wallis, bis 1400 m ü. M.

Biologische Angaben:
Oligolektisch, auf Schmetterlingsblütler (Fabaceae) spezialisiert. Beliebte Pollenquellen sind u. a. Luzerne *(Medicago sativa)* und Esparsette *(Onobrychis viciifolia)* neben verschiedenen Wicken *(Vicia)*- und Klee *(Trifolium)*-Arten. Die Männchen besuchen für die Nektaraufnahme ebenfalls vorwiegend Schmetterlingsblütler.

[2] *M. clavicornis*, Weibchen auf *Astragalus onobrychis*, Susten (VS)
[3] *M. clavicornis*, Männchen überwacht schwebend den Luftraum bei Nestkolonie, St. Pierre (AO)

[2]

[3]

Nomada – Wespenbienen

91 Arten im Gebiet (D: 64; A: 80; CH: 73).

3–14 mm. Dank der glänzend schwarz-roten, schwarz-gelben oder schwarz-rot-gelben Färbung des nicht oder nur schwach behaarten Körpers leicht zu erkennen. Wespenbienen können allerdings bei oberflächlicher Betrachtung mit Grab- und Faltenwespen, die rein schwarz-rot gefärbten Arten auch mit Bienen der Gattung *Sphecodes* verwechselt werden, unterscheiden sich jedoch durch andere Körperform und -proportionen. Mit Ausnahme ganz vereinzelter, besonders charakteristisch gefärbter Arten können die Wespenbienen im Feld nicht bis auf Artniveau bestimmt werden. Flugzeit: III–IX, wobei die überwiegende Mehrheit der Arten im Frühling fliegt. Meist nur eine Generation im Jahr, vereinzelte Arten mit zwei Generationen im Frühling bzw. Sommer. Die Wespenbienen sind Kuckucksbienen. Die meisten Arten schmarotzen bei *Andrena*, gut ein halbes Dutzend Arten bei *Halictus*, drei Arten bei *Panurgus*, zwei Arten bei *Melitta* und eine Art bei *Eucera*. Die Weibchen suchen in einem sehr typischen, langsamen und wendigen Flug dicht über der Bodenoberfläche nach Wirtsnestern. Sie beziehen in unmittelbarer Nähe eines entdeckten Wirtsnestes mit charakteristisch vorgestreckten Fühlern Lauerposition und stellen dabei vermutlich geruchlich fest, ob sich die Nestbesitzerin noch im Nest aufhält. Erst nachdem diese ihr Nest verlassen hat, dringen sie in das fremde Nest ein. Nesteingänge, die von einzelnen *Andrena*-Arten vor jedem Sammelflug mit Erde verschlossen werden, werden geöffnet und nach der Eiablage in die fremde Zelle teilweise wieder zugescharrt. Entdeckte Wirtsnester werden in regelmäßigen Abständen kontrolliert, um den geeigneten Zeitpunkt für die Eiablage festzustellen. In Wirtsnestnähe reagieren Wespenbienen aggressiv auf artgleiche Weibchen. Vermutlich aufgrund einer Tarnung der Wespenbienen mit Duftstoffen, die mit denen der Wirte identisch sind, reagieren die Wirtsbienen in Nestnähe kaum auf Wespenbienen (siehe Kapitel «Brutparasiten», S. 31 ff.). Für die Eiablage bohren die Weibchen möglicherweise mit dem charakteristisch geformten, seitlich mit krallenartigen Fortsätzen versehenen Sternit 6 ein Loch in die Wirtszellwand. Das Ei wird im Gegensatz zu anderen Vertretern der Nomadini nicht vollständig in die Zellwand eingebettet, sondern ragt mit seiner Spitzenhälfte ins Innere der Zelle vor. Teilweise werden vom gleichen Weibchen unmittelbar nacheinander zwei Eier in eine einzige Wirtszelle abgelegt. Die Larven spinnen keinen Kokon. Wespenbienen schlafen in Erdlöchern, in Blüten oder beißen sich mit ihren Oberkiefern an Blättern und Halmen fest.
Die Männchen umschwärmen in Gruppen Hecken und Sträucher oder patrouillieren auf bestimmten Flugbahnen.

[1] *N. marshamella*, Weibchen am Nest von *Andrena carantonica*, Agasul (ZH)

[1]

Nomada fabriciana
(Linnaeus 1767)

Vorkommen:	häufig
Flugzeit:	III IV V VI VII VIII

Kennzeichen:
7–10 mm. Im Feld nicht von anderen vorwiegend schwarz-rot gefärbten *Nomada*-Arten zu unterscheiden.

Vorkommen:
Häufig. Im Gebiet keine Verbreitungsgrenze, bis 1950 m ü. M.

Biologische Angaben:
Flugzeit: III–VIII. Zwei Generationen.
Brutparasit bei *Andrena bicolor*, *A. chrysosceles* und wahrscheinlich weiteren *Andrena*-Arten.

Nomada flavopicta
(Kirby 1802)

Vorkommen:	verbreitet
Flugzeit:	VII VIII IX

Kennzeichen:
9–12 mm. Kann im Feld aufgrund der späten Flugzeit, des gelben und schwarzen Körpers und der roten Beine erkannt werden.

Vorkommen:
Verbreitet. Im Gebiet keine Verbreitungsgrenze, bis 1200 m ü. M.

Biologische Angaben:
Flugzeit: VII–IX. Brutparasit bei *Melitta*.

[2] *N. fabriciana*, Weibchen am Nistplatz von *Andrena bicolor*, Agasul (ZH)
[3] *N. flavopicta*, Weibchen auf *Senecio erucifolius*, Solothurn

[2]

[3]

Nomada marshamella
(Kirby 1802)

Vorkommen:	häufig
Flugzeit:	IV V

Kennzeichen:
9–14 mm. Im Feld nicht von ähnlichen *Nomada*-Arten zu unterscheiden.

Vorkommen:
Häufig. Im Gebiet keine Verbreitungsgrenze, bis 1500 m ü. M.

Biologische Angaben:
Flugzeit: IV–V. Brutparasit bei *Andrena carantonica* und weiteren *Andrena*-Arten.

Nomada lathburiana
(Kirby 1802)

Vorkommen:	verbreitet
Flugzeit:	III IV V VI VII VIII

Kennzeichen:
9–13 mm. Im Feld nicht von ähnlichen *Nomada*-Arten zu unterscheiden.

Vorkommen:
Verbreitet. Im Gebiet keine Verbreitungsgrenze, bis 2000 m ü. M.

Biologische Angaben:
Flugzeit: III–VIII. Brutparasit bei *Andrena cineraria*, *A. vaga* und *A. barbareae*. Fliegt bei den ersteren beiden Arten, die beide nur je eine Generation ausbilden, im Frühling, bei der 2-brütigen *A. barbareae* jedoch in zwei Generationen im Frühling bzw. Sommer.

[4] *N. marshamella*, Weibchen, Agasul (ZH)
[5] *N. lathburiana*, Weibchen auf *Allium sphaerocephalon*, Zenggen (VS)

[4]

[5]

Nomada panzeri

Lepeletier 1841
(= *N. ruficornis* auct.)

Vorkommen:	häufig											
Flugzeit:				IV	V	VI						

Kennzeichen:
6–11 mm. Im Feld nicht von ähnlichen *Nomada*-Arten zu unterscheiden.

Vorkommen:
Häufig. Im Gebiet keine Verbreitungsgrenze, bis 2200 m ü. M.

Biologische Angaben:
Flugzeit: IV–VI. Brutparasit bei *Andrena fucata*, *A. helvola* und weiteren Arten der *A. varians*-Gruppe.

Nomada similis

Morawitz 1872

Vorkommen:	selten											
Flugzeit:						VI	VII	VIII				

Kennzeichen:
8–10 mm. Im Feld nicht von anderen vorwiegend schwarz-rot gefärbten *Nomada*-Arten zu unterscheiden.

Vorkommen:
Selten. Im Gebiet keine Verbreitungsgrenze, bis 1900 m ü. M.

Biologische Angaben:
Flugzeit: VI–VIII. Brutparasit bei *Panurgus banksianus* und möglicherweise weiteren *Panurgus*-Arten.

[6] *N. panzeri*, Weibchen inspiziert Wirtsnester, Zürich
[7] *N. similis*, Weibchen schlafend, Jeizinen (VS)

[6]

[7]

Nomia – Schienenbienen

Zwei Arten im Gebiet (D: 1; A: 2; CH: 1). *Nomia* wird oft in zwei Gattungen aufgeteilt, wobei unsere Arten zur Gattung *Pseudapis* gestellt werden.

7–10 mm. Schwarz gefärbte, auffallend grob punktierte Bienen mit weißen Basalbinden auf den Hinterleibstergiten, die teilweise durch die durchscheinenden, rötlich aufgehellten Endränder der vorangehenden Segmente verdeckt sind. Durch die ungewöhnlich großen, hell gefärbten Flügelschuppen mit keiner anderen Bienengattung zu verwechseln. Männchen mit stark verdickten Hinterschenkeln, die unterseits dicht mit langen, weißen Schuppenhaaren besetzt sind, sowie mit langem, lamellenartigem Fortsatz am Ende der Hinterschienen. Die beiden mitteleuropäischen Arten können im Feld auseinandergehalten werden.

Flugzeit: VI–VIII. Vermutlich nur eine Generation im Jahr. Selbstgegrabene Nester im Boden an meist ebenen und vegetationsarmen Stellen. Nestarchitektur erst ansatzweise bekannt. Die Brutzellen werden als grobe Höhlungen ausgeschachtet, die ihre endgültige Form erst nach dem Einbau einer Schicht Erde erhalten. Letztjährige Nester werden teilweise wiederbenutzt. Die Larven spinnen keinen Kokon. Nester meist in Kolonien. Einzelne Beobachtungen, wonach mehrere Weibchen denselben Nesteingang benutzen, weisen auf eine kommunale Nistweise hin.

Pollentransporteinrichtung: Haarbürste an Hinterschiene und -ferse sowie Körbchen auf der Unterseite des Hinterschenkels. Ein kleiner Teil des Pollens wird zusätzlich an den Seiten des Mittelsegmentes in das Nest transportiert. Die beiden mitteleuropäischen Arten sind wahrscheinlich polylektisch.

Die Männchen patrouillieren die Pollen- und Nektarquellen der Weibchen entlang von duftmarkierten Flugbahnen ab. Sie klammern sich zum Schlafen einzeln oder in lockeren Gruppen an Halmen, auf Fruchtständen und Ähnlichem fest. Die Funktion der seltsam geformten Hinterbeine der Männchen ist noch unbekannt, ein Zusammenhang mit dem Paarungsgeschehen ist wahrscheinlich.

Die Kuckucksbiene *Pasites maculatus* entwickelt sich brutparasitisch in den Nestern von *Nomia*.

[1] *N. diversipes*, Männchen schlafend, St. Pierre (AO)

[1]

Nomia diversipes
Latreille 1806

Vorkommen:	selten
Flugzeit:	VI VII VIII

Kennzeichen:
7–8 mm. Im Gelände durch die geringere Größe von der zweiten mitteleuropäischen Art, *N. femoralis*, zu unterscheiden, welche mit einer Körperlänge von 9–10 mm deutlich größer ist. Von letzterer Art liegen im Gebiet nur alte Nachweise aus Hessen und Niederösterreich vor.

Vorkommen:
Selten. A: Burgenland; CH: Wallis, bis 1450 m ü. M..

Biologische Angaben:
In den Nestern liegen die vertikal orientierten Brutzellen einzeln unterhalb von waagrechten Seitengängen oder sie sind zu mehreren dicht gedrängt in Waben angeordnet, die von ringförmigen Gängen umgeben sind. Die Luzerne *(Medicago sativa)* ist eine beliebte Pollen- und Nektarquelle.

[2] *N. diversipes*, Weibchen, St. Pierre (AO)
[3] *N. diversipes*, Männchen auf *Reseda lutea*, Hohtenn (VS)

[2]

[3]

Nomioides – Steppenbienen

Zwei Arten im Gebiet (D: 1; A: 2).
3–5 mm. Weibchen durch winzige Größe, metallisch grüne Färbung von Kopf und Brust sowie blass gelben, schwarzbraun gebänderten Hinterleib unverwechselbar. Männchen mit reduzierter Gelbfärbung des Hinterleibes, dadurch im Feld leicht mit kleinen *Halictus*-Männchen zu verwechseln, mit denen sie die lang gestreckte Körperform und die langen Fühler gemeinsam haben. Die beiden mitteleuropäischen Arten sind im Feld nicht zu unterscheiden. Flugzeit: VI–VIII. Eine Generation im Jahr.
Selbstgegrabene, 15–45 cm tiefe Nester im Boden an ebenen bis schwach geneigten, vegetationslosen bis spärlich bewachsenen und meist sandigen Stellen. Die horizontal orientierten Brutzellen liegen einzeln am Ende von teilweise mehrfach verzweigten, bis 8 cm langen, waagrechten Seitengängen, die nach Verschluss der Brutzelle mit Erde gefüllt werden. Der senkrechte Hauptgang endet wie bei *Halictus* blind. Die Larven spinnen keinen Kokon. Nester einzeln oder in kleineren bis größeren Kolonien. Für beide mitteleuropäischen Arten ist sowohl eine solitäre wie eine kommunale (mit 2 bis 5 Weibchen pro Nest) Nistweise belegt.
Pollentransporteinrichtung: Haarbürste an Hinterschiene und -ferse sowie Körbchen auf der Unterseite des Hinterschenkels. Polylektisch.
Als Kuckucksbiene wurde die in Mitteleuropa noch nicht nachgewiesene Blutbienenart *Sphecodes nomioidis* bekannt.

Nomioides minutissimus

(Rossi 1790)

Vorkommen:	sehr selten
Flugzeit:	VI VII VIII

Kennzeichen:
3–4 mm. Im Feld nicht von der zweiten mitteleuropäischen Art, *Nomioides variegatus*, zu unterscheiden, von der alte Nachweise aus Niederösterreich vorliegen.

Vorkommen:
Sehr selten. D: Baden-Württemberg, Bayern, Rheinland-Pfalz, Hessen; A: Burgenland, Kärnten, Niederösterreich. Nur in Sandgebieten, in D auf Binnendünen.

Biologische Angaben:
Für die Pollen- und Nektaraufnahme werden die unterschiedlichsten Blüten besucht, beliebt sind z. B. Thymian *(Thymus)*, Resede *(Reseda)* und Mauerpfeffer *(Sedum)*.

[1] *N. facilis*, Weibchen auf *Polygonum aviculare*, St. Pierre (AO)
(Diese im Gebiet nicht vorkommende Art sieht *N. minutissimus* sehr ähnlich.)

[1]

Osmia – Mauerbienen

Verschiedene Autoren splittern die mitteleuropäischen Mauerbienen in die Gattungen *Anthocopa, Chelostoma, Heriades, Hoplitis, Hoplosmia, Osmia* und *Protosmia* auf.

67 Arten im Gebiet (D: 64; A: 55; CH: 57).

4–15 mm. Schwarz, schwarz-rot oder metallisch blau, grün, kupfern oder purpurn gefärbte, oft stark behaarte Bienen ohne eindeutige gattungstypische Feldkennzeichen, die sie auf den ersten Blick von allen anderen Gattungen der Megachilinae unterscheiden würden. Im Gelände von *Lithurgus* und *Megachile* durch den weniger stark abgeplatteten Hinterleib und das meist anders geformte erste Hinterleibstergit, von *Anthidium* durch das Fehlen einer gelben Fleckung des Körpers, Blütenbesuch, Pollensammelverhalten, Flugzeit und/oder Nistweise abzugrenzen. Die Männchen vieler Arten mit Zähnen, Dornen oder vorstehenden Ecken am Hinterleibsende und/oder auf der Bauchseite. In Kombination mit dem oft charakteristischen Blütenbesuch können ungefähr ein Drittel der mitteleuropäischen Arten im weiblichen Geschlecht bereits im Feld zuverlässig bestimmt werden. Die Bestimmung der Männchen im Gelände ist schwieriger.

Flugzeit: III–IX. Eine Generation im Jahr, vereinzelte Arten mit partieller zweiter Generation. Bei vielen Arten schlüpft ein Teil der Individuen erst nach der zweiten Überwinterung aus den Brutzellen (Partivoltinismus). *O. alticola*, *O. inermis* und *O. mitis* steigen in den Alpen bis über die Waldgrenze.

Nistweisen sehr vielfältig. Die meisten Mauerbienen legen ihre Brutzellen in bereits vorhandenen Hohlräumen an, wie Käferfraßgängen in Totholz, hohlen Pflanzenstängeln, verlassenen Nestern anderer Stechimmen, Gallen, Fels-, Mauer- und Erdspalten, unter Steinen, im Schutz von Grasbüscheln oder in Schneckengehäusen. Die natürlicherweise in Käferfraßgängen nistenden Arten besiedeln gerne auch Nisthilfen. Mindestens acht mitteleuropäische Arten sind befähigt, Gänge im Mark dürrer Stängel, in Gallen, in Totholz oder in Rinde auszunagen, während vier Arten ihre Brutzellen in selbstgegrabenen Gängen im Boden anlegen. Eine letzte Gruppe von vier Arten baut aus Erde und Steinchen Freinester an Steine, Felsen oder Mauern, die oft wiederbenutzt werden. Ebenso vielfältig wie die Nistorte sind auch die verwendeten Nestbaumaterialien. Viele Mauerbienen bauen Zellzwischenwände, Nestverschlüsse oder ganze Zellen unter Zugabe von Speichel aus zerkautem Blattmaterial (Pflanzenmörtel), Harz oder aus mit Steinchen vermischter Erde. Andere verwenden Blütenkronblätter, Laubblattstücke oder Markpartikel. Zahlreiche Arten mauern auf Höhe der späteren Zellwand aus Pflanzenmörtel oder Erde einen schmalen Saum (Türschwelle), wodurch die Länge der Brutzelle bereits vor der Verproviantierung festgelegt ist und damit

[1] *O. loti*, Weibchen am Nest, Gemmipass (BE)

[1]

dem Weibchen eine genaue Bemessung der einzutragenden Vorratsmenge ermöglicht. Die Larven spinnen einen Kokon. Die überwiegende Mehrheit der Mauerbienen lebt solitär, bei einigen Arten ist jedoch eine kommunale Nistweise nachgewiesen; vereinzelte Arten zeigen Ansätze zu einem quasisozialen Verhalten (mehrere Weibchen arbeiten gemeinsam an einem Nest, aber jedes legt selbst Eier in seine Zelle). Pollentransporteinrichtung: Haarbürste auf der Unterseite des Hinterleibes. Knapp die Hälfte der mitteleuropäischen Arten sind oligolektisch und je nach Art für das Pollensammeln auf Glockenblumen *(Campanula)*, Wachsblumen *(Cerinthe)*, Natterkopf *(Echium)*, Lein *(Linum)*, Korbblütler (Asteraceae), Kreuzblütler (Brassicaceae), Kardengewächse (Dipsacaceae), Hahnenfuß (Ranunculaceae) bzw. Schmetterlingsblütler (Fabaceae) spezialisiert. Rund zwei Fünftel sind mehr oder weniger polylektisch, während die Blütenpräferenzen des restlichen Siebtels noch unzureichend bekannt sind. Mehrere Arten mit speziellen Pollensammeleinrichtungen für die Ausbeutung von Blüten, bei denen die Staubbeutel entweder eine oberständige Lage einnehmen oder im Innern enger Röhren versteckt liegen. Die bisher untersuchten Arten benötigen für die Verproviantierung einer Brutzelle meist durchschnittlich 20–40 Sammelflüge. Bau und Verproviantierung einer Brutzelle dauern bei gutem Wetter meist ein bis zwei Tage. Die Paarungsstrategien der meisten Arten sind noch unbekannt. Die Männchen einiger weniger Arten verteidigen im Bereich der Nahrungspflanzen ihrer Weibchen kleine Territorien gegen arteigene Männchen. Die Männchen anderer Arten besetzen individuelle Flugareale, an denen sie über Tage und Wochen festhalten können. Innerhalb dieser Flugareale werden die Nahrungspflanzen der Weibchen und/oder die Nistplätze auf oft festgelegten, teils duftmarkierten und gelegentlich verteidigten Flugbahnen abpatrouilliert. Vor allem zu Beginn der Flugzeit schwärmen die Männchen mancher Arten direkt an den Nistplätzen und verpaaren sich mit frisch schlüpfenden Weibchen. Männchen schlafen einzeln oder in kleinen Gruppen in den unterschiedlichsten Hohlräumen, seltener auf Blüten.

Bei *Osmia* schmarotzen Kuckucksbienen der Gattungen *Stelis* und *Dioxys*. Andere wichtige Brutparasiten sind Vertreter der Keulenwespen (Sapygidae), der Goldwespen (Chrysididae) und der Wollschweber (Bombyliidae), Buntkäfer der Gattung *Trichodes* (Cleridae), die Taufliege *Cacoxenus indagator* (Drosophilidae) sowie die Erzwespen *Melittobia acasta* (Eulophidae), *Leucospis dorsigera* (Leucospididae), *Pteromalus* spp. (Pteromalidae) und *Monodontomerus* spp. (Torymidae).

[2] *O. adunca*, Weibchen beim Nestverschluss, Agasul (ZH)
[3] *O. adunca*, Männchen, Agasul (ZH)

[2]

[3]

Osmia adunca
(Panzer 1798)

Vorkommen:	verbreitet
Flugzeit:	VI VII VIII

Kennzeichen:
8–12 mm. Im Feld nicht von mehreren ähnlichen Arten der *O. adunca*-Gruppe zu unterscheiden, die ebenfalls auf Natterkopf spezialisiert sind.

Vorkommen:
Verbreitet. Im Gebiet keine Verbreitungsgrenze, bis 2100 m ü. M.

Biologische Angaben:
Flugzeit: VI–VIII. Legt die Brutzellen linienförmig hintereinander in unterschiedlichen Hohlräumen an, wie Käferfraßgängen in Totholz, hohlen Pflanzenstängeln, verlassenen Stechimmennestern, Fels- und Mauerspalten und Ähnlichem. Besiedelt gerne Nisthilfen. Als Baumaterial für die Zellwände und den Nestverschluss dient mit Steinchen vermischte Erde. Die Nestverschlüsse werden häufig mit abgenagten Holzstückchen, Sand und Ähnlichem getarnt. Bis zu 60 % der Larven überwintern ein zweites Mal. Oligolektisch, auf Natterkopf *(Echium)* spezialisiert. Männchen patrouillieren *Echium*-Blüten ab oder verteidigen einzelne *Echium*-Pflanzen gegen arteigene Männchen.
Kuckucksbiene: möglicherweise *Stelis punctulatissima*.

Osmia andrenoides
Spinola 1808

Vorkommen:	selten
Flugzeit:	V VI VII

Kennzeichen:
6–8 mm. Beide Geschlechter dank rot gefärbter Basis des Hinterleibes unverwechselbar.

[4] *O. adunca*, Nestverschluss, getarnt mit abgenagten Holzsplitterchen, Agasul (ZH)
[5] *O. adunca*, Weibchen auf *Echium vulgare*, Solothurn
[6] *O. andrenoides*, Weibchen auf *Stachys recta*, St. Rome de Tarn (AV)

[4]

[5]

[6]

Vorkommen:
Selten. Die nördliche Verbreitungsgrenze verläuft durch das mittlere Deutschland. Siedlungsschwerpunkt sind steinige Trockenhänge.

Biologische Angaben:
Flugzeit: V–VII. Nistet in leeren Schneckengehäusen. Die wenigen bisher gefundenen Nester befanden sich unter hohl aufliegenden Steinen. Zellwände und Nestabschlusswand bestehen aus Pflanzenmörtel, der Nestaufbau ist im Detail jedoch noch unbekannt. Polylektisch mit deutlicher Vorliebe für Lippenblütler (Lamiaceae). Weibchen kämmen den Pollen mit reibenden Kopfbewegungen aus den oberständigen Staubbeuteln der Lippenblütler direkt in eine spezialisierte Gesichtsbehaarung aus wellenförmig verbogenen Haaren.

Osmia aurulenta
(Panzer 1799)

Vorkommen:	verbreitet
Flugzeit:	IV V VI VII VIII

Kennzeichen:
8–10 mm. Weibchen im frischen Zustand durch die leuchtend braunrote Behaarung von Kopf, Brust und Tergit 1, der ebenso gefärbten schmalen Tergitbinden sowie der orangeroten Bauchbürste einzig mit *O. rufohirta* zu verwechseln. Von Letzerer durch den deutlich gedrungenen Körperbau und den verhältnismäßig größeren Kopf abzugrenzen. Abgeflogene Weibchen ähneln *O. tridentata*, die jedoch einen merklich lang gestreckteren Körper hat. Männchen im Feld kaum ansprechbar.

Vorkommen:
Verbreitet. Im Gebiet keine Verbreitungsgrenze, jedoch vorwiegend in Kalkgebieten auftretend, bis 2000 m ü. M.

Biologische Angaben:
Flugzeit: IV–VIII. Die ab Mitte Sommer fliegenden Individuen sind möglicherweise Vertreter einer partiellen zweiten Generation. Nistet obligatorisch in leeren Schneckengehäusen,

[7] *O. aurulenta*, Herstellen von Blattmörtel aus Blättern der Nachtkerze (*Oenothera* sp.), Pfungen (ZH)
[8] *O. aurulenta*, Weibchen vollendet den Nestverschluss am Gehäuse einer Weinbergschnecke, Unterstammheim (ZH)

[7]

[8]

bevorzugt dabei im Vergleich zu den anderen mitteleuropäischen Schneckenhausbienen der Gattung *Osmia* mittelgroße *(Arianta, Cepaea)* bis große *(Helix)* Gehäuse. Die Nester sind meist mehrzellig und bestehen aus bis zu 17 Brutzellen, die in *Helix*-Gehäusen bei größerer Gangweite nicht linienförmig hinter-, sondern nebeneinanderliegen. Während der Nestbauarbeiten wird die Schalenaußenseite wiederholt mit kleinen Flecken aus Pflanzenmörtel bepflastert. Die Funktion dieses sonderbaren Verhaltens, das auch bei anderen schneckenhausbewohenden *Osmia*-Arten beobachtet werden kann, ist noch unklar. Auf die letzten verproviantierten Zellen folgen eine oder mehrere Leerzellen. Eine weitere Wand wird auf Höhe der Gehäusemündung eingezogen. Als Baumaterial für die Zellwände und den Nestverschluss dient Pflanzenmörtel, der auf unterschiedlichen Pflanzen gesammelt wird. Das Gehäuse wird im Gegensatz zu anderen in Schneckenhäusern nistenden *Osmia*-Arten weder bewegt noch unter einem Streuhaufen versteckt. Polylektisch, bevorzugt Schmetterlingsblütler (Fabaceae) und Lippenblütler (Lamiaceae). Weibchen verfügen im Gesichtsbereich für die Ausbeutung von Lippenblütlern über einen ähnlichen Pollensammelapparat wie *O. andrenoides* und *O. caerulescens*. Männchen legen in ihren Fluggebieten Duftmarken an Pflanzenhalmen an und kontrollieren auf der Suche nach paarungswilligen Weibchen regelmäßig umherliegende Schneckengehäuse. Sie schlafen einzeln oder in kleinen Gruppen von bis zu sieben Individuen in leeren Schneckenhäusern.

[9] *O. bicolor*, Brutzelle in geöffnetem Schneckenhaus, Eingang mit Erdbröckchen, Steinchen und Anderem verbarrikadiert, Merishausen (SH)
[10] *O. bicolor*, Weibchen markiert Schneckenhaus mit Pflanzenmörtel, Flaach (ZH)

[9]

[10]

Osmia bicolor
(Schrank 1781)

Vorkommen:	verbreitet
Flugzeit:	III IV V VI

Kennzeichen:
8–10 mm. Weibchen dank schwarz-rotem Färbungsmuster einzig mit *O. cornuta* zu verwechseln, die jedoch deutlich größer ist und einen gehörnten Kopfschild hat. Männchen im Feld kaum bestimmbar.

Vorkommen:
Verbreitet. Im Gebiet keine Verbreitungsgrenze, jedoch auf Kalkgebiete beschränkt, bis 2200 m ü. M.

Biologische Angaben:
Flugzeit: III–VI. Legt meist einzellige Nester in mittelgroßen Schneckengehäusen *(Arianta, Cepaea, Brachybaena)* an. Die Gehäuse werden zu Beginn der Nestbauarbeiten fleckenweise mit Pflanzenmörtel beklebt. Der Nestverschluss besteht aus einem durch Wände aus Pflanzenmörtel begrenzten, 1–2 cm dicken Pfropfen aus dicht gepackten kleinen Steinchen, Erdbröckchen und Ähnlichem. Das fertige Nest wird so gedreht, dass die Nestabschlusswand direkt zum Erdboden gerichtet ist und teilweise auch in den Boden versenkt. Danach wird es mit Dutzenden von einzeln herbeigetragenen Kiefernnadeln, dürren Halmen und Ähnlichem überdeckt. Die Weibchen haben die Nester offenbar auch nach ihrer Fertigstellung noch unter Kontrolle, werden doch die Nester nach künstlicher Entfernung des Streuhaufens wieder zugedeckt. Ausgesprochen polylektische Art, die sogar «Windblütler» wie Wegerich *(Plantago)* und Segge *(Carex)* zu nutzen weiß. Männchen patrouillieren entlang ihrer Flugbahnen Blüten und Schneckengehäuse ab. Sie schlafen einzeln oder in kleinen Gruppen in Schneckenhäusern.

[11] *O. bicolor*, Weibchen tarnt das Nest im Schneckenhaus mit Föhrennadeln, Flaach (ZH)
[12] *O. bicolor*, getarntes Nest, Flaach (ZH)

[11]

[12]

Osmia bicornis

(Linnaeus 1758
(= *O. rufa*)

Vorkommen:	häufig ■■■■
Flugzeit:	III IV V VI

Kennzeichen:
8–13 mm. Weibchen dank graubraun behaarter Brust, orangebraun behaarten Tergiten 1–3, schwarz behaarten Tergiten 4–6, gelbbrauner Bauchbürste, schwach grünlichem Körperglanz und auffälligen Hörnern auf dem Kopfschild nur mit der sehr seltenen *O. cerinthidis* zu verwechseln, die jedoch auf Wachsblume *(Cerinthe)* spezialisiert ist und die Westgrenze ihres mitteleuropäischen Verbreitungsgebietes in Bayern erreicht. Männchen ähnlich wie Weibchen gefärbt und behaart, aber mit auffallend langen Fühlern; im Feld kaum von *O. cerinthidis* und *O. mustelina* zu unterscheiden.

Vorkommen:
Häufig. Im Gebiet keine Verbreitungsgrenze, bis 1600 m ü. M.

Biologische Angaben:
Flugzeit: III–VI. Legt die Brutzellen in einer Vielzahl unterschiedlicher Hohlräume an. Besiedelt gerne Nisthilfen. In nicht linearen Hohlräumen liegen die Brutzellen flächig nebeneinander. Zellwände und Nestverschluss werden aus feuchter Erde gebaut. Ausgesprochen polylektische Art, die auch Pollenquellen zu nutzen weiß, die von anderen Bienen kaum besucht werden, wie z. B. Eiche *(Quercus)* oder Hagebuche *(Carpinus betulus)*. Die Funktion der Gesichtshörner beim Weibchen ist unklar. Männchen warten an den Nistplätzen auf schlüpfende Weibchen oder patrouillieren Blüten ab.

[13] *O. bicornis*, Paarungsversuch, Agasul (ZH)
[14] *O.bicornis*, Weibchen auf *Papaver argemone*, Agasul (ZH)

[13]

[14]

Osmia brevicornis
(Fabricius 1798)
(= *O. atrocaerulea*, *O. panzeri*)

Vorkommen:	selten
Flugzeit:	IV V VI

Kennzeichen:
8–11 mm. Weibchen durch blau schillernden Körper, rostrot gefärbte Bauchbürste und spezialisierten Blütenbesuch bereits im Gelände leicht kenntlich. Männchen im Feld nicht ansprechbar.

Vorkommen:
Selten. Im Gebiet keine Verbreitungsgrenze, bis 1400 m ü. M.

Biologische Angaben:
Flugzeit: IV–VI. Nistet vorwiegend in Käferfraßgängen in Totholz. Auch in Nisthilfen. Außergewöhnlicher Nestaufbau: Der Nestgang ist durch keine Zellzwischenwände unterteilt, sondern durchgehend mit dem Nahrungsvorrat gefüllt, in den bis zu 20 Eier eingebettet werden. Die Nestabschlusswand besteht aus Pflanzenmörtel und liegt mehrere Millimeter tief im Ganginnern. Oligolektisch, auf großblütige Kreuzblütler (Brassicaceae) spezialisiert.

Osmia caerulescens
(Linnaeus 1758)
(= *O. aenea*)

Vorkommen:	häufig
Flugzeit:	IV V VI VII VIII

Kennzeichen:
8–10 mm. Weibchen durch blau schillernden und dünn weißgrau behaarten Körper sowie schwarz gefärbte Bauchbürste einzig mit der seltenen *O. submicans* zu verwechseln, die mit einer Körperlänge von 7–8 mm jedoch kleiner ist. Männchen im Feld nicht zu bestimmen.

Vorkommen:
Häufig. Im Gebiet keine Verbreitungsgrenze, bis 1900 m ü. M.

[15] *O. brevicornis*, Weibchen auf *Hesperis matronalis*, Agasul (ZH)
[16] *O. caerulescens*, Weibchen auf *Lotus corniculatus*, Solothurn

[15]

[16]

Biologische Angaben:
Flugzeit: IV–VIII. Die ab Mitte Sommer fliegenden Individuen sind Angehörige einer partiellen zweiten Generation. Legt die Brutzellen meist linienförmig hintereinander in unterschiedlichen Hohlräumen an: Käferfraßgänge, hohle Pflanzenstängel, verlassene Stechimmennester, Gänge in Abbruchkanten und Ähnliches. Besiedelt auch Nisthilfen. Zellwände und Nestverschluss bestehen aus Pflanzenmörtel. Polylektisch mit deutlicher Bevorzugung von Schmetterlingsblütlern (Fabaceae) und Lippenblütlern (Lamiaceae). Weibchen im Gesichtsbereich mit ähnlichem Pollensammelapparat wie *O. andrenoides* und *O. aurulenta*. Kuckucksbiene: *Stelis ornatula*.

Osmia campanularum

(Kirby 1802)
(= *Chelostoma campanularum*)

Vorkommen:	häufig
Flugzeit:	V VI VII VIII

Kennzeichen:
4–6 mm. Im Feld nicht von ähnlichen, auf die gleichen Pflanzen spezialisierten Arten zu unterscheiden.

Vorkommen:
Häufig. Im Gebiet keine Verbreitungsgrenze, bis 1400 m ü. M.

Biologische Angaben:
Flugzeit: V–VIII. Fliegt erst ab Ende Mai und erscheint damit bei gleicher geografischer Lage rund zwei Wochen später als *C. distinctum*. Oligolektisch, auf Glockenblumen *(Campanula)* spezialisiert. Kuckucksbiene: *Stelis minima*.

[17] *O. caerulescens*, Männchen, Solothurn
[18] *O. campanularum*, Weibchen auf *Campanula* sp., Agasul (ZH)

[17]

[18]

Osmia cornuta

(Latreille 1805)

Vorkommen:	verbreitet
Flugzeit:	III IV V

Kennzeichen:
10–15 mm. Weibchen dank schwarz-rotem Färbungsmuster, bedeutender Größe und gehörntem Kopfschild unverwechselbar; Männchen mit gleichem Färbungsmuster und zusätzlich auffällig weiß behaartem Kopfschild.

Vorkommen:
Verbreitet. Im Gebiet keine Verbreitungsgrenze; tritt hier schwerpunktsmäßig in Dörfern und Städten auf. Wurde in den letzten Jahrzehnten deutlich häufiger, bis 1400 m ü. M.

Biologische Angaben:
Flugzeit: III–V. Nistet in vorhandenen Hohlräumen vertikaler Flächen wie Mauerritzen, Felsspalten, verlassenen Stechimmennestern in Steilwänden und Nisthilfen. Als Baumaterial für die Zellwände und den Nestverschluss dient feuchte Erde. Polylektisch. Weibchen haben wie *O. bicornis* und zwei weitere mitteleuropäische Arten eine durch hornartige Fortsätze und Haarreihen begrenzte Eindellung auf dem Kopfschild, die möglicherweise beim Pollensammeln bzw. -transport eingesetzt wird. Männchen warten an den Nistplätzen auf ausschlüpfende Weibchen, patrouillieren aber auch Blüten ab.

[19] *O. cornuta*, Paarung, Solothurn
[20] *O. cornuta*, Weibchen am Nest, Agasul (ZH)

[19]

[20]

Osmia dalmatica
Morawitz 1871

Vorkommen:	sehr selten
Flugzeit:	VI VII VIII

Kennzeichen:
11–14 mm. Beide Geschlechter durch bedeutende Größe, dicht gelbbraun bis grau behaarten Körper und charakteristischen Blütenbesuch unverwechselbar. Weibchen zusätzlich mit weiß gefärbter Bauchbürste, Männchen mit 2-lappigem Endtergit.

Vorkommen:
Sehr selten. CH: Wallis, Tessin. An Trockenhängen mit anstehendem Fels, von 1000 m bis 1700 m ü. M.

Biologische Angaben:
Flugzeit: VI–VIII. Legt die Brutzellen dicht nebeneinander in vertikal bis horizontal orientierten Stein- und Felsspalten sowie unter hohl aufliegenden Steinen an. Die Brutzellen sind zweischichtig und bestehen außen aus einer mehrere Millimeter dicken Schicht unterschiedlich stark zerkauter Laubblattstücke und innen aus einer dünnen Lage von Blütenblattstücken. Während die Weibchen im Wallis für die Herstellung der Außenschicht vorwiegend Laubblätter von Sonnenröschen *(Helianthemum)* nutzen, werden für die innere Zellauskleidung Blütenblätter von Storchschnabel *(Geranium)*, Feinblättrigem Lein *(Linum tenutfolium)*, Blauem Lattich *(Lactuca perennis)* und wahrscheinlich weiteren Pflanzen verwendet. Die Brutzelle wird unmittelbar nach der Ablage des Eies verdeckelt, indem ein bereits vor der Eiablage vorbereiteter, über den oberen Brutzellenrand vorragender Saum aus Blütenblattstücken eingeklappt wird. Danach wird die Brutzelle mit einem zweiten Deckel aus Pflanzenmörtel endgültig verschlossen. Oligolektisch, auf Kardengewächse (Dipsacaceae) spezialisiert. Besucht sowohl Witwenblume *(Knautia)* als auch Skabiose *(Scabiosa)*. Männchen patrouillieren auf der Suche nach paarungswilligen Weibchen in rasantem Flug Blütenköpfe von Witwenblumen und Skabiosen ab.

[21] *O. dalmatica*, offene Brutzelle in Felsspalte, außen aus Blattmörtel, innen mit Blütenblättern austapeziert, Erschmatt (VS)
[22] *O. dalmatica*, Weibchen auf *Knautia* sp., Gimillan (AO)
[23] *O. dalmatica*, Weibchen schneidet Blütenblattstücke von *Geranium pyrenaicum*, Gimillan (AO)

[21]

[22]

[23]

Osmia florisomnis

(Linnaeus 1758)
(= *Chelostoma florisomne*, *C. maxillosum*)

Vorkommen:	häufig
Flugzeit:	IV V VI

Kennzeichen:
7–11 mm. Weibchen unterscheidet sich von den anderen mitteleuropäischen *Osmia*-Arten durch die folgende Merkmalskombination: Tergitendränder mit schmalen weißen Haarfransen; lange, scherenartige Oberkiefer; Kopfschild am Vorderrand mit senkrecht abstehender Lamelle; spezialisierter Blütenbesuch. Männchen mit scharf gesägten Fühlern und halbkreisförmig ausgeschnittenem Endtergit, das in zwei abgestutzte Zapfen ausläuft.

Vorkommen:
Häufig. Im Gebiet keine Verbreitungsgrenze, bis 1900 m ü. M.

Biologische Angaben:
Flugzeit: IV–VI. Oligolektisch, auf Hahnenfuß *(Ranunculus)* spezialisiert. Sammelt Pollen durch rasches Auftupfen der Bauchbürste auf die Staubbeutel der *Ranunculus*-Blüten.

Osmia grande

(Nylander 1852)
(= *Chelostoma grande*)

Vorkommen:	sehr selten
Flugzeit:	V VI VII VIII

Kennzeichen:
12–14 mm. Durch bedeutende Größe und spezialisierten Blütenbesuch mit keiner anderen Art zu verwechseln.

Vorkommen:
Sehr selten. Im Gebiet lokal im Alpenbogen von 800 m bis 1600 m ü. M. A: Steiermark, Vorarlberg; CH: Alpennordhang und Wallis.

Biologische Angaben:
Flugzeit: V–VIII. Nest in Käferfraßgängen in Totholz. Zwischenwände und Nestverschluss bestehen aus mineralischem Mörtel.

[24] *Osmia florisomnis*, Weibchen auf *Ranunculus acris*, Agasul (ZH)
[25] *O. grande*, Weibchen auf *Knautia* sp., Jeizinen (VS)

[24]

[25]

Oligolektisch, auf Kardengewächse (Dipsacaceae) spezialisiert. Sammelt Pollen durch rasches Auftupfen der Bauchbürste auf die Staubbeutel der Blütenköpfe von Witwenblume *(Knautia)* und Skabiose *(Scabiosa)*. Parasiten: Buntkäfer *(Trichodes)* und Keulhornwespe *(Sapyga similis)*.

Osmia leaiana

(Kirby 1802)

Vorkommen:	verbreitet											
Flugzeit:					V	VI	VII	VIII				

Kennzeichen:
8–10 mm. Weibchen im Feld nicht von *O. niveata* zu unterscheiden, die ebenfalls eine leuchtend orangerote Bauchbürste besitzt, einen spärlich behaarten und schwach blau schillernden Hinterleib aufweist sowie auf Korbblütler spezialisiert ist. Männchen im Gelände nicht bestimmbar.

Vorkommen:
Verbreitet. Im Gebiet keine Verbreitungsgrenze, bis 2100 m ü. M.

Biologische Angaben:
Flugzeit: V–VIII. Nistet vorwiegend in Käferfraßgängen in Totholz, besiedelt auch Nisthilfen. Zellwände und Nestverschluss bestehen aus Pflanzenmörtel. Oligolektisch, auf Korbblütler (Asteraceae) spezialisiert. Besucht innerhalb der Korbblütler vorwiegend Flockenblumen und Disteln (Cardueae). Kuckucksbiene: *Stelis phaeoptera*.

[26] *O. leaiana*, Weibchen auf *Carduus nutans*, Agasul (ZH)
[27] *O. leaiana*, Brutzellen in Distelstängel, Agasul (ZH)

[26]

[27]

Osmia lepeletieri
Pérez 1879

Vorkommen:	selten
Flugzeit:	V VI VII

Kennzeichen:
8–11 mm. Im Feld nicht von mehreren ähnlichen Arten der *O. adunca*-Gruppe zu unterscheiden, die ebenfalls auf Natterkopf spezialisiert sind.

Vorkommen:
Selten. Im Gebiet keine Verbreitungsgrenze.

Biologische Angaben:
Flugzeit: V–VII. Baut steinharte Freinester aus gröberen, mit Mörtel zusammengekitteten Steinchen in kantigen Vertiefungen und Unebenheiten von Steinen und Felsen. Nester bestehen aus mehreren vertikal orientierten Brutzellen. Oligolektisch, auf Natterkopf *(Echium)* spezialisiert. Männchen verteidigen einzelne *Echium*-Pflanzen gegen arteigene Männchen. Kuckucksbiene: *Dioxys tridentata.*

Osmia leucomelana
(Kirby 1802)
(= *O. parvula*)

Vorkommen:	häufig
Flugzeit:	VI VII VIII

Kennzeichen:
6–8 mm. Im Feld nicht von ähnlichen *Osmia*-Arten zu unterscheiden.

Vorkommen:
Häufig. Im Gebiet keine Verbreitungsgrenze, bis 2000 m ü. M.

Biologische Angaben:
Flugzeit: VI–VIII. Nistet bevorzugt in selbstgenagten Gängen im Mark dürrer Pflanzenstängel, aber auch in hohlen Stängeln. Als Baumaterial für die Zellwände und den Nestverschluss dient Pflanzenmörtel. Polylektisch, bevorzugt Schmetterlingsblütler (Fabaceae). Kuckucksbienen: *Stelis minuta* und *S. ornatula*.

[28] *O. lepeletieri*, Weibchen auf Nest, Sur En (GR)
[29] *O. leucomelana*, Weibchen am Nesteingang, Agasul (ZH)

[28]

[29]

Osmia loti

Morawitz 1867

Vorkommen:	verbreitet
Flugzeit:	V VI VII VIII IX

Kennzeichen:
9–11 mm. Im Feld nicht von ähnlichen *Osmia*-Arten zu unterscheiden.

Vorkommen:
Im Alpenbogen verbreitet, von 1000 m bis 2200 m ü. M., selten tiefer D: Hessen Bayern; A: überall, ohne Niederösterreich und Burgenland; CH: Alpen, Jura.

Biologische Angaben:
Flugzeit: V–IX. Die Nester werden in Vertiefungen von Steinen und Felsen aus Mörtel gebaut. Oligolektisch auf Schmetterlingsblütler (Fabaceae).

Osmia minutula

Perez 1896

Vorkommen:	sehr selten
Flugzeit:	VII VIII

Kennzeichen:
4–5 mm. Weitaus kleinste *Osmia*-Art im Gebiet.

Vorkommen:
Sehr selten. CH: Wallis, von 800 m bis 1500 m ü. M.

Biologische Angaben:
Flugzeit: VII–VIII. Nistweise unbekannt. Polylektisch mit deutlicher Vorliebe für Lippenblütler (Lamiaceae). Bevorzugte Pollenquelle im Wallis ist der Berg-Gamander *(Teucrium montanum)*. Weibchen sammeln den Pollen auf dieser Pflanze, indem sie den Staubfäden entlang nach oben klettern und mit wippendem Hinterleib den Pollen direkt in die Bauchbürste aufnehmen. Männchen patrouillieren *Teucrium*-Blüten ab.

[30] *O. loti*, Weibchen am Nest, Gemmipass (BE)
[31] *O. minutula*, Weibchen an *Teucrium montanum*, Zeneggen (VS)

[30]

[31]

Osmia mitis

Nylander 1852

Vorkommen:	selten
Flugzeit:	VI VII VIII

Kennzeichen:
7–9 mm. Weibchen durch auffällig rostbraun behaarte Brustoberseite, glänzend schwarzen und nur schmal weiß gebänderten Hinterleib sowie weiße Bauchbürste einzig mit der noch selteneren *O. papaveris* zu verwechseln, die jedoch nicht auf Glockenblumen *(Campanula)* spezialisiert ist und eine andere Nistweise besitzt. Während der Hinterleib des Weibchens eine beinahe kugelige Form aufweist, ist der Hinterleib des ähnlich behaarten und gefärbten Männchens auffallend lang gestreckt und endet in einer stachelartigen Spitze.

Vorkommen:
Selten. Im Gebiet keine Verbreitungsgrenze, tritt hier aber schwerpunktsmäßig an wärmebegünstigten Trockenhängen im Alpenraum, lokal auch in warmen Tieflagen auf, bis 2400 m ü. M.

Biologische Angaben:
Flugzeit: VI–VIII. Die Brutzellen werden einzeln oder in kleinen Gruppen unter Steinen, in Felsspalten oder im Schutz dichter Grashorste versteckt. Sie bestehen aus meist länglichen Laubblattstücken, die derart ineinandergeschachtelt werden, dass die Zellen schließlich die Form winziger Föhrenzapfen annehmen. Im Wallis werden für den Bau der Brutzellen hauptsächlich Laubblattstücke von Sonnenröschen *(Helianthemum)* verwendet. Oligolektisch, auf Glockenblumen *(Campanula)* spezialisiert. Männchen patrouillieren Glockenblumen ab, welche von beiden Geschlechtern auch häufig als Schlafplätze genutzt werden.

[32] *O. mitis*, Weibchen auf *Campanula rotundifolia*, Quart (AO)
[33] *O. mitis*, Weibchen am Nest aus Blattstücken von Sonnenröschen (*Helianthemum* sp.), Zeneggen (VS)

[32]

[33]

Osmia mustelina

Gerstaecker 1869
(= *O. emarginata* auct.)

Vorkommen:	selten
Flugzeit:	V VI VII

Kennzeichen:
10–14 mm. Körper des Weibchens mit Ausnahme der schwarz behaarten Tergite 5–6 und der orangeroten Bauchbürste zottig gelbbraun behaart. Hinterleib mit schwachem grünlichem Glanz. Im Gegensatz zu den sehr ähnlichen Arten *O. cerinthidis* und *O. bicornis* ohne gehörnten Kopfschild. Männchen ähnlich wie Weibchen gefärbt und behaart, aber mit auffallend langen Fühlern; im Feld kaum von den letzteren beiden Arten zu unterscheiden.

Vorkommen:
Selten. Die nördliche Verbreitungsgrenze verläuft vom nördlichen Ostdeutschland in südwestlicher Richtung durch das mittlere Westdeutschland, bis 1900 m ü. M.

Biologische Angaben:
Flugzeit: V–VII. Legt die Brutzellen dicht nebeneinander in unterschiedlichen Hohlräumen an, z. B. in Felsspalten und Mauerlöchern oder zwischen aufgeschichteten Steinen unverfugter Trockenmauern. Die Brutzellen werden aus Pflanzenmörtel gefertigt und anders als bei *O. dalmatica* nicht mit Blütenblättern ausgekleidet. Bevorzugte Lieferanten von Pflanzenmörtel sind Laubblätter von Sonnenröschen *(Helianthemum)*. Wahrscheinlich zum Schutz vor Parasiten bleiben die äußersten Brutzellen leer und werden nicht mit Eiern belegt. Oft nisten mehrere Weibchen in enger Nachbarschaft. Polylektisch. Männchen schlafen gerne gruppenweise in Felsspalten. Kuckucksbiene: *Stelis franconica*.

[34] *O. emarginata*, Nest. Diese Biene macht die gleichen Nester aus Blattmörtel wie *O. mustelina*, Beraton (Spanien)

[35] *O. mustelina*, Weibchen nagt an Blatt von *Helianthemum* sp. für Blattmörtel, Bräntschu (VS)

[34]

[35]

Osmia papaveris
(Latreille 1799)

Vorkommen:	selten
Flugzeit:	VI VII VIII

Kennzeichen:
8–11 mm. Weibchen erinnert durch leuchtend rostbraun behaarte Brustoberseite, glänzend schwarzen und schmal hell gebänderten Hinterleib sowie weiße Bauchbürste stark an *O. mitis. O. papaveris* besucht jedoch anders als letztere Art neben Glockenblumen *(Campanula)* zahlreiche weitere Blüten und hat eine völlig andere Nistweise. Männchen ähnlich behaart und gefärbt wie das Weibchen, mit 2-spitzigem Endtergit.

Vorkommen:
Selten. Im Gebiet keine Verbreitungsgrenze, jedoch nur im Flachland und ausgesprochen lokal, hauptsächlich in Sandgebieten auftretend. Charakterart der extensiv genutzten Ackerbaulandschaft.

Biologische Angaben:
Flugzeit: VI–VIII. Nistet in selbstgegrabenen, 3–4 cm langen, senkrechten Gängen im Boden, die an ihrem Ende meist nur eine einzelne Brutzelle enthalten. Brutzellen und Eingangsstollen werden mit Blütenblattstücken austapeziert, welche häufig von Mohn *(Papaver)* gewonnen werden. Nach der Eiablage wird die während der Verproviantierungsarbeiten bis an die Erdoberfläche ragende Blütentapete des Eingangsstollens zum Verschluss der Zelle verwendet und der Nesteingang mit Sand zugescharrt. Polylektisch: beliebte Nahrungspflanzen sind Korbblütler (Asteraceae), u. a. Kornblume *(Centaurea cyanus)*, Acker-Winde *(Convolvulus arvensis)* oder Glockenblumen *(Campanula)*. Die Blüten der Letzteren werden von beiden Geschlechtern gerne als Schlafplätze genutzt.

[36] *O. papaveris*, Weibchen am Nest, Waghäusel (BW)
[37] *O. pilicornis*, Weibchen an *Pulmonaria* sp., Kleinandelfingen (ZH)

[36]

[37]

Osmia pilicornis
Smith 1846

Vorkommen:	selten
Flugzeit:	III IV V VI

Kennzeichen:
8–10 mm. Weibchen äußerlich nicht von nah verwandten Arten zu unterscheiden, die ebenfalls eine rotbraune Behaarung von Brust und Hinterleibsbasis, einen schwarz behaarten Hinterleib sowie eine schwarz gefärbte Bauchbürste besitzen. Dank früher Erscheinungszeit und ausgeprägter Vorliebe für Lungenkraut im Gelände trotzdem meist recht gut anzusprechen. Männchen im Feld kaum bestimmbar.

Vorkommen:
Selten. Im Gebiet keine Verbreitungsgrenze. Siedlungsschwerpunkt in lichten Wäldern, bis 900 m ü. M.

Biologische Angaben:
Flugzeit: III–VI. Nest vermutlich in Holzstrünken unter Rinde. Baumaterial sind gekaute Blätter. Polylektisch mit ausgeprägter Vorliebe für Lungenkraut *(Pulmonaria)*. Weibchen kratzen den Pollen mit hakig gekrümmten Borsten auf dem Rüssel aus den engen Blütenröhren des Lungenkrauts heraus. Männchen patrouillieren *Pulmonaria*-Blüten ab.

Osmia rapunculi
(Lepeletier 1841)
(= *Chelostoma rapunculi, C. fuliginosum, C. nigricornis*)

Vorkommen:	häufig
Flugzeit:	V VI VII VIII

Kennzeichen:
8–10 mm. Weibchen durch schmale, weiß befranste Tergitendränder, kurze Oberkiefer, fehlende Kopfschildlamelle sowie spezialisierten Blütenbesuch eindeutig charakterisiert. Das arttypisch geformte Endtergit des Männchens ist in der Mitte grubig vertieft und endet in drei breiten, gerade abgestutzten Lappen.

[38] *O. rapunculi*, Weibchen auf *Campanula glomerata*, Agasul (ZH)
[39] *O. rapunculi*, Männchen an *Campanula trachelium*, Solothurn

[38]

[39]

Vorkommen:
Häufig. Im Gebiet keine Verbreitungsgrenze, bis 2000 m ü. M.

Biologische Angaben:
Flugzeit: V–VIII. Nest in vorhandenen Gängen in Totholz und hohlen Pflanzenstängeln. Zwischenwände der Zellen und Nestverschluss aus lehmiger Erde. Oligolektisch, auf Glockenblumen *(Campanula)* spezialisiert. Kuckucksbiene: *Stelis minuta*.

Osmia rufohirta
Latreille 1811

Vorkommen:	verbreitet
Flugzeit:	V VI VII

Kennzeichen:
8–11 mm. Weibchen ähnelt *O. aurulenta* stark, ist jedoch deutlich schlanker gebaut und besitzt einen verhältnismäßig kleineren Kopf. Männchen dank lang gestrecktem und deutlich zugespitztem, orangerot behaartem Hinterleib bereits im Feld recht gut ansprechbar.

Vorkommen:
Verbreitet. Die nördliche Verbreitungsgrenze verläuft durch das mittlere Deutschland. Vorwiegend in Kalkgebieten, bis 1100 m ü. M.

Biologische Angaben:
Flugzeit: V–VII. Legt einzellige Nester in kleinen bis mittelgroßen Schneckengehäusen *(Helicella, Xerolenta, Zebrina)* an, die außen mit kleinen Flecken aus Pflanzenmörtel beklebt werden. Das Nestgehäuse wird durch einen wenige Millimeter dicken, beidseits durch Pflanzenmörtelwände begrenzten Pfropfen aus dicht gepackten Steinchen verschlossen. Danach wird es unter hohl aufliegende Steine, unter dürre Blätter oder in den Schutz von Grashorsten gerollt. Polylektisch, bevorzugt jedoch Schmetterlingsblütler (Fabaceae), besonders Hufeisenklee *(Hippocrepis comosa)* und Hornklee *(Lotus corniculatus)*. Männchen kontrollieren auf der Suche nach paarungswilligen Weibchen umherliegende Schneckengehäuse.

[40] *O. rufohirta*, Weibchen am Nest im Schneckenhaus, Balsthal (SO)
[41] *O. rufohirta*, Weibchen versucht, den Eingang eines Schneckenhauses nach unten zu drehen, Balsthal (SO)

[40]

[41]

Osmia tergestensis
Ducke 1897

Vorkommen:	selten
Flugzeit:	VI VII VIII

Kennzeichen:
7–9 mm. Im Feld nicht von ähnlichen *Osmia*-Arten zu unterscheiden, die ebenfalls spärlich hell behaart sind, weiße Tergitbinden tragen und im weiblichen Geschlecht eine weiße Bauchbürste aufweisen.

Vorkommen:
Selten. A: Burgenland, Niederösterreich; CH: Wallis, Tessin, von 1000 m bis 2000 m ü. M.

Biologische Angaben:
Flugzeit: VI–VIII. Die Brutzellen werden einzeln oder in kleinen Gruppen unter Steinen, in Felsspalten oder im Schutz dichter Grashorste versteckt. Sie sind 3-lagig und bestehen aus zwei Schichten von Blütenblattstücken, die durch eine mittlere Schicht aus Erde miteinander verklebt sind. Die Blütenblattstücke werden auf unterschiedlichen Pflanzen gesammelt, wie z. B. Storchschnabel *(Geranium)*, Sonnenröschen *(Helianthemum)* und Habichtskraut *(Hieracium)*. Möglicherweise oligolektisch auf Schmetterlingsblütler (Fabaceae).

Osmia tridentata
Dufour & Perris 1840

Vorkommen:	verbreitet
Flugzeit:	VI VII VIII

Kennzeichen:
10–12 mm. Weibchen ähnelt durch rostbraun behaarte Brust, gelbbraun gebänderten Hinterleib und rostgelber Bauchbürste abgeflogenen Individuen von *O. aurulenta*. Letztere besitzen aber einen deutlich gedrungeneren Körperbau. Männchen mit charakteristischem 3-zähnigem Endtergit.

[42] *O. tergestensis*, Weibchen verlässt das Nest, Gimillan (AO)
[43] *O. tridentata*, Weibchen am Nesteingang in Kardenstängel, Hüntwangen (ZH)

[42]

[43]

Vorkommen:
Verbreitet. Die nördliche Verbreitungsgrenze verläuft vom nördlichen Ostdeutschland in südwestlicher Richtung durch das mittlere Westdeutschland, bis 1500 m ü. M.

Biologische Angaben:
Flugzeit: VI–VIII. Nistet in selbstgenagten Gängen im Mark dürrer, meist aufrecht stehender Stängel von Beifuß, Königskerze u. a. Ist das Mark durch keine Bruchstelle zugänglich, wird seitlich ein Loch durch die Stängelwand genagt. Die Brutzellen sind linienförmig untereinander angeordnet. Die Trennwände bestehen wie der Nestverschluss aus Pflanzenmörtel. Die frisch geschlüpften Tiere verlassen das Nest entweder durch den ursprünglichen Eingang oder sie nagen sich einzeln ein eigenes Loch seitlich durch die Stängelwand. Kuckucksbienen sind *Stelis minuta*, *S. ornatula*. Oligolektisch, auf Schmetterlingsblütler spezialisiert. Männchen patrouillieren auf festgelegten Flugbahnen Nester ab.

Osmia truncorum

(Linnaeus 1758)
(= *Heriades truncorum*)

Vorkommen:	häufig											
Flugzeit:						VI	VII	VIII	IX	X		

Kennzeichen:
6–8 mm. Im Feld nicht von den beiden sehr ähnlichen Arten *O. crenulatus* und *O. rubicola* zu unterscheiden.

Vorkommen:
Häufig. Im Gebiet keine Verbreitungsgrenze, bis 1800 m ü. M.

Biologische Angaben:
Flugzeit: VI–X. Nistet in Pflanzenstängeln und in Käferfraßgängen in Holz. Für die Verproviantierung einer Brutzelle sind durchschnittlich 34 Sammelflüge notwendig. Die Trennwände der Zellen wie auch der Verschlusspfropfen des Nestes bestehen aus Harz. Für den Bau des Letzteren sind 30–45 Harzklümpchen nötig, die mit Steinchen vermischt werden. Oligolektisch auf Korbblütler (Asteraceae).

[44] *O. truncorum*, Weibchen baut Nestverschluss mit Harz und Steinchen, Agasul (ZH)
[45] *O. truncorum*, Männchen auf *Inula montana*, Trois Villes (AO)

[44]

[45]

Osmia tuberculata
Nylander 1848

Vorkommen:	verbreitet
Flugzeit:	IV V VI VII VIII

Kennzeichen:
10–13 mm. Körper schlank. Im Feld nicht sicher von anderen *Osmia*-Arten zu unterscheiden.

Vorkommen:
D: Baden-Würtemberg, Bayern; A: im ganzen Land, ohne Burgenland und Niederösterreich; CH: Alpen und Jura, von 900 m bis 2300 m ü. M.

Biologische Angaben:
Flugzeit: IV–VIII. Nistet in vorhandenen Gängen im Totholz. Für Zwischenwände der Zellen und Nestverschluss werden gekaute Blätter verwendet, angeblich auch feuchte Erde. Polylektisch.

Osmia villosa
(Schenck 1853)

Vorkommen:	selten
Flugzeit:	V VI VII VIII

Kennzeichen:
10–12 mm. Weibchen durch ausgesprochen zottige, braungelbe Behaarung von Kopf, Brust und Tergiten 1–2, schwarz behaarte Tergite 3–6, fehlende Tergitbinden, rostrote Bauchbürste sowie spezialisierten Blütenbesuch bereits im Feld gut kenntlich. Männchen im Gelände nicht zuverlässig zu bestimmen.

Vorkommen:
Selten. Die nördliche Verbreitungsgrenze verläuft durch das mittlere Deutschland. Verbreitungsschwerpunkt in den Alpen und in den Mittelgebirgen, von 1000 m bis 2300 m ü. M.

Biologische Angaben:
Flugzeit: V–VIII. Die Brutzellen werden einzeln oder in kleinen Gruppen in Felsspalten, unter Steinen, in verlassenen Stechimmennestern und anderen Hohlräumen angelegt. Sie

[46] *O. tuberculata*, Weibchen mit Blattmörtel beim Nesteingang, Boltigen (BE)
[47] *O. villosa*, Weibchen beim Nest, Sent (GR)

[46]

[47]

bestehen aus mehreren Schichten von Blütenblattstücken, die in der Regel mit Erde miteinander verklebt sind. Die Blütenblattstücke werden bei unterschiedlichen Pflanzen gesammelt; beliebt sind Storchschnabel *(Geranium)* und Sonnenröschen *(Helianthemum)*. Oligolektisch, auf Korbblütler (Asteraceae) spezialisiert.

Osmia xanthomelana
(Kirby 1802)

Vorkommen:	selten
Flugzeit:	V VI VII

Kennzeichen:
9–12 mm. Weibchen im Feld nicht sicher von nah verwandten Arten zu unterscheiden, die ebenfalls eine rotbraune Behaarung von Brust und Hinterleibsbasis, einen schwarz behaarten Hinterleib sowie eine schwarz gefärbte Bauchbürste besitzen. Männchen im Gelände nicht zuverlässig ansprechbar.

Vorkommen:
Selten. Die nördliche Verbreitungsgrenze verläuft durch das nördliche Deutschland. Siedlungsschwerpunkt in mittleren bis höheren Lagen, bis 2100 m ü. M.

Biologische Angaben:
Flugzeit: V–VII. Baut aus feuchter Erde urnenförmige, rund 15 mm hohe Brutzellen, welche einzeln oder in kleinen Gruppen aufrecht im Schutz von Grasbüscheln, unter Nadelstreupolstern oder unter Holzbrettern versteckt werden. Oligolektisch, auf Schmetterlingsblütler (Fabaceae) spezialisiert. Besucht hauptsächlich Hufeisenklee *(Hippocrepis comosa)* und Hornklee *(Lotus corniculatus)*. Männchen patrouillieren die Blüten dieser Pflanzen auf der Suche nach paarungswilligen Weibchen ab.

[48] *O. xanthomelana* bei der Aufnahme von feuchter Erde, Tomils (GR)
[49] *O. xanthomelana*, Männchen, Törbel (VS)

[48]

[49]

Panurginus – Scheinlappenbienen

Vier Arten im Gebiet (D: 2; A: 3; CH: 3).

5–7 mm. Weibchen im Feld schwierig von kleinen *Andrena*- und *Dufourea*-Arten zu unterscheiden, Männchen dagegen durch hellgelb gefärbten Kopfschild und gelb gefleckte Beine gut charakterisiert. Das Verbreitungsareal der Tieflandart *P. labiatus*, die in Ostdeutschland und im östlichen Österreich nachgewiesen wurde, überschneidet sich nicht mit dem der drei anderen mitteleuropäischen Arten, die nur in höheren Berglagen fliegen und im Feld nicht voneinander unterschieden werden können.

Flugzeit: VI–VIII. Eine Generation im Jahr. *P. montanus*, *P. sericatus* und *P. tyrolensis* steigen in den Alpen bis weit über die Waldgrenze. Selbstgegrabene Nester im Boden an ebenen bis leicht geneigten, lückig bewachsenen Stellen. Die horizontal orientierten Brutzellen liegen einzeln am Ende von wenigen Millimeter langen, rechtwinklig mit dem senkrechten Hauptgang verbundenen Seitengängen, welche nach Verschluss der Brutzelle mit Erde gefüllt werden. Die Larven spinnen keinen Kokon. Nester oft in Kolonien. *P. labiatus* ist teilweise kommunal mit 1–5 Weibchen pro Nest.

Pollentransporteinrichtung: Bürste aus locker stehenden Haaren auf Hinterschiene und -ferse. Feuchtsammler. Der nektarfeuchte Pollen wird ähnlich wie bei *Melitturga* in einem die Hinterschiene ringförmig umgebenden Klumpen transportiert. Die drei gebirgsbewohnenden Arten sind polylektisch, während *P. labiatus* vermutlich auf Kreuzblütler (Brassicaceae) spezialisiert ist. Die Männchen patrouillieren Blüten oder Nestkolonien auf der Suche nach Weibchen ab. Sie schlafen oft gruppenweise auf Blütenständen.

[1] *P. sericatus*, Weibchen auf *Leontodon hispidus*, Val Piora (TI)

[1]

Panurginus sericatus
(Warncke 1972)

Vorkommen:	verbreitet
Flugzeit:	VI VII VIII

Kennzeichen:
6–7 mm. Im Feld nicht von den anderen gebirgsbewohnenden *Panurginus*-Arten zu unterscheiden.

Vorkommen:
Verbreitet. Im Gebiet nur in den Schweizer Alpen oberhalb der Waldgrenze auf blütenreichen Matten. Möglicherweise ist die Art nur eine Unterart von *P. montanus*, die im östlichen Teil der Alpen vorkommt.

Biologische Angaben:
Polylektisch. Besucht vorwiegend Fingerkraut *(Potentilla)* und Sonnenröschen *(Helianthemum)*.

[2] *P. sericatus*, Paarung, Val Piora (TI)

[2]

Panurgus – Zottelbienen

Drei Arten im Gebiet (D: 3; A: 2; CH: 3).

7–12 mm. Glänzend tiefschwarz gefärbte Bienen mit spärlicher bis struppiger, schwarzer Behaarung. Weibchen mit langer und buschiger, gelborange gefärbter Beinbürste, Männchen mit großem, kubisch geformtem Kopf. *P. banksianus* kann bereits im Feld bestimmt werden, die beiden anderen Arten sind nur unter dem Binokular voneinander zu unterscheiden.

Selbstgegrabene Nester im Boden an ebenen bis stark geneigten, vegetationslosen bis lückig bewachsenen, häufig sandigen Stellen. Die horizontal orientierten Brutzellen liegen in 5–20 cm Tiefe einzeln am Ende von rechtwinklig vom Hauptgang abzweigenden Seitengängen, die nach Verschluss der Brutzelle mit Erde gefüllt werden. Beim kommunalen *P. calcaratus* verzweigt sich der Eingangsschacht einige Zentimeter unter der Erdoberfläche in mehrere Hauptgänge. Die Larven spinnen keinen Kokon. Nester meist in kleineren bis großen Kolonien. Solitäre oder kommunale Nistweise.
Pollentransporteinrichtung: Bürste aus auffällig langen Haaren an Hinterschiene und -ferse. Anders als bei den anderen Vertretern der Panurgini wird der Pollen trocken transportiert. Die drei mitteleuropäischen Arten sind auf Korbblütler (Asteraceae) spezialisiert. Innerhalb der Korbblütler werden nur Vertreter der Zungenblütler (Lactuceae) besucht. Weibchen mit charakteristischem Pollensammelverhalten: auf der Seite liegend kriechen sie zwischen den Zungenblüten der Pollenpflanzen hindurch und nehmen den Pollen mit krümmend-zuckenden Körperbewegungen auf. Auf der Suche nach paarungswilligen Weibchen patrouillieren die Männchen die Blütenköpfe der Pollenpflanzen auf festgelegten Flugbahnen ab oder kontrollieren die Nestkolonien. Andere Männchen warten stunden- oder tagelang auf Blütenköpfen auf ankommende Weibchen. Die Weibchen verpaaren sich mehrfach mit verschiedenen Männchen. Die Männchen schlafen einzeln auf Blüten, besonders auf Blütenköpfen von Korbblütlern. Drei mitteleuropäische *Nomada*-Arten entwickeln sich als Kuckucksbienen in den Nestern von *Panurgus*.

[1] *P. calcaratus*, Weibchen im Anflug zum Nest, Gimillan (AO)
[2] *P. calcaratus*, Weibchen am Nest, Neuhausen im Hegau (BW)

[1]

[2]

Panurgus banksianus
(Kirby 1802)

Vorkommen:	verbreitet	
Flugzeit:	VI VII VIII	

Kennzeichen:
10–12 mm. Dank der bedeutenderen Größe bereits im Feld sicher von den zwei anderen mitteleuropäischen *Panurgus*-Arten zu unterscheiden.

Vorkommen:
Verbreitet. Im Gebiet keine Verbreitungsgrenze, von 720 m bis 2100 m ü. M.

Biologische Angaben:
Nester mit zwei, wenige Zentimeter voneinander entfernten Eingängen. Vor dem einen Eingang wird die im Nestinnern losgegrabene Erde zu einem Hügelchen aufgehäuft, das möglicherweise wirtsnestsuchende Brutparasiten anlockt und sie dadurch vom zweiten, unauffälligeren Eingang fernhält, der zu den Brutzellen führt. Für die Verproviantierung einer Brutzelle sind acht Sammelflüge notwendig. Solitäre Nistweise. Kuckucksbiene: *Nomada similis*.

Panurgus calcaratus
(Scopoli 1763)

Vorkommen:	verbreitet	
Flugzeit:	VI VII VIII IX	

Kennzeichen:
7–9 mm. Im Feld nicht von der deutlich selteneren und wärmeliebenderen Art *P. dentipes* zu unterscheiden.

Vorkommen:
Verbreitet, in Sandgegenden stellenweise häufig. Im Gebiet keine Verbreitungsgrenze, aber aufgrund der Vorliebe für sandige Böden oft nur lokal auftretend, bis 2000 m ü. M.

Biologische Angaben:
Kommunale Nistweise mit zwei bis zehn Weibchen pro Nest. Die Geburtsnester werden häufig wieder benutzt. Kuckucksbiene: *Nomada fuscicornis*.

[3] *P. banksianus*, Weibchen auf *Hieracium pilosella*, Gimillan (AO)
[4] *P. calcaratus*, Paarung, Neuhausen im Hegau (BW)

[3]

[4]

Pasites – Kurzhornbienen

Im Gebiet kommen zwei Arten vor (A: 2, CH: 1). *Pasites minutus* wird auch als eigene Gattung *Parammobatoides* geführt.

5–8 mm. Kopf und Brust schwarz mit mehr oder weniger roten Flecken, Hinterleib hellrot, zum Ende hin oft verdunkelt. Auf Brust und Hinterleib weiße Filzflecke. Sternit 5 der Weibchen ist in der hinteren Hälfte stark zusammengedrückt, sodass am Ende eine ovale Öffnung entsteht. Daraus ragen das stiftartige sechste Sternit und der Stachel hervor. Männchen mit nur 12 Fühlergliedern.

Flugzeit: V–VII. Eine Generation pro Jahr.

Die *Pasites* sind Brutparasiten bei *Nomia* und *Camtopoeum*. Die sonderbar u-förmigen Eier werden soweit durch die Zellwand der Wirte geschoben, dass ihre abgeplattete Spitze mit der Innenwand der Zelle in eine Ebene zu liegen kommt. Möglicherweise wird mit dem Sternit 6 das Loch für das Ei gebohrt. Die ausgewachsenen Larven spinnen nicht wie andere Bienenarten einen Kokon, um sich darin zu verpuppen.

Pasites maculatus

Jurine 1807

Vorkommen:	sehr selten
Flugzeit:	V VI VII

Kennzeichen:
7–8 mm. Hinterleib größtenteils rot gefärbt. Die weißen Haarflecke auf den Tergiten ebenfalls breit, aber auch auf den hinteren Tergiten stets deutlich voneinander getrennt. Beine rot gefärbt.

Vorkommen:
Sehr selten. A: Burgenland, Niederösterreich; CH: Wallis, bis 1000 m ü. M.

Biologische Angaben:
Brutparasit bei *Nomia*. Beide Geschlechter beißen sich zum Schlafen mit ihren Oberkiefern an Pflanzenteilen fest.

[1] *P. maculatus*, Weibchen schlafend, Pfynwald (VS)

[1]

Rhophitoides – Graubienen

Eine Art im Gebiet (D: 1; A: 1; CH: 1), die unter Berücksichtigung des Blütenbesuchs bereits im Feld sicher angesprochen werden kann. Sie ist bei älteren Autoren noch unter der Gattung *Rophites* aufgeführt.

Rhophitoides canus

(Eversmann 1852)

Vorkommen:	selten
Flugzeit:	VI VII VIII

Kennzeichen:

7–8 mm. Erinnert durch braunschwarze Körperfärbung, schmale weiße Haarbinden am Ende der Hinterleibstergite sowie fehlende Hinterleibsfurche stark an *Rophites,* unterscheidet sich von dieser Gattung aber durch unterschiedlichen Blütenbesuch, fehlende Stirnstacheln beim Weibchen sowie kürzere Fühler beim Männchen. Unter dem Stereomikroskop durch unterschiedlichen Bau der Mundteile leicht von *Rophites* zu trennen.

Vorkommen:

Selten. D: Baden-Württemberg, Bayern, Rheinland-Pfalz, Hessen und mehrere östliche Bundesländer; A: Burgenland, Steiermark, Kärnten, Nieder- und Oberösterreich; CH: Nordschweiz, Graubünden (Unterengadin), bis 1200 m ü. M.

Biologische Angaben:

Flugzeit: VI–VIII. Eine Generation im Jahr. Selbstgegrabene, rund 20–30 cm tiefe Nester im Boden an ebenen bis geneigten, vegetationslosen bis lückig bewachsenen, sandigen Stellen. Die horizontal orientierten Brutzellen liegen einzeln oder zu zweien bis dreien direkt hintereinander am Ende von 1–3 cm langen Seitengängen, die rechtwinklig mit dem senkrechten Hauptgang verbunden sind. Die Seitengänge werden nach Verschluss der Brutzelle(n) mit Erde gefüllt. Die Larven spinnen einen Kokon. Nester oft in Kolonien. Solitäre Nistweise.

[1] *R. canus*, Weibchen auf *Medicago falcata*, Sur En (GR)

[1]

Pollentransporteinrichtung: Haarbürste an Hinterschiene und -ferse sowie Körbchen auf der Unterseite des Hinterschenkels. Oligolektisch, auf Schmetterlingsblütler (Fabaceae) spezialisiert. In Mitteleuropa sind die bevorzugten Pollenquellen Luzerne *(Medicago sativa)* und Sichelklee *(Medicago falcata)*. Für die Versorgung einer Brutzelle sind 8–10 Sammelflüge und der Pollen von rund 2200 Luzerneblüten notwendig.

Die Männchen patrouillieren Nestkolonien und Pollenpflanzen auf der Suche nach Weibchen ab. Sie schlafen gerne in Blüten.

[2] *R. canus*, Männchen auf *Medicago falcata*, Sur En (GR)

[2]

Rophites – Schlürfbienen

Drei Arten im Gebiet (D: 2; A: 3; CH: 2).

7–10 mm. Braunschwarz gefärbte, an *Halictus* erinnernde Bienen mit schmalen, weißen Haarbinden am Ende der Hinterleibstergite, aber fehlender Längsfurche auf dem letzten Tergit. Weibchen durch die zu Stacheln umgebildeten Haare auf der Stirn sowie den spezialisierten Blütenbesuch unverwechselbar. Männchen mit dicht und kurz graubraun behaartem Hinterleib, langen und unterseits orangebraun aufgehellten Fühlern sowie auffällig schmaler, über den Rand des Endtergites vorragender Analplatte. Die drei mitteleuropäischen Arten sind nur unter dem Stereomikroskop mit Sicherheit voneinander zu unterscheiden.

Flugzeit VI–VIII. Eine Generation im Jahr. Selbstgegrabene, 15–25 cm tiefe Nester im Boden an ebenen bis geneigten, lückig bewachsenen Stellen. Die horizontal orientierten Brutzellen liegen einzeln oder zu zweien bis dreien direkt hintereinander am Ende von rechtwinklig mit dem senkrechten Hauptgang verbundenen, 5–15 mm langen Seitengängen, die nach Verschluss der Brutzelle(n) mit Erde gefüllt werden. Die Larven spinnen einen Kokon. Nester oft in kleinen bis größeren Kolonien. Solitäre Nistweise.

Pollentransporteinrichtung: Haarbürste an Hinterschiene und Körbchen auf der Unterseite des Hinterschenkels. Alle drei Arten sammeln den Pollen ausschließlich auf Lippenblütlern (Lamiaceae), in Mitteleuropa hauptsächlich auf Ziest *(Stachys)* und Schwarznessel *(Ballota)*. Die Stirnstacheln sind eine Anpassung an das Pollensammeln an Lippenblütlern: Das Stachelfeld wird gegen die oberständigen Staubbeutel gedrückt, bevor die Pollenkörner mit reibenden Kopfbewegungen, die von Vibrationsstößen der indirekten Flügelmuskulatur *(buzzing)* begleitet sind, aus den Staubbeuteln zwischen die Stacheln gekämmt werden. Der Pollen wird danach mit den Vorderbeinen aus der Stirn entfernt und via Mittelbeine in die Haarbürste der Hinterbeine überführt.

Die Männchen patrouillieren auf der Suche nach Weibchen Lippenblütler ab. Sie schlafen, gelegentlich in kleinen Gruppen, auf den Blütenständen von Lippenblütlern.

Die Kuckucksbiene *Biastes emarginatus* lebt als Brutparasit bei *Rophites.*

[1] Lebensraum von *R. algirus* mit *Stachys recta*, Erschmatt (VS)

[1]

Rophites algirus
Perez 1903

Vorkommen:	selten
Flugzeit:	VI VII VIII

Kennzeichen:
8–10 mm. Im Feld nicht von den anderen mitteleuropäischen *Rophites*-Arten zu unterscheiden. Allenfalls bietet die unterschiedliche Flugzeit einen schwachen Hinweis auf die Artzugehörigkeit (s. unten).

Vorkommen:
Selten. D: Baden-Württemberg, Bayern, Rheinland-Pfalz, Thüringen, Sachsen, Brandenburg; A: Burgenland, Nieder- und Oberösterreich; CH: Westschweiz, Wallis, Tessin, bis 1600 m ü. M.

Biologische Angaben:
Fliegt in tieferen Lagen bereits ab Mitte Juni und erscheint damit rund drei bis vier Wochen früher als die im Gebiet ähnlich weit verbreitete Art *R. quinquespinosus*. Die wichtigste Pollenquelle in ganz Mitteleuropa ist der Aufrechte Ziest *(Stachys recta)*, andere Lippenblütler werden nur selten genutzt.

[2] *R. algirus*, Schlafgemeinschaft von Männchen, Erschmatt (VS)
[3] *R. algirus*, Weibchen auf *Stachys recta*, Erschmatt (VS)
[4] *R. algirus*, Weibchen am Nest, Erschmatt (VS)

[2]

[3]

[4]

Sphecodes – Blutbienen

29 Arten im Gebiet (D: 25; A: 26; CH: 29).

4–15 mm. Dank dem glänzend roten, fast kahlem Hinterleib, der sich deutlich von der tiefschwarzen Färbung von Kopf und Brust abhebt, sofort zu erkennen. Einzig die Männchen einiger kleiner Arten haben einen überwiegend schwarz gefärbten Hinterleib und sind im Feld oft kaum von kleinen *Halictus*-Männchen zu unterscheiden. Unter dem Stereomikroskop verraten jedoch die filzig behaarten Flecke an der Basis der meist knotig vortretenden Fühlerglieder sowie der schwarze Kopfschild die Zugehörigkeit zu den Blutbienen. Rein schwarz-rot gefärbte *Nomada*-Arten können auf den ersten Blick mit Blutbienen verwechselt werden, für ein geübtes Auge sind die beiden Gruppen aber ohne Schwierigkeiten an der unterschiedlichen Körperform zu unterscheiden. Mit Ausnahme von *S. albilabris* können die einzelnen *Sphecodes*-Arten im Feld nicht erkannt werden.

Flugzeit: III–X. Aufgrund ihres speziellen Lebenszyklus, den sie mit der nah verwandten Gattung *Halictus* gemeinsam haben, können die meisten Arten während eines Großteils des Sommerhalbjahres als Imagines angetroffen werden. Die Weibchen beginnen im Frühling nach der Überwinterung mit dem Brutgeschäft. Die Nachkommen schlüpfen bereits im Sommer oder Spätsommer aus den Brutzellen der Wirtsnester und verpaaren sich. Während die Männchen noch im Lauf des Spätsommers und Herbstes sterben, überwintern die begatteten Weibchen an einem geschützten Ort wie z. B. in verlassenen Nestgängen von bodennistenden Bienen. Vier mitteleuropäische Arten haben einen abweichenden Lebenszyklus, indem beide Geschlechter erst im Frühling aus den Brutzellen schlüpfen und bereits anfangs Sommer wieder verschwinden. Eine Generation im Jahr, wobei nicht ausgeschlossen ist, dass Blutbienen, welche bei sozialen, mehrbrütigen *Halictus*-Arten leben, zum Teil zwei Generationen im Jahr ausbilden. Die Blutbienen sind Kuckucksbienen. Die meisten Arten entwickeln sich in den Nestern von solitären oder primitiv eusozialen *Halictus*-Arten. Drei mitteleuropäische Arten schmarotzen bei *Andrena. S. albilabris* weist mit *Colletes cunicularius* und *Melitturga clavicornis* ein breiteres Wirtsspektrum auf. Eine in Mitteleuropa noch nicht nachgewiesene Art ist Brutparasit bei *Nomioides.* Auf ihren langsamen Suchflügen dicht über der Bodenoberfläche landen die Weibchen häufig auf der Erde und inspizieren potenzielle Neststandorte ihrer Wirte. Während die Blutbienen bei solitären Wirtsarten bevorzugt während der Abwesenheit der Nestbesitzerin in das fremde Nest schlüpfen, dringen sie bei sozialen Arten erst nach dem Töten oder Vertreiben der Wächterinnen zu den Brutzellen vor. Sie brechen danach eine bereits verschlossene Zelle auf, zerstören das Ei oder die frisch geschlüpfte Larve des Wirtes, legen ein eigenes Ei auf den fremden Nahrungsvorrat und verschließen die Brutzelle schließlich wieder mit Erde. In Nestern von primitiv eusozialen Arten wird häufig

[1] *S. albilabris*, Männchen auf *Melilotus albus*, Portalban (FR)

[1]

unmittelbar nacheinander eine Brutzelle nach der anderen parasitiert. Die Blutbienen verbringen dabei oft viele Stunden bis wenige Tage im verwaisten Wirtsnest, das sie vorgängig von innen her mit Erde verschlossen haben. Nach dem Verlassen des Wirtsnestes wird dieses sorgfältig mit Erde zugescharrt, sodass allenfalls zurückkehrende Nestinsassinnen nicht mehr in der Lage sind, den Nesteingang zu lokalisieren. Es gibt Hinweise, dass gewisse mitteleuropäische Arten ähnlich wie bei *Psithyrus* gemeinsam mit ihren Wirten friedlich im Nest leben, die Fortpflanzung der Wirtsbienen aber auf eine unbekannte Art unterbinden. Die Larven spinnen keinen Kokon.

Die Männchen der wenigen untersuchten Arten patrouillieren auf der Suche nach Weibchen an den Wirtsnestern.

Sphecodes albilabris

(Fabricius 1793)

Vorkommen:	selten
Flugzeit:	III IV V VI VII VIII IX X

Kennzeichen:
11–15 mm. Durch bedeutende Größe und fast rein rot gefärbten Hinterleib als einzige mitteleuropäische *Sphecodes*-Art bereits im Gelände sicher anzusprechen.

Vorkommen:
Selten. Im Gebiet keine Verbreitungsgrenze, bis 1400 m ü. M.

Biologische Angaben:
Brutparasit bei *Colletes cunicularius. Melitturga clavicornis* ist ebenfalls als Wirt belegt. Möglicherweise schmarotzt *S. albilabris* zusätzlich bei *Halictus sexcinctus* und weiteren Bienenarten.

[2] *S. albilabris*, Weibchen, Mt. Vully (FR)
[3] *S. gibbus*, Weibchen, Le Landeron (NE)

[2]

[3]

Sphecodes gibbus
(Linnaeus 1758)

Vorkommen:	häufig
Flugzeit:	IV V VI VII VIII IX X

Kennzeichen:
7–13 mm. Kann im Feld nicht von anderen *Sphecodes*-Arten unterschieden werden.

Vorkommen:
Häufig. Im ganzen Gebiet, bis 2300 m ü. M.

Biologische Angaben:
Flugzeit: IV–X. Schmarotzerbiene bei verschiedenen *Halictus*-Arten, *Andrena vaga* und *Colletes cunicularius.*

Sphecodes monilicornis
(Kirby 1802))

Vorkommen:	häufig
Flugzeit:	III IV V VI VII VIII IX X

Kennzeichen:
7–10 mm. Weibchen haben einen massigeren Kopf als andere *Sphecodes*-Arten. Im Feld nicht von anderen Arten unterscheidbar.

Vorkommen:
Häufig. Im ganzen Gebiet, bis 1500 m ü. M.

Biologische Angaben:
Flugzeit III–X. Kuckucksbiene von *Halictus malachurus, H. calceatus* und *H. albipes.*

[4] *S. gibbus*, Männchen, Winterthur (ZH)
[5] *S. monilicornis*, Weibchen dringt in ein Nest von *Halictus malachurus* ein, Neuhausen im Hegau (BW)

[4]

[5]

Stelis – Düsterbienen

Elf Arten im Gebiet (D: 10; A: 9; CH: 12).

3–12 mm. Ohne eindeutige, von bloßem Auge erkennbare, gattungstypische Merkmale. Aufgrund ihrer Färbung können die im Gebiet vorkommenden Arten in drei Gruppen eingeteilt werden: fünf vollständig schwarz gefärbte Arten mit entweder aufgehellten, weißlich befransten oder dunklen Tergitendrändern, vier schwarz gefärbte Arten mit oft nur kleinen weißlichen Hinterleibsflecken und zwei auffällig gelb gefleckte Arten. Die Letzteren erinnern stark an *Anthidium,* sind aber für ein geübtes Auge am verhältnismäßig kleineren Kopf und im weiblichen Geschlecht am Fehlen einer Bauchbürste von diesen zu unterscheiden. Gut die Hälfte der mitteleuropäischen Arten kann im Feld sicher bestimmt werden.

Flugzeit: V–IX. Eine Generation im Jahr.

Nah mit *Anthidium* verwandte Kuckucksbienen, die sich in den Nestern von Megachilinae entwickeln. Zwei Arten schmarotzen bei *Anthidium,* eine Art bei *Megachile,* fünf Arten bei *Osmia* und zwei Arten gleichzeitig bei *Megachile* und *Osmia* bzw. bei *Anthidium* und *Osmia.* Das Wirtsspektrum einer Art umfasst *Anthidium-, Megachile-* und möglicherweise *Osmia*-Arten. *Stelis simillima* entwickelt sich in den Nestern von *Lithurgus.* Das Weibchen einer nordamerikanischen Art überdeckt seinen Eigengeruch vor dem Eindringen in das Wirtsnest, indem es sich mit dem Saft zerkauter Blätter, aus welchen die Wirtsbienen die Zellzwischenwände bauen, oder mit Pollen aus der Wirtszelle einreibt. Düsterbienen vergraben ihr Ei meist mitten im Pollen-Nektar-Vorrat einer noch nicht fertig verproviantierten Brutzelle. Dazu graben sie mithilfe der Oberkiefer und Vorderbeine eine Höhlung in die Pollenmasse, die sie nach der Eiablage wieder mit Pollen verschließen. Die Larven spinnen einen Kokon, der an der Spitze wie bei *Anthidium* und *Dioxys* mit einem charakteristischen zapfenartigen Fortsatz versehen ist. Düsterbienen schlafen in Spalten und Hohlräumen der verschiedensten Art, wie z. B. in Käferfraßgängen oder in Erdspalten.

[1] *S. nasuta* inspiziert das Nest von *Megachile parietina,* Jeizinen (VS)

[1]

Stelis nasuta
(Latreille 1809)

Vorkommen:	sehr selten
Flugzeit:	VI VII

Kennzeichen:
5–9 mm. Dank rot gefärbter Beine und weiß geflecktem Hinterleib unverwechselbar.

Vorkommen:
Sehr selten. D: Baden-Württemberg, Bayern, Hessen, Thüringen, Sachsen-Anhalt; A: Vorarlberg; CH: Graubünden, Wallis, Tessin, bis 1700 m ü. M.

Biologische Angaben:
Flugzeit: VI–VII. Brutparasit bei den Mörtelbienen *Megachile parietina* und *M. pyrenaica*. Bricht gelegentlich bereits verschlossene Brutzellen auf und verschließt sie nach der Eiablage wieder. Als Ausnahme unter den Kuckucksbienen entwickeln sich jeweils zwei bis zwölf Larven in einer einzigen Wirtszelle. Entsprechend unterschiedlich ist die Größe der ausschlüpfenden Imagines. Nektaraufnahme häufig auf Lippenblütlern (Lamiaceae).

Stelis punctulatissima
(Kirby 1802)
(= *S. aterrima*)

Vorkommen:	verbreitet
Flugzeit:	VI VII VIII

Kennzeichen:
8–11 mm. Durch die auffallend hell durchscheinenden Tergitendränder ist diese Art bereits im Feld leicht kenntlich.

Vorkommen:
Verbreitet. Im Gebiet keine Verbreitungsgrenze, bis 1600 m ü. M.

Biologische Angaben:
Flugzeit: VI–VIII. Brutparasit bei *Anthidium manicatum, A. oblongatum, A. nanum, Megachile parietina* und möglicherweise bei *Osmia*-Arten. Nektaraufnahme bevorzugt auf Korbblütlern (Asteraceae).

[2] *S. punctulatissima*, Weibchen, Agasul (ZH)

[2]

Stelis signata
(Latreille 1809)

Vorkommen:	selten
Flugzeit:	VI VII VIII IX

Kennzeichen:
6–7 mm. Die auffällig schwarz-gelb gefärbte Art, die *Anthidium nanum* und *A. strigatum* täuschend ähnlich sieht, kann innerhalb ihrer Gattung einzig mit *S. annulata* verwechselt werden, welche jedoch mit einer Körperlänge von 10–11 mm bedeutend größer ist. Von letzterer Art liegen aus dem Gebiet nur alte Nachweise aus dem Wallis vor.

Vorkommen:
Selten. Im Gebiet keine Verbreitungsgrenze, bis 1600 m ü. M.

Biologische Angaben:
Flugzeit: VI–IX. Brutparasit bei *Anthidium strigatum*. Im Gegensatz zum Wirt, der beim Schlüpfen seitlich ein Loch in die Zellwand nagt, heben schlüpfende Individuen von *S. signata* den Spitzenteil der Harzzelle wie einen Deckel ab. Da die Biene auch über mehrere Tage an Kunstnestern in Holzblöcken beobachtet werden kann, gibt es sicher noch andere Wirte.

[3] *S. signata*, Weibchen auf *Crepis* sp., Agasul (ZH)
[4] *S. signata*, Weibchen, Solothurn

[3]

[4]

Systropha – Spiralhornbienen

Zwei Arten im Gebiet (D: 2; A: 2; CH: 2).

8–11 mm. Schwarz gefärbte Bienen ohne helle Haarbinden auf dem Hinterleib und mit einem im Verhältnis zu Hinterleib und Brust ausgesprochen kleinen Kopf. Die Weibchen verraten ihre Gattungszugehörigkeit durch auffällige Haarbüschel an den Seiten des Hinterleibes, durch die außergewöhnliche Art des Pollentransportes sowie durch den spezialisierten Blütenbesuch. Die Männchen sind durch ihre 3-eckig eingerollten Fühlerenden unverkennbar. Die beiden mitteleuropäischen Arten sind im Feld nicht voneinander zu unterscheiden. Flugzeit: VI–VIII. Eine Generation im Jahr.

Selbstgegrabene, bis zu 50 cm tiefe Nester im Boden an ebenen bis geneigten, vegetationslosen bis lückig bewachsenen, oft sandigen Stellen. Die horizontal orientierten Brutzellen liegen einzeln am Ende von rund 1 cm langen, rechtwinklig vom senkrechten Hauptgang abzweigenden Seitengängen, die nach Verschluss der Brutzelle mit Erde gefüllt werden. Die Larven spinnen einen Kokon. Nester häufig in Kolonien. Solitäre Nistweise.

Pollentransporteinrichtung: Spezielle Behaarung auf der Ober- und Unterseite des Hinterleibes, welche an den Hinterleibsseiten besonders stark ausgebildet ist, sowie eine Haarbürste an Hinterschenkel und -schiene, in der jedoch vergleichsweise nur geringe Pollenmengen transportiert werden. Der Hinterleib der von einem Sammelflug zum Nest zurückkehrenden Weibchen ist oft fast vollständig mit Pollen bedeckt. Beide Arten sind oligolektisch und besuchen für die Pollenaufnahme ausschließlich Winde *(Convolvulus)*, in Mitteleuropa vorwiegend die Acker-Winde *(Convolvulus arvensis)*. Die Beobachtung des Blütenbesuchs ist schwierig, da sich die Spiralhornbienen auf ihren Sammelflügen in reißendem Flug kopfvoran in die Blüten hineinstürzen und darin jeweils nur für kurze Zeit verweilen. Die Männchen patrouillieren Winden nach blütenbesuchenden Weibchen ab. Sie suchen zum Schlafen Windenblüten auf oder beißen sich an Halmen fest.

Die Kuckucksbiene *Biastes brevicornis* entwickelt sich brutparasitisch in den Nestern von *Systropha*.

[1] *S. curvicornis*, Männchen auf *Convolvulus arvensis*, Gimillan (AO)

[1]

Systropha curvicornis

(Scopoli 1770)

Vorkommen:	selten
Flugzeit:	VI VII VIII

Kennzeichen:

8–10 mm. Im Feld nicht sicher von der zweiten mitteleuropäischen Art, *S. planidens,* zu unterscheiden, mit der sie zusammen am gleichen Ort fliegen kann.

Vorkommen:

In Westdeutschland und in der Schweiz sehr selten, in Ostdeutschland und in Österreich selten bis verbreitet.
D: Baden-Württemberg, Thüringen, Sachsen, Sachsen-Anhalt, Brandenburg; A: Burgenland, Steiermark, Niederösterreich; CH: Wallis, Tessin, bis 650 m ü. M. Durch ihre Bindung an die Acker-Winde eine charakteristische Art von Acker- und Weinbaugebieten.

Biologische Angaben:

Für die Nektaraufnahme besuchen beide Geschlechter neben der Acker-Winde *(Convolvulus arvensis)* gerne auch die Wegwarte *(Cichorium intybus).*

[2] *S. curvicornis*, Weibchen auf *Convolvulus arvensis*, Susten (VS)

[3] *S. curvicornis*, Männchen mit den typisch eingerollten dreieckigen Fühlerenden, St. Pierre (AO)

[2]

[3]

Thyreus – Fleckenbienen

Fünf Arten im Gebiet (D: 2; A: 4; CH: 5), die bei älteren Autoren unter der Gattung *Crocisa* aufgeführt sind.
7–15 mm. Tiefschwarz behaarte Bienen mit weißen Haarflecken auf Kopf, Brust, Beinen und Hinterleib. Sie unterscheiden sich im Feld von den äußerlich sehr ähnlichen Arten der Gattung *Melecta* durch das abgeflachte, weit nach hinten vorragende und in der Mitte mit einem auffälligen weißen Haarbüschel versehene Schildchen. Die einzelnen Arten sind im Feld nicht anzusprechen.
Flugzeit: VI–VIII. Eine Generation im Jahr.
Brutparasiten bei *Anthophora*. Eiablageverhalten wie bei *Melecta*. Die Larven der einzigen bisher näher untersuchten Art spinnen keinen Kokon. Beide Geschlechter beißen sich zum Schlafen gerne mit ihren Oberkiefern an Pflanzenteilen fest.

Thyreus orbatus
(Lepeletier 1841)

Vorkommen:	selten
Flugzeit:	VI VII VIII

Kennzeichen: 10–11 mm. Im Feld nicht sicher von anderen *Thyreus*-Arten zu unterscheiden.

Vorkommen: Selten. Die nördliche Verbreitungsgrenze verläuft vermutlich durch das nördliche Deutschland, bis 1800 m ü. M.

Biologische Angaben: Brutparasit bei *Anthophora quadrimaculata, A. plagiata* und wahrscheinlich weiteren *Anthophora*-Arten.

Thyreus ramosus
(Lepeletier 1841)

Vorkommen:	sehr selten
Flugzeit:	VI VII VIII

Kennzeichen: 7–10 mm. Im Feld nicht sicher von anderen *Thyreus*-Arten zu unterscheiden.

Vorkommen: Sehr selten. A: Burgenland, Niederösterreich, Tirol; CH: Wallis, bis 900 m ü. M.

Biologische Angaben: Brutparasit bei *Anthophora albigena* und eventuell weiteren *Anthophora*-Arten.

[1] *T. orbatus*, Weibchen verlässt das Nest von *Anthophora plagiata*, St. Luc (VS)
[2] *T. ramosus*, Weibchen, St. Pierre (AO)

[1]

[2]

Xylocopa – Holzbienen

Drei Arten im Gebiet (D: 2; A: 3; CH: 3).

14–28 mm. Hummelartige, schwarz behaarte Bienen, die durch ihre Größe und die blauschwarzen Flügel mit keiner anderen Bienengattung verwechselt werden können. Entfernte Ähnlichkeit besitzt einzig das Weibchen von *Megachile parietina,* das jedoch durch das Vorhandensein einer Bauchbürste leicht unterschieden werden kann. Nur *X. iris* und das Männchen von *X. violacea* lassen sich im Feld zuverlässig ansprechen.

Flugzeit: IV–IX. Gleich wie bei *Ceratina* können die einzelnen Arten während eines Großteils des Sommerhalbjahres als Imagines angetroffen werden. Männchen und Weibchen schlüpfen bereits im Lauf des Sommers aus den Brutzellen und überwintern einzeln oder in kleinen Gruppen in Holzgängen, Mauerspalten, selbstgegrabenen Erdlöchern oder in den Geburtsnestern. Selten fliegen sie auch an warmen Wintertagen umher. Die Paarung findet erst nach dem Verlassen der Winterverstecke im Frühling statt, die nachfolgenden Nistaktivitäten ziehen sich bis weit in den Sommer hinein. Eine Generation im Jahr.

Selbstgenagte Nester in Totholz *(X. violaceac, X. valga)* oder in markhaltigen, dürren Pflanzenstängeln *(X. iris)*. Die Brutzellen, welche durch Zwischenwände aus mit Speichel verklebten Holzspänen bzw. Markpartikeln getrennt sind, liegen linienförmig hintereinander. Die beiden totholznistenden Arten nagen mit kräftigen Oberkiefern ihre meist in Richtung der Holzfasern verlaufenden Nestgänge in gut besonnten, sowohl aufrechten als auch liegenden Stämmen, Ästen oder Pfählen aus. Während in dünneren Ästen und Pfählen nur ein Gang ausgebildet ist, bestehen die Nester in voluminöserem Holz in der Regel aus mehreren parallelen Gängen, die meist in gleicher Richtung von einem gemeinsamen Zwischengang abzweigen, der zum Eingangsloch führt. Diese Gänge werden jeweils nach Fertigstellung der äußersten Brutzelle gegen den Zwischengang mit einem Pfropfen aus Holzspänen verschlossen. Der Nesteingang bleibt dagegen stets offen. Die Holzbienen kleiden ihre Brutzellen mit einer unbekannten, wasserdichten Substanz aus. Ihr brotlaibförmiger Larvenproviant liegt der Länge nach der Zellwand an. Die Weibchen legen die Eier auf die Längsseite des Nahrungsvorrates, indem sie ihren Hinterleib zwischen Zellwandung und Larvenproviant zwängen. Die Larven spinnen keinen Kokon. Die Entwicklung vom Ei bis zur Imago dauert eineinhalb bis zwei Monate. Wie bei *Ceratina* leben die langlebigen Weibchen bis zu ihrem Tod mit den frisch geschlüpften Nachkommen im Nest zusammen. Es ist unklar, ob es bei den mitteleuropäischen Arten dabei ähnlich wie bei außereuropäischen Arten zu sozialen Verhaltensweisen (Nahrungsaustausch) kommt. Die drei mitteleuropäischen Arten leben solitär.

[1] *X. valga* auf *Lathyrus latifolius*, Solothurn

[1]

Pollentransporteinrichtung: Haarbürste an Hinterschiene und -ferse. Ein beträchtlicher Teil des Pollens wird jedoch im Kropf in das Nest transportiert. Der Pollen wird vor dem Verschlucken mit einem speziellen Pollenabnehmerkamm am Stipes der Unterkiefer aus den pollenbeladenen Vorderbeinen entfernt. Die drei mitteleuropäischen Arten sind polylektisch, besuchen jedoch bevorzugt Schmetterlingsblütler (Fabaceae) und Lippenblütler (Lamiaceae). Holzbienen können mit ihrem kräftigen Rüssel enge Blütenröhren durchlöchern, um an den Nektar zu gelangen.

Die Männchen von *X. valga* und *X. violacea* besitzen Brustdrüsen, die zwischen Hinterschildchen und Mittelsegment ausmünden und möglicherweise eine Funktion im Paarungsgeschehen besitzen. Schlafende Männchen wurden in selbstgegrabenen Erdlöchern gefunden.

Xylocopa iris

(Christ 1791)

(= X. cyanescens)

Vorkommen:	sehr selten
Flugzeit:	IV V VI VII VIII IX

Kennzeichen:

14–16 mm. Durch geringe Größe und den meist blau schillernden Hinterleib bereits im Feld von den beiden anderen mitteleuropäischen Arten zu unterscheiden.

Vorkommen:

Sehr selten. D: Baden-Württemberg; A: Niederösterreich; CH: Westschweiz, Wallis, Tessin, bis 1450 m ü. M.

Biologische Angaben:

X. iris hat einen von den meisten übrigen Holzbienen abweichenden Nestbau. Die Weibchen nagen vorerst in 10–20 cm Höhe ein Eingangsloch durch die Wand eines in der Regel aufrecht stehenden, 1–1,5 cm dicken Stängels von abgestorbenen Doldenblütlern (Apiaceae) oder Korbblütlern (Asteraceae). Sie höhlen ihn danach aus, schneiden ihn möglicherweise zum Schutz vor heftigen Windstößen in 20–40 cm Höhe ab und verschließen die entstandene Öffnung mit einem dicken Pfropfen aus abgenagtem Mark. Die Brutzellen werden anschließend zwischen Verschlusspfropfen und Eingangsloch angelegt.

[2] *X. iris* als Opfer eines Neuntöters, Varna (Bulgarien)
[3] *X. iris*, Weibchen am Nest, Eingang unten, St. Pierre (AO)
[4] *X. violacea*, Nest, St. Chaptes (GA)

[2]

[3]

[4]

Xylocopa valga
Gerstäcker 1872

Vorkommen:	verbreitet
Flugzeit:	III IV V VI VII VIII IX

Kennzeichen:
22–28 mm. Im Feld nicht von *X. violacea* zu unterscheiden.

Vorkommen:
Verbreitet. A: Burgenland, Niederösterreich, Steiermark, Kärnten; CH: westliches Mittelland, Wallis, Tessin, bis 1500 m ü. M.

Biologische Angaben:
Flugzeit: III–IX, an warmen Tagen auch im Winter. Nest in selbstgenagten Gängen in Totholz. Polylektisch.

Xylocopa violacea
(Linnaeus 1758)

Vorkommen:	verbreitet
Flugzeit:	III IV V VI VII VIII IX

Kennzeichen:
20–30 mm. Hinterleib rein schwarz gefärbt. Das Weibchen lässt sich im Feld nicht von *X. valga* unterscheiden. Ruhende Männchen sind durch die teilweise gelb gefärbten Fühler und durch das leicht geknickte Fühlerende gut gekennzeichnet.

Vorkommen:
Verbreitet, wenn auch meist einzeln. Die nördliche Verbreitungsgrenze verläuft durch das nördliche Deutschland, bis 1500 m ü. M.

Biologische Angaben:
Flugzeit: III–IX, an warmen Tagen auch im Winter. Nester werden bevorzugt in morschem Holz ausgenagt. Polylektisch.

[5] *X. valga*, Weibchen auf *Lathyrus latifolius*, Solothurn
[6] *X. violacea*, Männchen mit den typisch abgewinkelten, gelb gefärbten Fühlerenden, St. Chaptes (GA)

[5]

[6]

Bildnachweis

Umschlag vorne:
Anthophora furcata auf Waldziest *(Stachys sylvatica)*, Solothurn; Foto: Felix Amiet
Buntbrache, Klettgau (SH); Foto: Albert Krebs

Umschlag hinten:
Megachile willughbiella, Männchen, Solothurn; Foto: Felix Amiet
Eucera longicornis, Männchen auf Blüte von *Ophrys holosericea*, Flaach (ZH); Foto: Albert Krebs
Megachile ligniseca, Weibchen beim Blattschneiden an *Prunus persica*, Solothurn; Foto: Felix Amiet
Eucera dentata, Weibchen auf *Centaurea* sp., Cevennen (Frankreich); Foto: Felix Amiet

Felix Amiet: 2, 7, 9 alle, 12–16, 18 oben links, 19 rechte Spalte, 20, 24 rechts, 25 rechts, 27 oben, 32 unten, 33 beide, 34 Mitte links, 34 unten beide, 35 oben beide, 35 Mitte links, 36 beide, 40, 45 oben, 45 unten links, 47 unten rechts, 48 beide, 51 beide, 52, 62–67, 73 beide, 79 oben, 79 unten rechts, 83 oben, 87 oben rechts, 91 oben, 97 unten, 99–101, 103 oben, 107 oben, 109, 111 unten, 113 beide, 117 oben, 119 unten, 123 unten, 129, 131 unten, 133 unten, 135 oben, 135 unten links, 137 unten, 139 oben, 141, 145 oben, 147 beide, 149 unten, 151–153, 163 beide, 165 oben, 167 oben rechts, 167 unten, 169 alle, 171 unten, 173 oben, 177 beide, 185 oben, 191–193, 197 unten beide, 215 unten, 217, 221 beide, 223 oben, 227 alle, 229 oben, 233 oben, 241, 243 oben, 245 unten, 249 beide, 251 oben, 259 unten, 263 oben beide, 267, 269 unten, 277, 279, 281 unten, 283 oben, 285 unten, 291 unten, 295 beide, 299 oben, 301 beide, 305, 307 unten, 311 unten, 313 unten, 317, 323, 327 oben rechts, 337 unten, 339 oben, 341 oben, 349 oben, 351 oben, 353 unten, 355 oben, 359 unten, 361 beide, 367 beide, 369 unten, 375 oben, 379, 389–391, 399 unten, 401, 403 oben, 405–411, 424

Heiko Bellmann: 137 oben, 145 unten

Albert Krebs: 10 alle, 17, 18 oben links, 18 unten beide, 19 linke Spalte, 22, 24 links, 25 links, 26 alle, 27 Mitte beide, 27 unten, 32 links oben, 34 oben beide, 34 Mitte rechts, 35 Mitte rechts, 35 unten beide, 37 beide, 43, 45 unten Mitte, 45 unten rechts, 47 oben beide, 47 unten links, 49, 50, 71, 75, 77, 79 unten links, 81 beide, 85 beide, 87 oben links, 87 unten, 89 unten, 91 unten, 93 beide, 95 oben, 97 oben beide, 105 beide, 111 oben, 117 unten, 119 oben rechts, 121, 123 oben, 125, 127, 131 oben, 133 oben rechts, 135 unten rechts, 139 unten, 143, 149 oben, 155–161, 171 oben,

173 unten, 175 unten, 181, 183, 185 Mitte, 185 unten, 189, 195 unten, 197 oben, 203, 205 beide, 207 oben, 209, 215 oben, 219, 225, 233 unten, 235 beide, 237 oben rechts, 237 unten, 239, 243 unten, 245 oben, 247 beide, 251 unten, 253–257, 261 beide, 263 unten, 265 oben, 271–275, 281 oben, 283 unten, 285 oben links, 287 alle, 289 oben, 289 unten rechts, 291 oben, 293, 297, 303 oben, 309, 311 oben, 313 oben, 315 oben, 325 beide, 327 oben links, 327 unten, 329–335, 337 oben, 339 unten, 341 unten, 345–347, 349 unten, 353 oben, 355 unten, 357 unten, 359 oben, 363 beide, 365 oben, 369 oben, 375 unten, 377 unten, 381–385, 387 oben rechts, 393–397, 399 oben

Andreas Müller: 28 alle, 32 oben rechts, 53–58, 83 unten, 89 oben, 95 unten, 103 unten, 107 unten, 111 Mitte, 115 beide, 119 oben links, 133 oben links, 165 unten, 167 oben links, 175 oben, 187, 195 oben, 199–201, 207 unten, 211–213, 223 unten beide, 229 unten, 231, 237 oben links, 259 oben beide, 265 unten, 269 oben, 285 oben rechts, 289 unten links, 299 unten, 303 unten, 307 oben, 315 unten, 319–321, 343 alle, 351 unten, 365 unten, 371, 373, 377 oben, 387 oben links, 387 unten, 403 unten

Paul Westrich: 179, 357 oben

Literatur

Allgemeine Übersichtswerke zu Lebensweise, Körperbau, Verbreitung und Systematik

ALFORD, D. V. (1975): Bumblebees. – Poynter, London.
BELLMANN, H. & HELB, M. (2024): Bienen, Wespen, Ameisen. – 4. Auflage. Kosmos, Stuttgart.
DATHE H. H., TAEGER A. & BLANK S. M. (Hrsg.) (2001): Entomofauna Germanica 4. Verzeichnis der Hautflügler Deutschlands. – Entomologische Nachrichten und Berichte, Beiheft 7.
FRIESE, H. (1923): Die europäischen Bienen. Das Leben und Wirken unserer Blumenwespen. – de Gruyter, Berlin & Leipzig.
GUSENLEITNER F., SCHWARZ M. & MAZZUCCO K. (2012): Checkliste der Apidae Österreichs (Insecta: Hymenoptera). – In: SCHUSTER R. (Hrsg.), Checklisten der Fauna Österreichs Nr. 6. Biosystematics and Ecology Series, Österreichische Akademie der Wissenschaften, Wien 29: 9–129.
FRISCH, K. VON (1969): Aus dem Leben der Bienen. – Springer, Berlin.
HAGEN, E. VON & AICHHORN A. (2014): Hummeln: bestimmen, ansiedeln, vermehren, schützen. – 6. Auflage. Fauna-Verlag, Nottuln.
HEINRICH, B. (1994): Der Hummelstaat. – List, München.
MICHENER, C. D. (2007): The bees of the world. – 2. ed. Johns Hopkins University Press, Baltimor.
PLATEAUX-QUENU, C. (1972): La biologie des abeilles primitives. – Collection «Les grands problemes de la biologie», no. 11, Masson, Paris.
RUTTNER, F. (2003): Naturgeschichte der Honigbienen. – 2. Auflage. Kosmos, Stuttgart.
SCHWARZ M., GUSENLEITNER F., WESTRICH P. & DATHE H. H. (1996): Katalog der Bienen Österreichs, Deutschlands und der Schweiz. – Entomofauna, Supplement 8.
WESTRICH, P. (1990): Die Wildbienen Baden-Württembergs. 2 Bände. – Ulmer, Stuttgart.
WESTRICH, P. (2019): Die Wildbienen Deutschlands. – 2. Auflage. Ulmer, Stuttgart.
WESTRICH, P. (2024): Wildbienen, die anderen Bienen. – Neuauflage. Ulmer, Stuttgart.

Bestimmungsliteratur

AMIET, F. (1996): Hymenoptera Apidae, 1. Teil. Allgemeiner Teil, Gattungsschlüssel, Gattungen Apis, Bombus und Psithyrus. – Insecta Helvetica, Fauna, Bd. 12.
AMIET F., MÜLLER A. & NEUMEYER R. (1999): Apidae 2: Colletes, Dufourea, Hylaeus, Nomia, Nomioides, Rhophitoides, Rophites, Sphecodes, Systropha. – 2. Auflage. Fauna Helvetica 4.
AMIET F., HERRMANN M., MÜLLER A. & NEUMEYER R. (2001): Apidae 3: Halictus, Lasioglossum. – Fauna Helvetica 6.

AMIET F., HERRMANN M., MÜLLER A. & NEUMEYER R. (2004): Apidae 4: Anthidium, Chelostoma, Coelioxys, Dioxys, Heriades, Lithurgus, Megachile, Osmia, Stelis. – Fauna Helvetica 9.

AMIET F., HERRMANN M., MÜLLER A. & NEUMEYER R. (2007): Apidae 5: Ammobates, Ammobatoides, Anthophora, Biastes, Ceratina, Dasypoda, Epeoloides, Epeolus, Eucera, Macropis, Melecta, Melitta, Nomada, Pasites, Xylocopa. – Fauna Helvetica 20.

AMIET F., HERRMANN M., MÜLLER A. & NEUMEYER R. (2010): Apidae 6: Andrena, Melitturga, Panurginus, Panurgus. – Fauna Helvetica 26.

DALY, H. V. (1983): Taxonomy and ecology ot Ceratinini ot North Africa and the Iberian Peninsula. – Systematic Entomology, 8, 29–62.

DATHE, H. H. (1980): Die Arten der Gattung Hylaeus in Europa. – Mitteilungen aus dem Zoologischen Museum in Berlin, 56, S. 207–294.

DORN, M. & WEBER, D. (1988): Die Luzerne-Blattschneiderbiene und ihre Verwandten in Mitteleuropa. – Neue Brehm-Bücherei, 582. Ziemsen, Wittenberg/Lutherstadt.

DYLEWSKA, M. (1987): Die Gattung Andrena in Nord- und Mitteleuropa. – Acta Zoologica Cracoviensia, 30, S. 359–708.

EBMER, A. W. (1969–1974): Die Bienen des Genus Halictus s.l., 1. im Großraum von Linz. – Naturkundliches Jahrbuch der Stadt Linz, 1969, S. 133–183; 1970, S. 19–82; 1971, S. 63–156; 1973, S. 123–158.

EBMER, A. W. (1984): Die westpaläarktischen Arten der Gattung Dufourea mit illustrierten Bestimmungstabellen. – Senckenbergiana biologica, 64, S. 313–379.

EBMER, A. W. (1987): Die europäischen Arten der Gattungen Halictus und Lasioglossum mit illustrierten Bestimmungstabellen. Senckenbergiana biologica, 68, S. 59–148 und S. 323–375.

EBMER, A. W. & SCHWAMMBERGER, K. H. (1986): Die Bienengattung Rophites. Illustrierte Bestimmungstabellen. – Senckenbergiana biologica, 66, S. 271–304.

GOKCEZADE, J. F. & al. (2023): Feldbestimmungsschlüssel für die Hummeln Österreichs, Deutschlands und der Schweiz. – 3. Auflage. Quelle & Meyer, Wiebelsheim.

MAUSS, V. (1996): Bestimmungsschlüssel für die Hummeln der Bundesrepublik Deutschland. – 6. Auflage. Deutscher Jugendbund für Naturbeobachtung, Hamburg.

SCHEUCHL, E. (2000): Illustrierte Bestimmungstabellen der Wildbienen Deutschlands und Österreichs. Band 1: Anthophoridae. – 2. Auflage. Scheuchl, Velden.

SCHEUCHL, E. (2006): Illustrierte Bestimmungstabellen der Wildbienen Deutschlands und Österreichs. Band 2: Megachilidae und Melittidae. – 2. Auflage. Apollo Books, Stenstrup.

SCHEUCHL, E. (2008): Illustrierte Bestimmungstabellen der Wildbienen Deutschlands und Österreichs. Band 3: Andrenidae. – 2. Auflage. Scheuchl, Velden.

SCHMIEDEKNECHT, O. (1930): Die Hymenopteren Nord- und Mitteleuropas. – 2. Auflage, Jena.

WARNCKE, K. (1973): Die westpaläarktischen Arten der Bienenfamilie Melittidae. – Polskie Pismo Entomologiczne, 43, S. 97–126.
WARNCKE, K. (1976): Zur Systematik und Verbreitung der Bienengattung Nomia in der Westpaläarktis und dem turkestanischen Becken. – Reichenbachia, Zeitschrift für taxonomische Entomologie 16, S. 93–120.
WARNCKE, K. (1980): Die Bienengattung Anthidium in der Westpaläarktis und im turkestanischen Becken. – Entomofauna, 1, S. 119–209.
WARNCKE, K. (1982): Zur Systematik der Bienen – Die Unterfamilie Nomadinae. – Entomofauna, 3, S. 97–126.
WARNCKE, K. (1983): Zur Kenntnis der Bienengattung Pasites in der Westpaläarktis. – Entomofauna, 4, S. 261–347.
WARNCKE, K. (1992): Die westpaläarktischen Arten der Bienengattung Stelis. – Entomofauna, 13, S. 341–376.
WARNCKE, K. (1992): Die westpaläarktischen Arten der Bienengattung Sphecodes. – Berichte der Naturforschenden Gesellschaft Augsburg, 52, S. 9–64.
WARNCKE, K. (1992): Die westpaläarktischen Arten der Bienengattung Coelioxys. – Berichte der Naturforschenden Gesellschaft Augsburg, 53, S. 31–77.
WARNCKE, K. (1992): Die westmediterranen Arten der Bienen Osmia subg. Hoplitis. – Linzer Biologische Beiträge, 24, S. 103–121.

Arbeiten zu Gefährdung, Schutz und Untersuchungsmethoden

AMIET, F. (1994): Rote Liste der gefährdeten Bienen der Schweiz. – In: Duelli, P. (Hrsg.), Rote Listen der gefährdeten Tierarten der Schweiz, S. 38–44. Bundesamt für Umwelt, Wald und Landschaft, Bern.
EVERTZ, S. (1995): Interspezifische Konkurrenz zwischen Honigbienen (Apis mellifera) und solitären Wildbienen. – Natur und Landschaft, 70 (4), S. 165–172.
NEUMAYER, J., LEINER, O., SCHIED, J., WALLNER, W. (2024): Rote Liste der Hummeln (Bombus spp.) Österreichs. In: Zulka, K. P. (Red.): Rote Listen gefährdeter Tiere Österreichs. Umweltbundesamt, Wien. www.umweltbundesamt.at/fileadmin/site/publikationen/rep0894.pdf
WESTRICH, P. & al. (2012): Rote Liste und Gesamtartenliste der Bienen (Hymenoptera, Apidae) Deutschlands. – Bundesamt für Naturschutz. Naturschutz und Biologische Vielfalt 70 (3), S. 373–416.
ZURBUCHEN, A. & MÜLLER, A. (2012): Wildbienenschutz – von der Wissenschaft zur Praxis. Bristol-Schriftenreihe 33. – Haupt, Bern.

www.bafu.admin.ch/bafu/de/home/themen/biodiversitaet/publikationen-studien/publikationen/rote-liste-bienen.html
www.rote-liste-zentrum.de/de/Bienen-Hymenoptera-Apidae-1733.html
www.umweltbundesamt.at/umweltthemen/naturschutz/rotelisten/rote-listen-gefaehrdeter-tierarten

Register

Fett *gedruckte Seitenzahlen verweisen auf das Gattungs- resp. Artporträt.*
Syn. = Synonym

A

D

E

H

I

L

M

N

O

P

R

S

T

X

4. Auflage: 2025
3. Auflage: 2019
2. Auflage. 2014
1. Auflage: 2012

ISBN 978-3-258-08431-2

Gestaltung und Satz: Roman Bold & Black, D-Köln
Zeichnungen: Felix Amiet, Andreas Müller
Fotografien: siehe Bildnachweis, Seite 412

Wir drucken mit mineralölfreien Farben und verwenden FSC®-zertifiziertes Papier.
FSC® sichert die Nutzung der Wälder gemäß sozialen, ökonomischen und ökologischen Kriterien.
Gedruckt in der Tschechischen Republik

FSC www.fsc.org MIX Papier | Fördert gute Waldnutzung FSC® C010798

Diese Publikation ist in der Deutschen Nationalbibliografie verzeichnet.
Mehr Informationen dazu finden Sie unter http://dnb.dnb.de.

Der Haupt Verlag wird vom Bundesamt für Kultur für die Jahre 2021–2025 unterstützt.

© Shutterstock, Huza Studio

Wir verlegen mit Freude und großem Engagement unsere Bücher. Daher freuen wir uns immer über Anregungen zum Programm und schätzen Hinweise auf Fehler im Buch, sollten uns welche unterlaufen sein.

Haupt Verlag AG
Falkenplatz 14
3012 Bern
SCHWEIZ
herstellung@haupt.ch
www.haupt.ch

Verantwortlich in der EU (GPSR):
Brockhaus Kommissionsgeschäft GmbH
Kreidlerstr. 9
70806 Kornwestheim
DEUTSCHLAND
haupt@brocom.de